Zbigniew Gwóźdź
Piotr Zarzycki

Polskie konstrukcje broni strzeleckiej

Wydawnictwo Czasopism i Książek Technicznych
SIGMA NOT, Spółka z o.o.,
Warszawa 1993

Redaktor
Aleksandra Gawlik

Opracowanie graficzno-techniczne
Andrzej Gutkowski

ISBN 83-85001-69-7

Printed in Poland

Wydawnictwo Czasopism i Książek Technicznych SIGMA NOT, spółka z o.o.
Warszawa 1993

Wydanie I. Dodruk 4.000 egz.
Ark. druk. 18,5
Papier offset. III kl. 80 g. rola 70 cm.
Skład: Zakład Wydawnictw Nieperiodycznych SIGMA NOT
Druk: Olsztyńskie Zakłady Graficzne

Spis treści

Od autorów

Przedstawiona Czytelnikom publikacja jest próbą zaprezentowania wkładu polskiej myśli technicznej w rozwój techniki uzbrojenia. Stanowi ona jednocześnie przegląd krajowych konstrukcji i opracowań, jak również dokonanych w Polsce adaptacji i ulepszeń broni wzorów obcych znajdujących się w użytkowaniu i wyposażeniu Wojska Polskiego.

Praca niniejsza, choć w znacznej części oparta na bazie źródłowej, ma raczej formę i charakter publikacji popularnonaukowej obejmującej dane na temat amunicji i broni strzeleckiej wojsk lądowych, a także broni pomocniczej (sportowej i pneumatycznej). Dotyczy ona okresu od chwili powstania niepodległej Polski w 1918 r. do czasów współczesnych. Jest adresowana do ogółu Czytelników interesujących się zagadnieniami uzbrojenia i techniki wojskowej, lecz mających już ogólne rozeznanie w budowie i zasadach działania broni. Z tego też względu, na ile to możliwe, zostały tu pominięte szczegółowe opisy współdziałania części i zespołów broni, które zainteresowani mogą znaleźć w istniejących podręcznikach i instrukcjach.

Poszczególne rozdziały książki podzielono na dwa podokresy, przed- i powojenny, w których omówiono genezę powstania konstrukcji i zasadnicze różnice występujące między wzorami. Autorzy mają nadzieję, że taki układ pozwoli Czytelnikowi na chronologiczne prześledzenie rozwoju wybranych konstrukcji, jak również da pewien obraz możliwości technicznych krajowego przemysłu zbrojeniowego.

W pracy nad książką wykorzystano zasoby akt Centralnego Archiwum Wojska i Urzędu Patentowego oraz zbiory Muzeum Wojska Polskiego w Warszawie, Ministerstwa Spraw Wewnętrznych i Muzeum Techniki, a także archiwa niektórych instytutów i działów przemysłu zbrojeniowego. Za udostępnienie powyższych materiałów autorzy składają wyrazy serdecznego podziękowania.

1
Przemysł zbrojeniowy II Rzeczypospolitej
(broń strzelecka, granaty, materiały wybuchowe i prochy oraz przemysł pomocniczy)

Gdy po 123 latach niebytu na mapach Europy 11.11.1918 r. Polska odrodziła się, na jej ziemiach nie było ani jednego zakładu przemysłu zbrojeniowego. Płonące granice, walka o ich rozszerzenie i utrzymanie oraz trudności w zdobyciu wystarczającej ilości broni i sprzętu za granicą zmusiły państwo od pierwszych dni niepodległości do prób stworzenia własnego przemysłu wojennego.

Jednym z najważniejszych zadań, jakie stanęły przed polskimi władzami, było dostarczenie walczącym oddziałom odpowiedniej ilości broni strzeleckiej i amunicji oraz granatów, niezbędnych dla każdego żołnierza walczącego na froncie. Tymczasem, ilość broni i sprzętu zdobytego na zaborcach była niewystarczająca w stosunku do potrzeb. Braki te częściowo przezwyciężono dzięki zakupom i dostawom z Francji, Włoch, Wielkiej Brytanii, Austrii i Węgier. Wielkie trudności występowały jednak w dziedzinie amunicji z powodu różnorodności stosowanych typów broni, co znacznie utrudniało zaopatrzenie wojsk. Tym trudnościom, zwłaszcza w dostawach amunicji walczącym oddziałom, próbowano zaradzić w ten sposób, że ujednolicano uzbrojenie w poszczególnych dywizjach, czego jednak nie udało się w pełni zrealizować do chwili zakończenia wojny polsko-radzieckiej.

Po zakończeniu działań wojennych władze wojskowe podjęły decyzję, iż obowiązujący w Wojsku Polskim będzie kal. 7,92 mm. Decyzja ta została spowodowana otrzymaniem, na mocy traktatu wersalskiego, niemieckiej fabryki broni w Gdańsku. Z powodu braku własnego przemysłu wojennego przezbrajanie oddziałów trwało stosunkowo wolno. Było to jednocześnie jednym z istotnych czynników podjęcia prac nad budową tego przemysłu. U podstaw powstania polskiego przemysłu wojennego leżały doświadczenia I wojny światowej oraz wojny polsko-radzieckiej. Wykazały one, że:

1. Przemysł obronny zaspokaja bieżące zapotrzebowanie armii wynikające z konieczności stałego szkolenia i doskonalenia wojsk.

2. Przygotowuje niezbędne zapasy mobilizacyjne sprzętu, uzbrojenia i amunicji oraz innych materiałów zarówno podczas wojny, jak i pokojowego rozwoju sił zbrojnych.

3. Przemysł ten jest ośrodkiem kształtowania prac naukowo-badawczych i konstrukcyjnych w dziedzinie nowoczesnej techniki bojowej.

4. Odpowiednia baza przemysłowa uniezależnia w pewnym stopniu politykę obronną od innych państw, zwłaszcza w zakresie dostaw materiałów wojennych.

Do punktów tych można jeszcze dodać położenie geopolityczne II Rzeczypospolitej oraz konieczność rozbudowy przemysłu metalowego będącego jednym z elementów nowoczesnego państwa, a jednocześnie bazą przemysłu zbrojeniowego.

Początkiem polskiego przemysłu w dziedzinie broni strzeleckiej było utworzenie warsztatów amunicyjnych oraz wojskowych warsztatów naprawczych broni i sprzętu wojskowego zwanych zbrojowniami. Celem przyświecającym ich uruchomieniu była zasada, aby cały sprzęt używany w WP mógł być naprawiany we własnych warsztatach. Jako pierwsze zostały uruchomione w 1919 r. warsztaty amunicyjne w forcie „Kościuszko" w Warszawie. Początkowo rekonstruowano tam amunicję, a później rozpoczęto elaborację amunicji

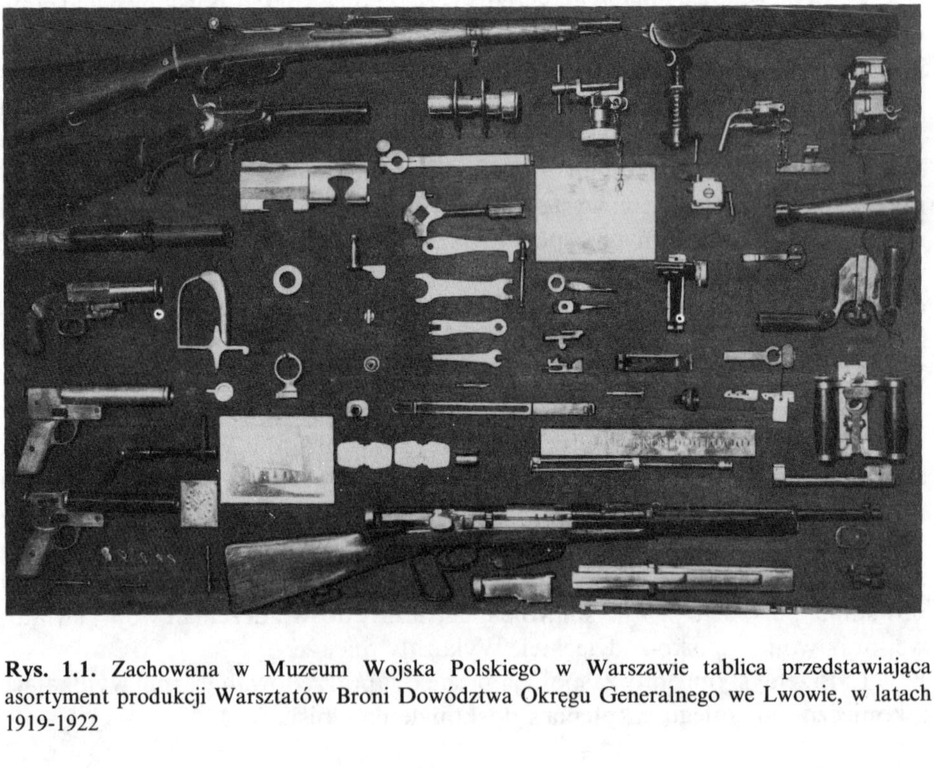

Rys. 1.1. Zachowana w Muzeum Wojska Polskiego w Warszawie tablica przedstawiająca asortyment produkcji Warsztatów Broni Dowództwa Okręgu Generalnego we Lwowie, w latach 1919-1922

Rys. 1.2. Wojskowa Wytwórnia Amunicji Karabinowej w Warszawie — wydział łuskowni w 1925 r.

karabinowej z dostarczanych elementów. W 1925 r. warsztaty zostały przeniesione do fortu „Bema". Maksymalna miesięczna produkcja tych warsztatów wynosiła w 1927 r. ok. 8,7 mln szt. amunicji karabinowej. Latem 1919 r. Departament Artylerii zorganizował w byłej fabryce Dietmara w Warszawie wytwórnię amunicji karabinowej wytwarzanej na maszynach zakupionych w Austrii. W 1921 r. uruchomiono w forcie „Legionów" i „Dąbrowskiego" w Warszawie warsztaty do składania i elaboracji granatów ręcznych.

Podobnego typu warsztaty amunicyjne istniały także w Krakowie, Poznaniu i Toruniu. Poza elaboracją amunicji karabinowej zajmowały się one segregacją i czyszczeniem różnych rodzajów amunicji. Maksymalna miesięczna produkcja wszystkich warsztatów w 1927 r. wynosiła ok. 24,5 mln szt. amunicji karabinowej. Ze względu na wysokie koszty produkcji, przestarzały park maszynowy i złą jakość, produkcja warsztatów amunicyjnych była ograniczona, a po wybudowaniu Fabryki Amunicji w Skarżysku całkowicie zaniechano produkcji w warszawskich warsztatach.

W pierwszym okresie niepodległości istotną rolę w produkcji materiałów wojennych odegrały tzw. zbrojownie. Było ich pięć: nr 1 w Brześciu n. Bugiem, nr 2 w Warszawie, nr 3 w Poznaniu, nr 4 w Krakowie i nr 5 w Przemyślu. Zbrojownie podlegały poszczególnym Dowództwom Okręgów Korpusów. W miarę rozbudowy przemysłu wojennego ich rola została ograniczona do roli pomocniczych ośrodków remontu broni.

Za właściwe początki polskiego przemysłu zbrojeniowego można przyjąć rok 1922. W tym samym roku (29.04) Komitet Ekonomiczny Rady Ministrów powziął uchwałę o powierzeniu produkcji zbrojeniowej przedsiębiorstwu państwowemu. W wyniku tej uchwały powołano przy MSWojsk. Centralny Zarząd Wytwórni Wojskowych (CZWW). W styczniu 1923 r. CZWW rozpoczął budowę 4 zakładów przemysłu wojennego: Fabryki Broni w Radomiu kosztem 19 780,2 tys. zł, Fabryki Amunicji w Skarżysku kosztem 18 341,4 tys. zł, Fabryki Prochów i Materiałów Kruszących w Zagożdżonie kosztem 1697,8 tys. zł oraz Fabryki Sprawdzianów w Warszawie nakładem 27 623,7 tys. zł.

W 1927 r., kiedy nowo wybudowane zakłady rozpoczęły produkcję, rozwiązano CZWW, powołując na jego miejsce koncern zbrojeniowy pod nazwą Państwowe Wytwórnie Uzbrojenia.

Pierwsza polska fabryka broni powstała jednak wcześniej. W styczniu 1919 r., w murach fabryki obrabiarek „Gerlach i Pulst" w Warszawie, Departament Uzbrojenia zorganizował warsztaty, w których remontowano karabiny ręczne i maszynowe oraz produkowano części zamienne. Po zainstalowaniu maszyn do produkcji karabinów typu Mauser, pochodzących z fabryki w Gdańsku, przystąpiono tam do ich produkcji. Pierwsze kb Mausera wz. 1898 opuściły fabrykę w połowie 1922 r., a w 1925 r. rozpoczęto wytwarzanie kbk wz. 1898. W 1927 r. odkupiono od „Gerlacha i Pulsta" budynki i oddano je PWU, które zakupiły nowe maszyny i urządzenia (m.in. do produkcji km) oraz rozpoczęły rozbudowę zakładów, które zmieniły nazwę na Państwową Fabrykę Karabinów. Od momentu powstania systematycznie wzrastała produkcja i asortyment wytwarzanej broni.

Drugim wielkim zakładem była Fabryka Broni w Radomiu, która wyprodukowała pierwsze kb w kwietniu 1927 r., tj. 4 lata po rozpoczęciu budowy. Fabryka ta prowadziła ścisłą kooperację z Fabryką Karabinów w Warszawie, której dostarczała iglice, obsady, trzony i podstawy celowników, otrzymując w zamian inne części. Swoją produkcję zapoczątkowała kbk wz. 1898. W 1930 r. rozpoczęto produkcję kbk wz. 1929 i kbks wz. 1929, w 1931 r. rewolwerów Naganta, w 1932 r. kbks wz. 1931, w 1936 r. pistoletów Vis wz. 1935, zaś w 1937 r. kb wz. 1898a. Maksymalna miesięczna produkcja wojenna FB była obliczona na 8400 kbk wz. 1929, 4200 kb wz. 1898a i 900 pistoletów Vis.

Fabryka Amunicji w Skarżysku rozpoczęła swoją produkcję także w 1927 r. Produkowano w niej wtedy m. in. 1 mln szt. amunicji mauserowskiej miesięcznie. W 1931 r. miesięczna produkcja wynosiła już 20-23 mln naboi karabinowych. W roku budżetowym 1938/1939, w dziedzinie amunicji małokarabinowej Skarżysko produkowało amunicję karabinową, pistoletową i rewolwerową oraz amunicję specjalną. Ponadto rozpoczęto produkcję 20 mm amunicji wraz z zapalnikami do polskich nkm. Produkowano tu również 26 i 35 mm amunicję sygnałową.

Państwowa Wytwórnia Prochów i Materiałów Kruszących w Zagożdżonie, czwarty zakład wchodzący w skład PWU, została w 1927 r. przemianowana na Państwową Wytwórnię Prochu „Pionki". Był to największy w kraju wytwórca

Rys. 1.3. Opakowanie prochu myśliwskiego Kuropatwa produkcji PWP „Pionki"

tych materiałów, o miesięcznej zdolności produkcyjnej 350 t bawełny strzelniczej i 15 t prochu.

Państwowa Fabryka Sprawdzianów była jedynym zakładem tego typu w Polsce. Produkowała ona sprawdziany do broni i amunicji różnych typów oraz przyrządy pomiarowe.

Chociaż głównymi dostawcami broni i sprzętu były przedsiębiorstwa państwowe, reprezentujące najwyższy poziom technologiczny i organizacyjny, dużą rolę, zwłaszcza w początkowym okresie, odegrały przedsiębiorstwa prywatne. W celu stworzenia zachęty dla przedsiębiorstw prywatnych opracowano w 1921 roku projekt ustawy o ulgach podatkowych dla kapitału prywatnego inwestującego w przemyśle zbrojeniowym. Mimo, iż ustawa ta została uchwalona dopiero w marcu 1928 roku, resort wojskowy działał na jej podstawie już od chwili zredagowania projektu. Pierwsze próby uruchomienia produkcji wojskowej w oparciu o kapitał prywatny podjęto już w czasie wojny polsko-radzieckiej i tuż po jej zakończeniu, a więc znacznie wcześniej. W 1919 roku utworzono Zakłady Amunicyjne „Pocisk" Sp. Akc. posiadające dwie wytwórnie — w Rembertowie i na Pradze w Warszawie. Już w 1920 roku niektóre działy „Pocisku" podjęły produkcję, jednak pełny rozruch nastąpił w roku 1923. Produkowano tam amunicję do kb Mannlichera, Mausera i Lebela.

W 1924 roku „Pocisk" wyprodukował 32,2 mln szt. amunicji karabinowej. W latach 1922-1925 amunicję karabinową francuską kal. 8 mm oraz niemiecką kal. 7,9 mm wytwarzała Wojskowa Wytwórnia Amunicji Karabinowej w Warszawie. Produkcję amunicji karabinowej podjęła również firma „Norblin, Bracia Buch i T. Werner" Sp. Akc. Wytwarzano w niej elementy amunicji mauserowskiej. W 1921 roku wyprodukowano w „Norblinie" m.in. 2 mln łusek i pocisków.

Pierwszą polską fabryką materiałów wybuchowych były Polskie Zakłady Chemiczne „Nitrat" Sp. Akc. powstałe w 1921 roku w Niewiadowie. Zamontowano tu pierwszą w Polsce instalację do wyrobu trotylu. Produkcję rozpoczęto w 1923 roku. W 1931 roku „Nitrat" wyprodukował około 1000 ton trotylu.

W 1925 r. rozpoczęła produkcję prochów do amunicji mauserowskiej, myśliwskiej i ćwiczebnej fabryka, która powstała przy Sochaczewskiej Fabryce Sztucznego Jedwabiu w Boryszewie należącej do kapitału belgijskiego. Miesięczną produkcję wojenną tej fabryki oceniano w 1925 r. na 30 t prochu.

Spośród wielu innych firm prywatnych produkujących na potrzeby wojska można wymienić:
— „Babbit" z Warszawy — fabryka amunicji, armatur i odlewnia metali;
— „Kredyk" z Warszawy — fabryka przyborów amunicyjnych;
— „Granat" z Warszawy — zakład przemysłu metalowego wytwarzający granaty ręczne;

Rys. 1.4. Reklama prasowa Zakładów Amunicyjnych „Pocisk" Sp. Akc.

— „W. Paschalski" z Warszawy — produkujący obrabiarki i maszyny do wytwarzania amunicji;
— „Cel" z Warszawy — produkujący 60% skorup granatów zaczepnych dla Wytwórni Amunicji nr 1, 100% łódek do amunicji karabinowej i ok. 40% puszek cynkowych opakowań amunicji karabinowej dla Wytwórni Amunicji nr 1 i Fabryki Amunicji w Skarżysku;
— „Rzewuski" z Warszawy — produkujący skrzynki i puszki do opakowania amunicji karabinowej (ok. 20%);
— „Perkun" z Warszawy — produkujący m.in. bagnety, pistolety sygnałowe, maszynki do ładowania taśm do km i odrzutniki do strzelania amunicją ślepą;
— „Granat" z Kielc — produkujący granaty ręczne;
— „Arma" ze Lwowa — naprawiająca broń ręczną i maszynową.

Ponadto, wiele innych zakładów przemysłowych było stałymi dostawcami części i surowców dla wytwórni wojskowych. Na przykład, skorupy granatów były wytwarzane w Hucie Bankowej, Hucie „Baildon", Spółce Akcyjnej Wielkich Pieców i Zakładów Starachowickich, czy Modrzejowskich Zakładach Górniczo-Hutniczych.

W połowie lat trzydziestych dokonano analizy możliwości produkcyjnych istniejących zakładów przemysłu zbrojeniowego. Wykazała ona, że pokrycie strat bieżącą produkcją wojenną mogło wynieść w karabinach 11%, w rkm 18%, a w ckm 22%. Podobna sytuacja występowała w dziedzinie amunicji. Dlatego też, wobec wzrostu napięcia międzynarodowego, w lipcu 1936 r. Sztab Główny WP opracował plan rozbudowy polskiego przemysłu wojennego w latach 1936-1942. Na ten cel zamierzano przeznaczyć 500-550 mln zł. Z przyczyn obronnych nowo budowane zakłady miały być rozmieszczone na obszarze Centralnego Okręgu Przemysłowego, czyli w tzw. trójkącie bezpieczeństwa. W ramach tego planu przewidywano budowę 3 wytwórni prochów i materiałów wybuchowych w Gorajowicach, Pustkowie i Niedomicach, ponadto planowano rozbudowę istniejących zakładów „Boryszew", „Nitrat", „Pionki" i wytwórni w Bliżynie. Kosztem 30 mln zł zamierzano wybudować warsztat scaleniowy w Majdanie; harmonizacja FK miała kosztować 4,5 mln zł, fabryka obrabiarek w Rzeszowie — 6 mln zł, reorganizacja FB — 9 mln zł. W Starachowicach miał powstać dział surówek do luf ciężkich km kosztem 250 000 zł.

Największą inwestycją w dziale broni strzeleckiej miała być budowa w Jawidzu fabryki broni maszynowej i amunicji. Koszt tego przedsięwzięcia miał wynieść 42 mln zł. W Jawidzu zamierzano produkować miesięcznie 29 mln szt. amunicji karabinowej typu S i 1 mln szt. typu Z, a ponadto 645 rkm, 310 ckm, 183 kb Ur, 1895 luf do rkm, 1840 luf do ckm i 623 lufy do kb Ur. Poza zakładami kluczowymi zbudowano i rozbudowano przemysł pomocniczy i rozwinięto na szeroką skalę kooperację, bez której nie mógłby istnieć przemysł zbrojeniowy. Dla przykładu — do produkcji amunicji karabinowej potrzebne są na pocisk i łuskę: miedź, cynk, ołów, stal, nikiel i antymon, zaś do produkcji prochu i piorunianu rtęci do spłonki — bawełna, kwas siarkowy, kwas azotowy, alkohol, eter, dwufenyloamina, centralit lub kamfora i rtęć. Dopiero na tym przykładzie widać, ile zakładów górniczych, hutniczych i przetwórczych musiało pracować na produkt finalny, jakim była amunicja karabinowa.

Mimo iż większości zakładów przemysłu wojennego nie zdołano ukończyć do wybuchu wojny, to w 1939 r. prezentowały one duży potencjał wytwórczy. Bieżącą produkcją wojenną można było pokryć przypuszczalne straty bezpowrotne (w czasie wojny) w karabinach w 55%, karabinach maszynowych w 45%, amunicji małokalibrowej w 66%, w prochach w 30%. Pamiętając o pułapie, z jakiego zaczynano budować polski przemysł wojenny, postęp w ciągu tych niecałych 20 lat należy uznać za ogromny.

Wybuch II wojny światowej zakończył tylko częściowo ten okres. Prace nad produkcją broni strzeleckiej i granatami nie zostały jednak przerwane. Kontynuowano je poza granicami kraju oraz w podziemnych warsztatach Armii Krajowej.

2
Polski przemysł zbrojeniowy w latach 1945-1993

Utworzone na terenie b. ZSRR jednostki Ludowego Wojska Polskiego wyposażono w broń i uzbrojenie produkcji radzieckiej oraz w niewielkiej ilości sprzęt amerykański dostarczony do b. Związku Radzieckiego w ramach pomocy „Lend Lease". Broń ta w toku działań wojennych była doskonalona i modernizowana.

Zakończenie wojny i przejście w pokojowy okres rozwoju państwa wiązało się z koniecznością odbudowy zniszczonego kraju oraz odtworzenia mocy produkcyjnych zdewastowanego przemysłu. Równocześnie w pierwszych latach powojennych kraj przechodził zasadnicze przemiany społeczno-gospodarcze. Jednak już w ramach planu trzyletniego (1947-49) zaczęto tworzyć zręby polskiego przemysłu zbrojeniowego, który — choć jeszcze w bardzo ograniczonym zakresie — przystąpił do zaspokajania bieżących potrzeb wojska. Mimo piętrzących się trudności związanych z odtworzeniem parku maszynowego oraz skompletowaniem niezbędnej kadry specjalistów, już w 1946 r. przystąpiono do produkcji amunicji i niektórych części zamiennych. Jednocześnie zapoczątkowano wdrażanie dokumentacji licencyjnej na produkcję broni otrzymanej z b. ZSRR. I tak w ciągu 4 pierwszych lat powojennych rozpoczęto w kraju wytwarzanie 7,62 mm pistoletu TT wz. 1933, 26 mm pistoletu sygnałowego wz. 1944 oraz 7,62 mm kbk wz. 1944. Równocześnie z produkcją broni uruchomiono i rozwijano produkcję amunicji.

Rys. 2.1. Pierwszy egzemplarz pistoletu TT wz. 1933 (pw). Na zamku broni umieszczona dedykacja: „Pułkownikowi Inż. Józefowi Koszutskiemu pierwszą broń wyprodukowaną w Kraju po wojnie składa C.Z.P.Z. 1.10.1946"

a)

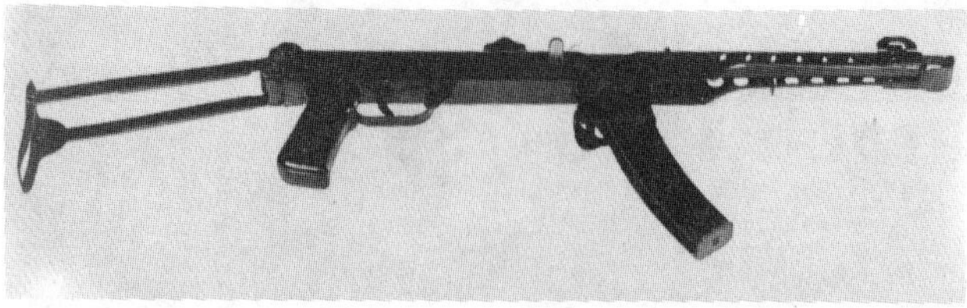

b)

Rys. 2.2. Pierwszy wyprodukowany w kraju pistolet maszynowy PPS wz. 1943 wręczony marszałkowi Polski Michałowi Roli-Żymierskiemu: *a*) widok ogólny, *b*) fragment z dedykacją

Zaostrzenie stosunków międzynarodowych i kryzys koreański zmusiły krajowy przemysł do spotęgowania wysiłku. W okresie tzw. planu sześcioletniego (1950-1955) nastąpiła znaczna rozbudowa przemysłu ciężkiego, w tym zakładów zbrojeniowych. W latach 1950-1954 przeprowadzono również pierwszą techniczną i organizacyjną rekonstrukcję sił zbrojnych. Do produkcji wprowadzono nowe wzory broni strzeleckiej, ręcznej i maszynowej, oparte jeszcze na licencjach radzieckich.

Tablica 2.1. Wykaz typów i lat wprowadzania do produkcji broni konstrukcji radzieckiej, produkowanej przez krajowy przemysł obronny na podstawie licencji

Kaliber [mm]	Typ broni	Rok	Kaliber [mm]	Typ broni	Rok
7,62	Pistolet TT wz. 1933	1947	7,62	Ręczny karabin maszynowy RPD	1957
26	Pistolet sygnałowy wz. 1944	1948	7,62	Czołgowy karabin maszynowy SGMT	1958
7,62	Karabinek wz. 1944	1950	14,5	Wielkokalibrowy karabin maszynowy ZU-2	1960
7,62	Pistolet maszynowy PPS wz. 1943	1951	7,62	Karabinek AKM	1966
7,62	Pistolet maszynowy PPSz wz. 1941	1952	7,62	Karabin maszynowy PKS	1968
7,62	Ręczny karabin maszynowy DP	1953	7,62	Czołgowy karabin maszynowy PKT	1968
7,62	Czołgowy karabin maszynowy DTM	1953	14,5	Wielkokalibrowy karabin maszynowy Władymirowa KPWT	1970
7,62	Ciężki karabin maszynowy SG wz. 1943	1953	7,62	Karabinek AKMS	1972
7,62	Ręczny karabin maszynowy DPM	1954			
7,62	Karabinek AK	1957			

Kolejnym etapem rozwoju przemysłu i konstrukcji broni strzeleckiej są lata 1956-1965 stanowiące okres przełomowy w dziedzinie polskiego uzbrojenia. Etap ten cechuje się jakościowym przewartościowaniem techniki wojskowej wynikającym z wprowadzenia do produkcji doskonalszych wzorów uzbrojenia oraz powstaniem wielu prototypów nowego sprzętu rodzimej konstrukcji, opracowanych często przez młodą kadrę konstruktorów wykształconych na uczelniach krajowych już w okresie powojennym. W dziedzinie amunicji dokonano znacznego postępu w przemyśle prochowym i materiałów wybuchowych, opanowując otrzymywanie produktów uprzednio w kraju nie wytwarzanych. Wdrożono do produkcji nowe rodzaje mas pirotechnicznych, dymnych, zapalających i oświetlających, dążąc przy tym do wyeliminowania surowców importowanych lub deficytowych. Opracowano też nowe rodzaje amunicji konstrukcji krajowej

Lata 1966-1975 charakteryzują się opanowaniem przez przemysł nowoczesnych technologii wytwarzania broni i amunicji, szybkim rozwojem postępu technicznego oraz modernizacją licencyjnych wzorów broni strzeleckiej, jak również wprowadzeniem do produkcji i uzbrojenia wojsk własnych opracowań. Przedsięwzięcia te pozwoliły na stworzenie nowoczesnego, spójnego i prostego w swej strukturze systemu uzbrojenia strzeleckiego. Umożliwiły one również rozwinięcie bardzo opłacalnego eksportu uzbrojenia, co nie było bez znaczenia dla poprawy bilansu handlowego i płatniczego państwa. Należy podkreślić, że w szczytowym okresie udział sprzedaży broni w całym naszym eksporcie stanowił 6-7% i przynosił dochód w wysokości 1 mld dolarów, zaś na liście importerów znajsowało się przeszło 17 państw.

Utworzenie silnego przemysłu zbrojeniowego wiązało się integralnie z rozwojem jego zaplecza naukowo-technicznego w postaci instytutów i placówek naukowo-badawczych. Instytucje te oprócz prowadzonych prób, badań i doświadczeń, współpracowały ściśle z przemysłem w rozwiązywaniu wielu problemów teoretycznych i konstrukcyjnych, przyczyniając się do rozwoju techniki uzbrojenia.

Załamanie gospodarcze przełomu lat osiemdziesiątych i dziewięćdziesiątych pogłębione rozpadem Układu Warszawskiego oraz ograniczenia eksportowe związane z wygaszaniem konfliktów regionalnych spowodowało konieczność przestawienia części potencjału wytwórczego na produkcję cywilną. Równocześnie poszukiwane są nowe rozwiązania mające na celu redukcję znacznego zadłużenia przedsiębiorstw zbrojeniowych, a także rozważane są szanse nawiązania nowych umów kooperacyjnych z państwami grupy wyszehradzkiej, jak również z niektórymi krajami NATO. Jednocześnie konieczne jest dalsze doskonalenie procesów technologicznych w oparciu o najnowsze zdobycze techniki oraz opracowanie prototypów sprzętu nowej generacji. Tylko taka strategia pozwoli w przyszłości na zabezpieczenie niezbędnych potrzeb armii i utrzymania rynków zbytu.

3
Amunicja do broni strzeleckiej

Przejęcie zasobów uzbrojenia po trzech zaborcach oraz dokonane zakupy i dostawy broni z zagranicy spowodowały, że broń i amunicja Wojska Polskiego w pierwszym okresie jego istnienia stanowiły znaczne zróżnicowanie pod względem używanych typów i kalibrów. Powodowało to duże trudności w szkoleniu wojsk oraz bardzo komplikowało sprawy zaopatrzenia armii w czasie działań wojennych w latach 1919-1920. Stąd też już w 1920 r. w Wojsku Polskim przystąpiono do ujednolicenia i uporządkowania uzbrojenia strzeleckiego. W oddziałach frontowych pozostawiono broń francuską, niemiecką i austriacką, zaś dla jednostek tyłowych i pomocniczych przewidziano uzbrojenie włoskie, rosyjskie, japońskie i angielskie. Ponadto przeprowadzono wymianę broni z Rumunią, Estonią i Finlandią, uzyskując przez to 42 734 kb i kbk oraz 911 ckm i 1150 rkm. W wyniku tych działań, w latach 1924-1925: 14 dywizji piechoty posiadało kb niemieckie Mausera, 14 dywizji piechoty posiadało kb francuskie, 2 dywizje piechoty posiadały kb austriackie.

W 1925 r. dokonano przezbrojenia jednej dywizji, gdzie na cały stan „mob" wydano kb Mausera.

W kawalerii, w 1924 r., 18 pułków było wyposażonych w kb niemieckie Mausera, a 22 pułki — w kb austriackie.

W ciągu 1925 r. dokonano dalszego przezbrojenia wojsk, i tak:

— 15 pułków kawalerii posiadało kb Mausera,
— 13 pułków było uzbrojonych w kb rosyjskie Mosina przerobione na amunicję polską (7,92 mm),
— 12 pułków posiadało kb austriackie.

Aby przyspieszyć przezbrojenie piechoty, Departament III Artylerii zamówił w CZWW 300 000 kb Mausera. Całkowite przezbrojenie piechoty w kb Mausera przewidywano zakończyć w 1928 r. Podjęte przedsięwzięcia pozwoliły na ograniczenie używanej amunicji w jednostkach liniowych do 3 zasadniczych typów naboi karabinowych:

— 8 mm naboju francuskiego typu Label,
— 8 mm naboju austriackiego typu Mannlicher,
— 7,92 mm naboju karabinowego typu Mauser.

Przyjętą amunicję skonstruowano we Francji, Austrii i w Niemczech jeszcze przed I wojną światową i w toku działań wojennych doskonalono przez opracowanie jej odmian specjalnych (jak naboje z pociskami przeciwpancernymi, zapalającymi, świetlnymi, smugowymi itp.).

Zredukowanie amunicji karabinowej do 3 podstawowych typów i kalibrów ułatwiało zaopatrzenie armii, jak również pozwoliło w pierwszej połowie lat dwudziestych na podjęcie jej produkcji w kraju i uniezależnienie się tym samym od importu. Jednocześnie, w celu rozwoju krajowych wytwórni amunicji starano się zaktywizować eksport do Jugosławii, Turcji i Persji. W 1936 r. krajowe wytwórnie amunicji wytwarzały: 7,92 mm naboje Mausera typu S, Sc, D, P, PS, Z, Lot., naboje szkolne i ślepe do broni

Rys. 3.1. Hala maszyn w Wojskowej Wytwórni Amunicji Karabinowej w Warszawie

ręcznej i maszynowej, amunicję izbową oraz 7,62 mm nabój rewolwerowy Naganta i 9 mm nabój pistoletowy Parabellum. Ponadto, 25 i 35 mm naboje sygnałowe, zaś dla celów komercyjnych na rynek prywatny amunicję pistoletową 6,35 i 7,65 mm, naboje sportowe typu *short i long rifle* 5,6 mm oraz amunicję myśliwską.

W drugiej połowie lat trzydziestych rozpoczęto produkcję 13,2 mm naboi do nkm Hotchkissa oraz wzory amunicji opracowane w Polsce, jak np. 7,92 mm nabój DS do kb ppanc. wz. 1935 czy 20 mm amunicję do nkm i amunicję do granatników wz. 1930 i 1936.

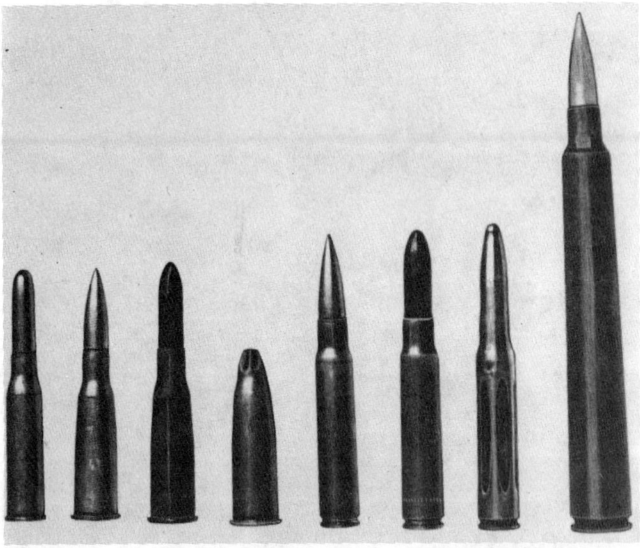

Rys. 3.2. Amunicja karabinowa produkowana w Polsce w latach 1921-1939; od lewej: 8 mm × 56R nabój Mannlichera wz. M/93, 8 mm × 50R nabój Lebela wz. 1886 D (am), 8 mm × 50R nabój Lebela ślepy, 8 mm nabój Lebela miotający, 7,92 mm × 57 nabój Mausera z pociskiem S, 7,92 mm × 57 nabój Mausera ślepy, 7,92 mm × 57 nabój szkolny, 7,92 × 107 nabój z pociskiem DS do kb ppanc. wz. 1935

Amunicja do broni krótkiej

Duże zróżnicowanie broni krótkiej występujące w armii polskiej w początkowym stadium jej organizacji powodowało, że sprawę jednolitego wzoru pistoletu służbowego odkładano na plan dalszy, tj. do czasu pełnego uporządkowania i ujednolicenia broni piechoty. Stąd też bieżące potrzeby wojska w tym zakresie zaspokajano zasobami amunicji odziedziczonymi po zaborcach oraz niewielkim importem z zagranicy. W wydanym przez MSWojsk. w 1935 r. „Katalogu amunicji", w grupie amunicji pistoletowej uwidoczniono znajdujące się jeszcze w magazynach wojskowych 7,65 mm naboje pistoletowe produkcji: francuskiej, belgijskiej i austriackiej. Ponadto, 9 mm naboje niemieckie typu Parabellum z pociskiem walcowo-stożkowym i pociskiem owalnym, a także

Rys. 3.3. Amunicja pistoletowa produkowana w Polsce w latach 1925-1939; od lewej: nabój 6,35 mm × 15,5SR Browninga, nabój 7,65 mm × 17SR Browninga, nabój 9 mm × 19 Parabellum, nabój 7,62 mm × 38R Naganta

8 mm naboje rewolwerowe produkcji francuskiej i 7,62 mm naboje rosyjskie do rewolwerów Naganta.

Naboje pistoletowe Browninga

Wobec znacznej ilości użytkowanych w Polsce pistoletów samopowtarzalnych kal. 6,35 i 7,65 mm już w pierwszej połowie lat dwudziestych Zakłady Amunicyjne „Pocisk" uruchomiły produkcję amunicji pistoletowej systemu Browninga. Amunicję tę rozprowadzano na rynku cywilnym poprzez specjalistyczne sklepy i składnice, zaś odbiorcy wojskowi posiadający prywatną broń tego kalibru mogli się w nią zaopatrywać po cenach hurtowych na specjalne zamówienia. Produkowany w kraju 6,35 mm × 15,5SR nabój Browninga był przeznaczony do pistoletów kieszonkowych służących do obrony osobistej. Ze względu na słabe osiągi balistyczne nie miał zastosowania wojskowego, a jedynie policyjne formacje kobiece (utworzone w 1930 r.) uzbrojono etatowo w broń tego kalibru. Amunicja produkcji polskiej posiadała łuskę mosiężną oraz pocisk z rdzeniem ołowianym w płaszczu melchiorowym (stop miedzi, cynku i niklu).

Drugim typem naboju Browninga produkowanym przez wytwórnię „Pocisk" był nabój pistoletowy 7,65 mm × 17SR. Posiadał on łuskę mosiężną i pocisk ołowiany w płaszczu melchiorowym lub mosiężnym osadzony w łusce przez zawalcowanie lub zapunktowanie. W 1925 r. Wojskowa Wytwórnia Amunicji Karabinowej w Warszawie wykonała partię próbną 7,65 mm naboi pistoletowych Browninga w liczbie kilkuset sztuk, lecz wobec braku zamówień produkcji tego typu naboi zaniechano.

Rys. 3.4. Znakowanie dna łuski amunicji Browninga wytwórni „Pocisk"

Naboje pistoletowe produkcji polskiej elaborowano prochem składającym się z czystej nitrocelulozy z dodatkiem dwufenyloaminy jako stabilizatora. Ziarenka prochu miały kształt cylindrów długości 0,3-1 mm i grubości 0,4-0,5 mm, barwy szaro-zielonej. Amunicję pistoletową typu Browning wytwórni „Pocisk" pakowano w pudełka kartonowe po 25 sztuk. Znakowanie dna łuski dla obu typów naboi było identyczne i składało się z symbolu wytwórni w postaci liter PK i pięcioramiennej gwiazdki..

Amunicja rewolwerowa

Niezależnie od amunicji przeznaczonej do pistoletów samopowtarzalnych przemysł krajowy wytwarzał również 7,62 mm naboje rewolwerowe (7,62 mm × 38R) do rewolwerów służbowych Naganta wz. 30. Nabój ten, pomysłu belgijskiego inż. Emila Naganta, powstał w 1890 r., a w pięć lat później został przyjęty jako standardowy w armii rosyjskiej. Charakteryzował się on całkowitym umieszczeniem pocisku wewnątrz łuski, co miało zapewnić doskonałe uszczelnienie styku między bębenkiem rewolweru a lufą. Łuska mosiężna z kryzą wystającą posiadała lekko zwężoną średnicę wylotu. Początkowo naboje elaborowano prochem czarnym, który później zastąpiono prochem nitrocelulozowym. Produkcję naboi rewolwerowych Naganta uruchomiono w Państwowej Fabryce Amunicji w Skarżysku na początku lat trzydziestych.

Nabój polski miał pocisk o kształcie stożkowo-ściętym z rdzeniem ołowianym otoczonym płaszczem melchiorowym. W niewielkiej ilości występowały też naboje z łuską o kształcie butelkowym (z mocniejszym zwężeniem łuski u wylotu). Nabój elaborowano prochem nitrocelulozowym marki „Kruk" produkcji Państwowej Wytwórni Prochów w Pionkach, o składzie zbliżonym do prochu stosowanego w nabojach kal. 6,35 i 7,65 mm. Naboje rewolwerowe produkcji polskiej pakowano w pudełka kartonowe po 7 sztuk.

9 mm nabój Parabellum

W lutym 1932 roku na konferencji u drugiego wiceministra spraw wojskowych zapadła decyzja o wprowadzeniu 9 mm pistoletu Vis do uzbrojenia armii jako etatowej broni oficerów i podoficerów WP. Spowodowała ona to, że od 1936 roku niemiecki nabój pistoletowy typu Parabellum (9 mm × 19) przyjęto jako przepisowy do pistoletów Vis wz. 1935, a później do pistoletu maszynowego Mors. 9 mm amunicja pistoletowa produkcji Państwowej Fabryki Amunicji w Skarżysku miała łuskę mosiężną oraz pocisk długości 15 mm o rdzeniu ołowianym w płaszczu stalowym platerowanym melchiorem, o masie 7,5 g, to jest o około 0,5 g mniejszej w stosunku do wzoru niemieckiego. Do nauki w obchodzeniu się z bronią stosowano naboje szkolne pozbawione ładunku miotającego, które w miejscu spłonki posiadały wprasowany krążek gumowy. Znakowanie dna łuski polegało na podziale jej powierzchni na 4 symetryczne segmenty, na których wybito kaliber N — symbol walcowni Norblina, cyfry określające rok produkcji (np. 1938) oraz godło państwowe — znak wytwórni w Skarżysku. Naboje do pistoletu Vis pakowano w pudełka kartonowe po 24 sztuki. Taki sposób pakowania wynikał z faktu, że w skład kompletu pistoletu Vis wchodziły 3 magazynki o pojemności 8 naboi. Amunicja „Parabellum" przeznaczona dla Policji Państwowej i stosowana do fińskich pistoletów maszynowych Suomi, pakowana była w pudełka kartonowe po 20 naboi ułożonych na przemian. Na wierzchu pudełka naklejono białą etykietkę w postaci opaski, na której znajdował się napis zawierający informacje dotyczące nazwy wytwórni, ilości

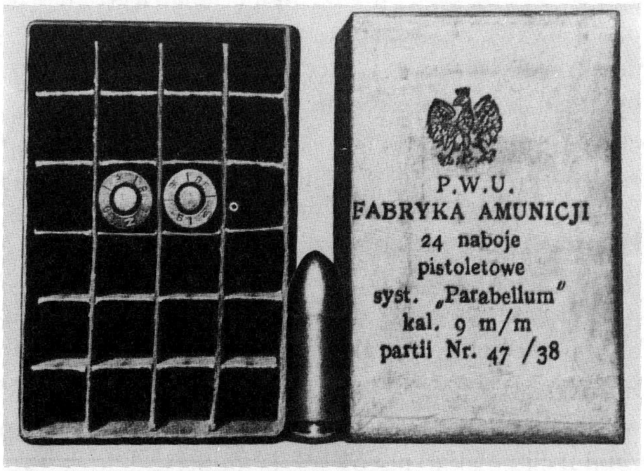

Rys. 3.5. Opakowanie 9 mm amunicji Parabellum do pistoletu Vis wz. 1935 produkcji Fabryki Amunicji w Skarżysku

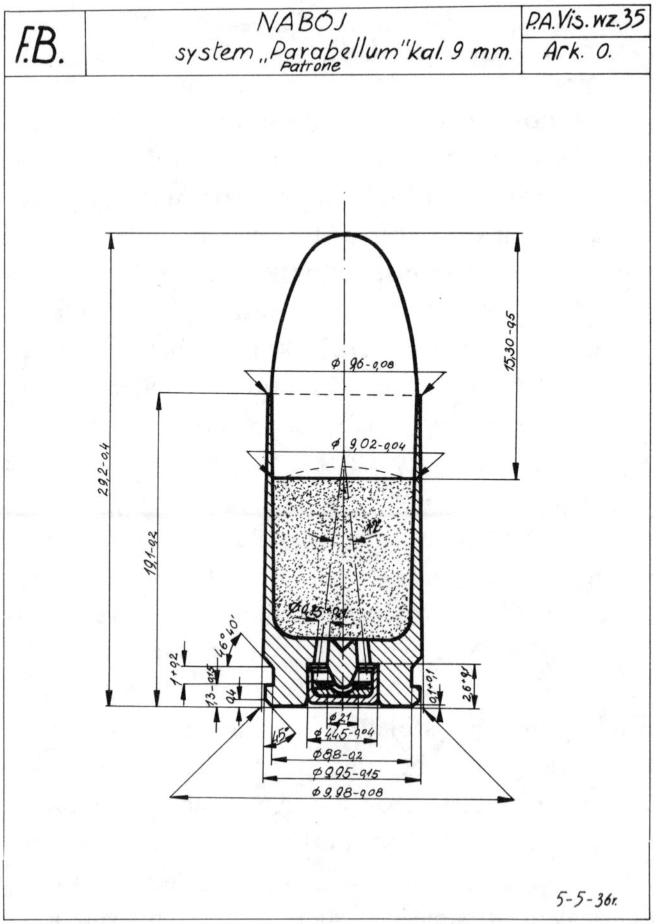

Rys. 3.6. Podstawowe wymiary 9 mm naboju Parabellum produkcji polskiej

naboi, kalibru, systemu oraz numeru partii i roku produkcji. Następnie 10 takich pudełek zawijano w paczkę z mocnego papieru pakowego i 9 paczek wkładano do skrzyni drewnianej, którą przesyłano do użytkownika. Wymagania Policji były bardzo wysokie i przewidywały, że amunicja polska nie może odbiegać jakościowo od amunicji fińskiej firmy „Sako". W związku z tym każda wyprodukowana partia amunicji, służyła do 4 serii po 10 strzałów na odległość 50 metrów. Amunicja spełniała normy jakościowe, jeżeli z każdej serii 8 pocisków mieściło się w kole o średnicy 8 cm.

W czasie okupacji hitlerowskiej, po przejęciu zakładów w Skarżysku przez firmę „Hasag" w 1940 roku, ponownie uruchomiono tam produkcję amunicji typu Parabellum, jednak już wg wzoru niemieckiego. Początkowo wykorzystywano do produkcji przedwojenne zapasy łusek i mosiądzu. Od 1941 roku rozpoczęto wytwarzanie amunicji w łusce stalowej fosfatyzowanej na szaro i dodatkowo lakierowanej, z pociskiem z rdzeniem ołowianym w płaszczu stalowym platerowanym tombakiem oraz z pociskiem o masie 6,24 g z rdzeniem stalowym w koszulce ołowianej otoczonej płaszczem tombakowym — w seriach z lat 1942-1943 dodatkowo czernionym. Amunicja ta była przeznaczona głównie do pm, gdyż w pistoletach samopowtarzalnych powodowała często zakleszczenie się łuski w komorze nabojowej; stąd też w latach 1942-1945 wprowadzono do produkcji amunicję w łusce stalowej lakierowanej o poprawionych własnościach. Naboje tego wzoru posiadały na dnie łuski oprócz roku produkcji, numeru partii i symbolu „kam" — stanowiącego niemiecki kod zakładów amunicyjnych w Skarżysku — wybity dodatkowo znak plus przy literach St oznaczających łuskę stalową lakierowaną.

Trzeba zaznaczyć, że mimo stosowanych przez okupanta represji, działający w zakładzie ruch oporu prowadził liczne akcje sabotażowe, jak również organizował „przecieki" amunicji dla oddziałów partyzanckich. Działania te doprowadziły jednak do wzrostu czujności okupanta, co w konsekwencji uniemożliwiło wynoszenie gotowych produktów. W związku z tym ograniczono się do przerzutu amunicji w elementach. Spowodowało to konieczność zorganizowania konspiracyjnych warsztatów scalania amunicji. W 1944 r. Szefostwo Służby Uzbrojenia Armii Krajowej otrzymało transport z „przecieków" ze Skarżyska w liczbie kilku tysięcy łusek ze spłonkami amunicji typu Parabellum, brak było jednak pocisków. W sprawę tę został zaangażowany były szef Biura Studiów Fabryki Amunicji w Skarżysku inż. Franciszek Pogonowski, który w przeciągu niecałych dwu miesięcy opracował rysunki pocisku i sprawdzianów, jak również zorganizował warsztat dysponujący odpowiednim parkiem maszynowym pozwalającym na formowanie płaszczy i rdzeni. W lipcu 1944 r. wyprodukowano w Warszawie w warunkach konspiracyjnych ok. 1000 półfabrykatów pocisków oraz wykonano partię próbną 100 precyzyjnie scalonych naboi, które zostały skierowane do badań. Wybuch Powstania Warszawskiego 1.08.1944 r. uniemożliwił zakończenie całego przedsięwzięcia.

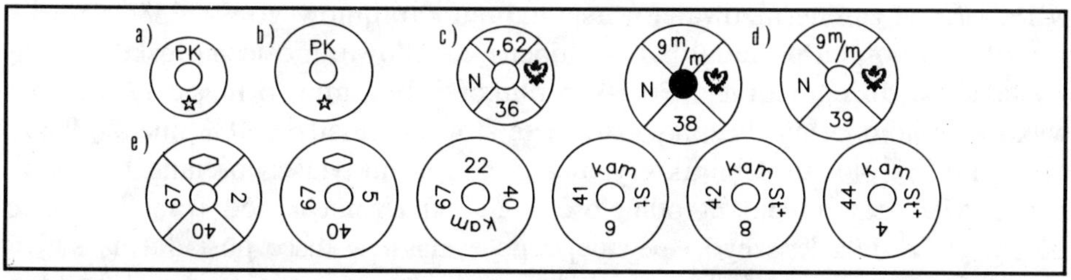

Rys. 3.7. Znakowanie dna łusek amunicji pistoletowej w latach 1922-44: a) nabój 6,35 Browning produkcji wytwórni „Pocisk"; b) nabój 7,65 Browning w/w wytwórni; c) 7,62 mm nabój rewolwerowy Nagant produkcji Fabryki Amunicji w Skarżysku; d) 9 mm nabój typu „Parabellum" produkcji Fabryki Amunicji w Skarżysku: z lewej — nabój szkolny z gumową spłonką, z prawej — bojowy; e) amunicja 9 mm „Parabellum" produkowana w Skarżysku w latach 1940-44

Amunicja karabinowa

Amunicja do kb austriackich

Produkcję 8 mm naboi karabinowych typu Mannlicher (8 mm × 56R) uruchomiła Spółka Akcyjna „Pocisk" już na przełomie lat 1920/1921 na urządzeniach i maszynach zakupionych w austriackiej firmie „Hirtenberger", które stanowiły jednocześnie pierwszy typ amunicji karabinowej produkowanej w kraju po odzyskaniu niepodległości. Pierwowzorem tej amunicji był nabój wz. M/86 przyjęty do uzbrojenia armii austrowęgierskiej w 1886 r. wraz z 8 mm kb Mannlichera. Nabój ten posiadał pocisk z płaszczem stalowym ze szczytem zaokrąglonym o rdzeniu ołowianym (97% ołowiu i 3% antymonu). Łuskę mosiężną o kształcie butelkowatym z kryzą wystającą elaborowano prochem czarnym w ilości 4,0 g. W 1893 r. nabój ten zmodernizowano, co polegało na zastąpieniu prochu czarnego prochem bezdymnym (2,7 g), dzięki czemu wzrosła szybkość początkowa pocisku z 550 do 620 m/s.

Nowy wzór naboju stosowano do kb i kbk oraz do km typu Schwarzlose. Otrzymał on oznaczenie wz. M/93. Niezależnie od naboi wz. M/93 w użyciu były naboje z pociskiem ppanc., zapalającym, smugowym, wartowniczym oraz naboje ślepe, czyli ćwiczebne, i szkolne, których jednak nie produkowano w kraju.

Amunicja do kb francuskich

Nabój karabinowy typu Lebel 8 mm × 50R wprowadzony we Francji w 1904 r. był zmodernizowaną wersją naboju karabinowego wz. 1886 z pociskiem D. Nabój ten posiadał bardzo mocną, stożkową, mosiężną łuskę z kryzą wystającą o dużej średnicy. Pocisk o długości 39,2 mm, o masie 12,8 g, był wykonany jako pełny (bezpłaszczowy) ze stopu o składzie 90% miedzi, 9,5% cynku i 0,5% ołowiu. Charakteryzował się dobrymi właściwościami balistycznymi, zwłaszcza na dalszą odległość, stąd oznaczenie D od franc. *distance* — odległość. Dla lepszego i pewniejszego zacisku w łusce posiadał na swym obwodzie wytyczony rowek, co naśladowano później również w innych krajach przy produkcji pocisków w płaszczach.

Amunicję wytwórni francuskich elaborowano prochem typu B o składzie: 91% nitrocelulozy i 9% alkoholu amylowego lub prochem BN zawierającym 70% nitrocelulozy, 18% azotanu baru, 8% azotanu potasu i 2% sodu.

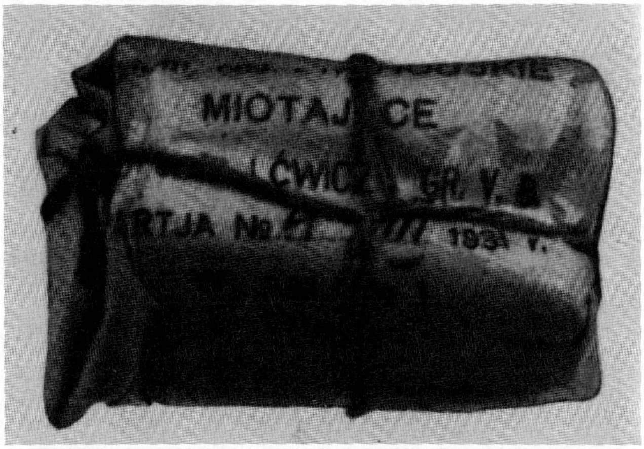

Rys. 3.8. Opakowanie 8 mm naboi miotających Lebela produkcji Wytwórni Amunicji nr 1

8 mm nabój Lebela wz. 1886D stosowano do kb Lebela wz. 1886/93 i Berthiera wz. 1907/15 oraz do kbk Berthiera wz. 1892 i 1916. Amunicja przeznaczona do broni maszynowej o oznaczeniu 86 (a.m.), gdzie a.m. *(amorcage modifie)* — zapłon zmodyfikowany, posiadała w odróżnieniu od naboi przeznaczonych do broni ręcznej mocniej osadzoną spłonkę. Obok zasadniczego naboju z pociskiem pełnym D w użyciu były naboje specjalnego przeznaczenia z pociskami: ppanc. dymno-smugowym oraz amunicja ślepa i szkolna.

Amunicję francuską zarówno do broni ręcznej, jak i maszynowej, produkowały w Polsce Zakłady Amunicyjne „Pocisk" Sp. Akc. Również Wojskowa Wytwórnia Amunicji Karabinowej w Warszawie uruchomiła w 1925 r. produkcję łusek do amunicji francuskiej z prefabrykatów dostarczanych przez Zakłady „Norblina". Początkowo do elaboracji naboi stosowano proch pochodzący z dostaw zagranicznych, który następnie zastąpiono prochem krajowym produkowanym w PWP w Pionkach. Później zaniechano wytwarzania amunicji do broni ręcznej, ograniczając się głównie do produkcji naboi wz. 1886D (a.m.).

Rys. 3.9. Znakowanie dna łuski amunicji Mausera wytwórni „Pocisk"

Oprócz amunicji bojowej produkowano w Polsce naboje ślepe z pociskiem drewnianym oraz (w Wojskowej Wytwórni Amunicji nr 1) naboje miotające do wystrzeliwania z garłaczy VB granatów meldunkowych (nabój miotający do granatu meldunkowego nie posiadał pocisku, a szyjka łuski była zagnieciona w formie gwiazdki). Do produkcji naboi miotających wykorzystywano wystrzelone łuski amunicji bojowej, które były ponownie elaborowane; dlatego też często w opakowaniach polskich występują naboje z oznaczeniem wytwórni francuskiej. Amunicję wytwórni polskich pakowano w pudełka kartonowe po 8 sztuk lub w pakiety po 10 sztuk.

Nabój karabinowy Mausera 7,92 mm × 57

Stanowił on zasadniczy typ naboju karabinowego używanego w WP w okresie międzywojennym. Jego konstrukcja wywodziła się z naboju do kb Mausera wz. 1888, w którym po raz pierwszy zastosowano łuskę bez kryzy wystającej, wg szwajcarskiego wynalazku, który później znalazł powszechne zastosowanie. W 1905 r. nabój zmodernizowano poprzez wprowadzenie pocisku ostro zakończonego (z niem. *Spitzgeschoss*), w skrócie był oznaczany jako nabój z pociskiem S lub SI. Pocisk ten dzięki korzystnemu kształtowi balistycznemu i znacznej prędkości początkowej posiadał wystarczającą celność na odległość 2000-2500 m.

Warto zaznaczyć, że 7,92 mm nabój karabinowy Mausera był jednym z najbardziej rozpowszechnionych w obu wojnach światowych i do dziś stanowi standardowy typ naboju w Jugosławii i Hiszpanii. Znalazł on również zastosowanie w broni myśliwskiej (myśliwskie oznaczenie 8 × 57).

W Polsce, w pierwszych latach niepodległości, produkcją amunicji mauserowskiej zajmowały się niewielkie warsztaty amunicyjne w Toruniu, Poznaniu, Krakowie i Warszawie. Scalały one poszczególne elementy amunicji wytwarzane w wytwórniach państwowych lub prywatnych. Początkowo wytwarzano naboje z pociskiem S, jednak w miarę rozwoju produkcji starano się opanować bardziej skomplikowaną produkcję amunicji z pociskami specjalnymi, jak również nabój ten doskonalić. Już w latach 1922-1924 w Wojskowej Wytwórni Amunicji Karabinowej w Warszawie przy ul. Szwedzkiej prowadzono próby amunicji pomysłu płk. Godlewskiego z pociskiem o lekkim rdzeniu ołowianym i drewnianym. Wytwórnia wykonała również eksperymentalną partię amunicji z pociskami zaopatrzonymi w mosiężne opaski wg projektu płk. Dunajewskiego. Ponadto wykonała partię próbną amunicji z pociskami wybuchowymi, która uzyskała pochlebną ocenę Artyleryjskiej Komisji Doświadczalnej w Rembertowie. Jednak, dopiero pełny rozruch wytwórni „Pocisk" i uruchomienie Państwowej Fabryki Amunicji w Skarżysku pozwoliły na zaspokojenie potrzeb wojska i produkcję pełnego asortymentu amunicji. Początkowo wytwarzano w Polsce amunicję o prędkości początkowej 827 m/s. Jednak na wniosek Centralnej Szkoły Strzelniczej w Toruniu, według której amunicja ta była przyczyną znacznej dymności i płomienności oraz odrzutu broni i przy poparciu PWP w Pionkach, gdzie były trudności z produkcją prochu zapewniającego dużą prędkość wylotową, od 1927 r. zaczęto produkować amunicję dla piechoty o prędkości początkowej zredukowanej do 790 m/s, pozostawiając amunicję silniejszą dla lotnictwa.

Amunicja zredukowana budziła szereg zastrzeżeń i po wyczerpaniu jej zapasów w 1935 r. powrócono do produkcji silniejszej amunicji dla piechoty. Jednocześnie, w wytwórniach amunicji czyniono starania nad ulepszeniem produkcji; świadczą o tym liczne patenty z tego okresu. Między innymi patent nr 18116 zgłoszony 30.01.1932 r., dotyczący sposobu wyrobu amunicji zespolonej o wysokiej wydajności. Rozwiązanie to, polegające na zastosowaniu dwu warstw prochu o różnych własnościach (progresywnego i żywego) przedzielonych przybitką, pozwalało na uzyskanie prędkości początkowej ok. 1000 m/s, przy łącznym ładunku 3,3 g i masie pocisku 9,1 g. Poszukiwania te doprowadziły do opracowania specjalnego prochu progresywnego, który znalazł zastosowanie przy produkcji naboi dla kb ppanc.

Amunicja karabinowa produkcji polskiej posiadała łuski z metalu o składzie 67% miedzi i 33% cynku lub, w mniejszej ilości, 72% miedzi i 28% cynku. Państwowa Fabryka Amunicji w Skarżysku eksperymentowała też z łuskami stalowymi wykonanymi z różnych rodzajów blach, lecz jak się okazało koszt wyrobu amunicji w łusce stalowej był większy od amunicji w łusce mosiężnej, ze względu na znaczne zużycie maszyn i narzędzi użytych do produkcji. Podobne próby prowadzono również w Zakładach Amunicyjnych „Pocisk”, o czym świadczy plansza zdobyta w 1945 r. przez wojska amerykańskie w fabryce

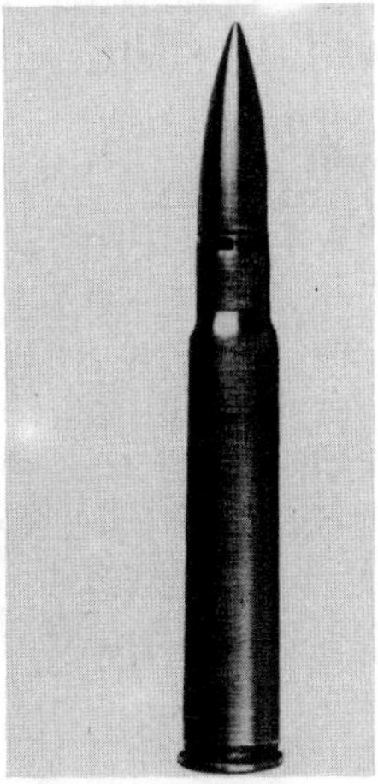

Rys. 3.10. Nabój 7,92 x 57 Mausera z pociskiem D

amunicji „Polte" w Magdeburgu. Na planszy tej — zawierającej zbiór polskiej amunicji — występują naboje z łuską stalową miedziowaną (próba bonderyzacji), które pochodzą z serii z 1939 r. wykonanej przez Zakłady „Pocisk".

Oprócz podstawowego naboju z pociskiem S, który jest analogiczny do naboju niemieckiego z początku lat trzydziestych, krajowy przemysł amunicyjny wytwarzał 7,92 mm naboje z pociskiem ciężkim SC (wzorowane na niemieckim pocisku sS), z pociskiem ppanc. P (odpowiednik niemieckich naboi Smk), z pociskiem zapalającym Z w dwu wersjach oraz najtrudniejsze w produkcji naboje z pociskiem pancerno-świetlnym typu PS. Dużym osiągnięciem było też opracowanie w ITU dla ckm wz. 1930 specjalnego naboju dalekonośnego (tzw. nabój D) o donośności 5500 m, konstrukcji kpt. inż. Tadeusza Łukaszewskiego.

W nielicznych kolekcjach na Zachodzie występuje też nabój produkcji polskiej oznaczany jako W — wskaźnikowy (wybuchowy). Jego budowa jest zbliżona do niemieckiego naboju tzw. B-Patrone. Nabój ten posiada wierzchołek pocisku malowany na czerwono oraz czarną obwódkę wokół spłonki. W polskiej literaturze przedmiotu brak jednak wzmianek o tego rodzaju amunicji.

Niezależnie od ww. rodzajów naboi produkowano w kraju tzw. amunicję o wzmocnionym ciśnieniu przeznaczoną do prób odbiorczych oraz naboje ślepe i szkolne w kilku wzorach. Amunicję ślepą zaopatrywano w pociski drewniane o stożkowo zaokrąglonym wierzchołku, wykonane z drewna olchy lub brzozy. Naboje do kb i kbk posiadały pociski malowane na niebiesko, zaś naboje przeznaczone do broni maszynowej — na czerwono. Do km Hotchkissa wz. 1925 oraz lotniczych km stosowano naboje ślepe z pociskiem w kolorze naturalnego drewna. Spotykane są również naboje ślepe z zakończeniem w formie gwiazdki o 6 fałdach, które prawdopodobnie stosowano jako naboje miotające do granatów karabinowych. Naboje ślepe elaborowano specjalnym prochem oddzielonym od pocisku przybitką ze zgrzebnej bawełny. Proch ten w kształcie żółtych pręcików pochodził z Zakładów Przemysłowych „Boryszew" belg. Sp. Akc. k. Sochaczewa, gdzie produkowano prochy ćwiczebne wg własnego patentu.

Naboje szkolne przeznaczone do demonstrowania współdziałania części broni, jak również do nauki i treningu obchodzenia się z bronią, w okresie dwudziestolecia międzywojennego wykonywano w kilku odmianach. Początkowo, wobec braku naboi szkolnych, w niektórych oddziałach liniowych fabrykowano je we własnym zakresie z wystrzelonych łusek mosiężnych i ostrego pocisku S, lecz sprawiały one wiele kłopotów wskutek wyłamywania się pocisków i kaleczenia wnętrza komory nabojowej kb. W 1922 r. w ramach rozruchu technologicznego Wojskowej Wytwórni Amunicji Karabinowej w Warszawie wykonano ok. 300 000 naboi szkolnych. Później jako zasadniczy typ naboju szkolnego przyjęto nabój monoblokowy z krążkiem kauczukowym zamiast spłonki.

Rys. 3.11. Opakowanie amunicji 7,92 mm Mausera Fabryki Amunicji w Skarżysku

7,92 mm polską amunicję karabinową pakowano na wzór niemiecki w pudełka kartonowe koloru brązowego lub kremowego, zawierające 15 naboi luzem lub w łódkach po 5 naboi. W użyciu były łódki mosiężne wz. 1917 bez sprężynki płaskiej oraz łódki klasyczne Mausera wz. 1898 ze sprężystej blachy stalowej, najczęściej z monogramem Pk w środku po stronie zewnętrznej. Pudełka posiadały drukowane lub odbijane stemplem napisy w kolorze odpowiadającym znakom naboi, zawierające informacje o wytwórcy, rodzaju i przeznaczeniu naboi, ponadto podawano oznaczenie partii i liczbę oznaczającą rok produkcji oraz datę kompletacji (scalania), miesiąc, rok, a niekiedy nawet dzień. Pudełka kartonowe pakowano w hermetyczne puszki cynkowe, które z kolei dla uniknięcia uszkodzeń pakowano w skrzynki drewniane. Na skrzyni znajdowała się nalepka z charakterystyką amunicji oraz namalowane kółko takiego samego koloru, jaki na swym denku posiadały naboje w skrzyni. Łącznie w jednej skrzyni znajdowało się 1260 naboi karabinowych.

Po przejęciu przez hitlerowców w 1939 r. polskich zakładów produkujących broń i amunicję okupant wykorzystał część znajdujących się w nich zasobów, stąd spotykane są też pudełka amunicji reetykietowane — etykieta była w tym przypadku przyklejana na jednym z brzegów opakowania i zawierała uwagę

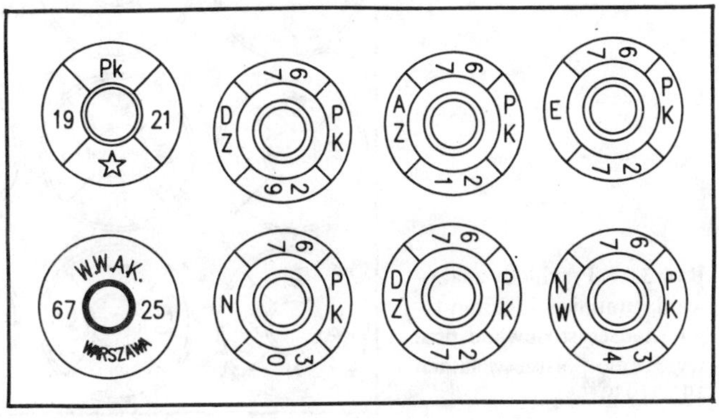

Rys. 3.12. Znakowanie polskiej amunicji strzeleckiej w latach 1918-1939

o partii nie znanej (*Lieferung unbekannt*) lub o polskim pochodzeniu amunicji (*poln. Herkunf*). W późniejszym okresie stosowano etykiety standardowe zawierające informację o polskim pochodzeniu niektórych elementów naboi, takich jak łuski, pociski lub spłonki; informację tę podawano za pomocą litery p umieszczonej w nawiasach — co oznaczało *polnisch*.

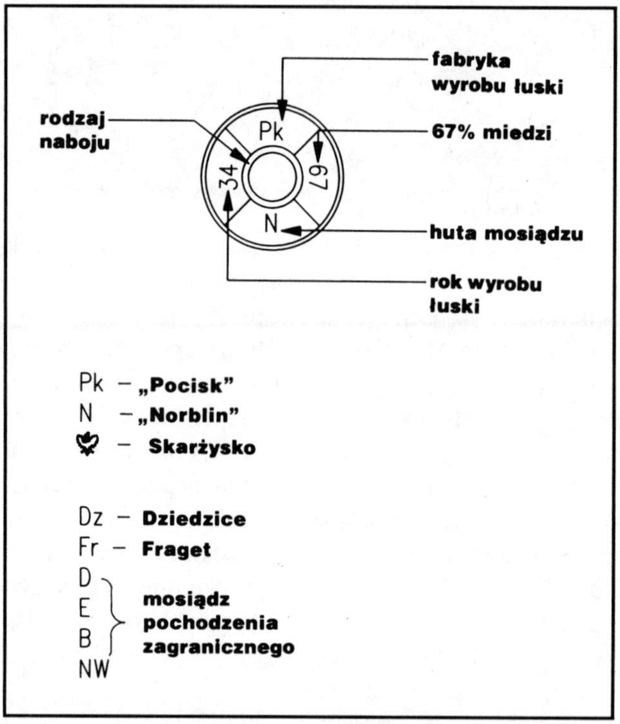

Rys. 3.13. Znaki na dnie łusek 7,92 mm amunicji polskiej typu Mauser (klucz znakowania)

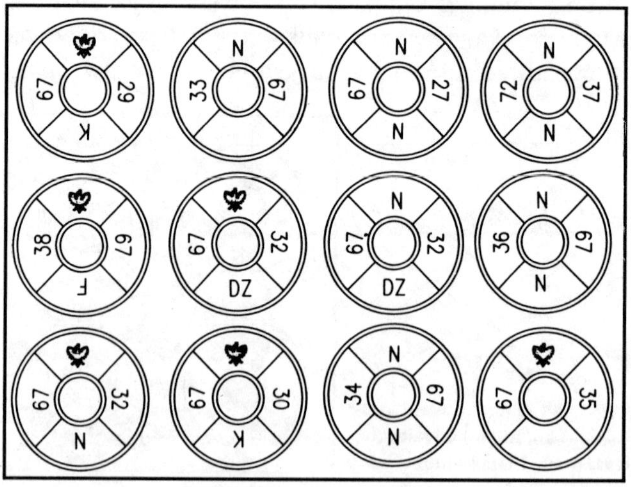

Rys. 3.14. Przykłady znakowania amunicji 7,92 mm typu Mauser stosowane prze wytwórnie polskie w latach 1922-1939

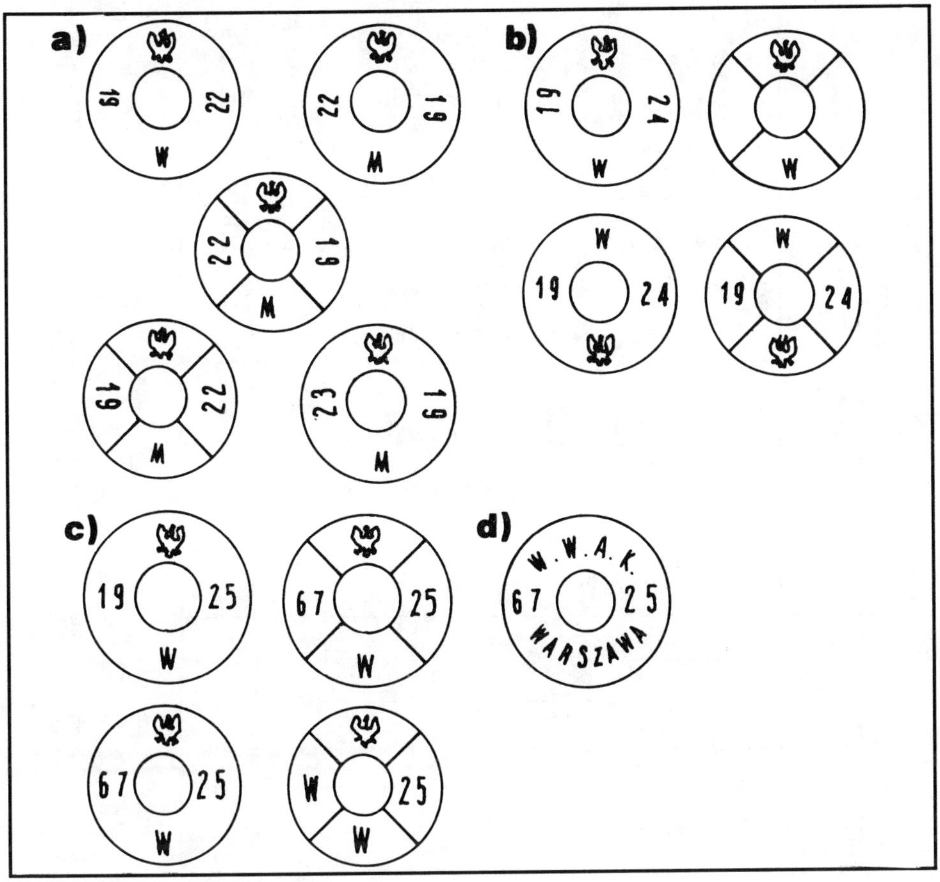

Rys. 3.15. Znaki na dnie łusek 7,92 mm amunicji typu Mauser: a) z lat 1922-1923, b) z roku 1924, c) z roku 1925 oraz d) 8 mm amunicji typu Lebel

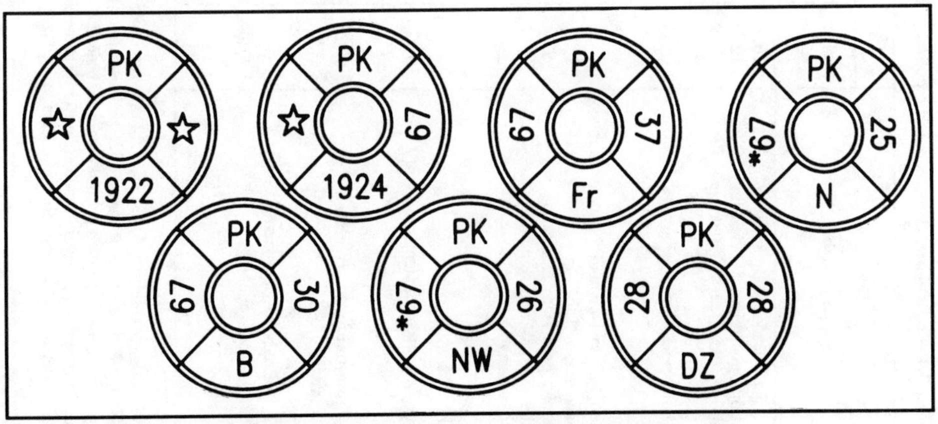

Rys. 3.16. Znakowanie 7,92 mm amunicji karabinowej typu Mauser

Tablica 3.1. Podstawowe dane techniczne polskiej 7,92 mm amunicji karabinowej

Rodzaj naboju	Masa			Długość [mm]		Prędkość początkowa pocisku [m/s]	Celność dopuszczalna (średnica koła rozrzutu na 100 m)	Znakowanie (kolor obwódki spłonki)	Uwagi
	pocisku	naboju	ładunku prochu	pocisku	naboju				
Nabój z pociskiem S zwykłym	10,0	24,0-24,5	3,15	28	80,3	860	15 cm	czarny	—
Nabój z pociskiem SC ciężkim	12,8	26,8	2,90	35	80,3	760	20 cm	zielony	—
Nabój z pociskiem D dalekonośnym	13,75	27,5-28	—	39,2	80,3	—	20 cm	fioletowy	rdzeń pocisku 10,65-10,8 g, ołów z domieszką 5-8% antymonu
Nabój z pociskiem P ppanc.	11,55	25,3	2,95	37	80,3	800	20 cm	czerwony	stosowany do km, przebijał blachę stalową o grubości 0,6 mm na odległość 650 m
Nabój z pociskiem PS przeciwpancerno-świetlnym*)	10,0	24,0	3,0	37	80,3	820	25 cm	niebieski	smuga świetlna czerwona
Nabój z pociskiem Z zapalającym	9,6	23,8	3,0	37	80,3	820	20 cm	żółty	—
Nabój z pociskiem ślepym (drewnianym)	0,65	13,3	1,20	31	80,4	—	—	jasnoszary pocisk niebieski	—
Nabój z pociskiem ślepym do km**)	0,92	13,9	—	34	80,4	—	—	jasnoszary pocisk czerwony	stosowany do km Maxima wz. 1908, ckm wz. 1930 i rkm wz. 1928
7,92 mm nabój do strzelania izbowego	2,8	28,8	—	10,5	63,0	—	—	—	spłonka — ładunek mieszany prochu czarnego i bezdymnego
7,92 mm nabój z pociskiem DS do kb ppanc. wz. 1935	12,8	37,3	11,1	61,8	132,03	1265 ± 24	—	zielony	łuska nośna o składzie 67% Cu i 33% Zn, pocisk o rdzeniu ołowianym

*) W opracowaniu znajdował się 7,92 mm nabój PS ze smugą świetlną zieloną, lecz do 1935 r. jego znakowanie nie zostało ustalone.

**) Nabój ślepy Hotschkissa wz. 1925 posiadał pocisk ślepy w kolorze naturalnego drewna.

Oprócz przedstawionych produkowano naboje 7,92 mm Mausera S lot. (lotnicze), P lot., PS lot. i Z lot. Posiadały one identyczne znaki na łuskach oraz kolor obwódki spłonki, różnica występowała jedynie w jakości prochu i spłonek. Amunicja lotnicza miała bardziej równomierne spalanie prochu i masy zapłonowej, co umożliwiało strzelanie przez śmigło.

Do badań balistycznych stosowano amunicję wzorcową o wymiarach i masie normalnych naboi, lecz wykonywaną w ścisłych tolerancjach.

Amunicja izbowa (śrutowa)

Izbową amunicję karabinową wielokrotnego użytku stosowano w Wojsku Polskim do nauki strzelania, zwłaszcza w początkowym okresie szkolenia. Z dostępnych źródeł wynika, że stosowano ją w latach 1923-1936, to jest do czasu szerszego wprowadzenia do użytku wojska karabinków małokalibrowych krajowego wyrobu. Amunicja ta była przydatna do kbk i kb Mausera wz. 1898, Lebela wz. 1986/93, Berthiera wz. 1907/15, 1892 i 1916. Autorom nie udało się potwierdzić stosowania jej w Polsce do kb Mannlichera wz. 1895, chociaż amunicja taka produkcji austriackiej firmy „Hirtenberger" jest znana i była używana między innymi w armii czechosłowackiej. Po 1935 roku izbową amunicję karabinową stosowano w ograniczonym zakresie w szkołach i organizacjach paramilitarnych w ramach przysposobienia wojskowego.

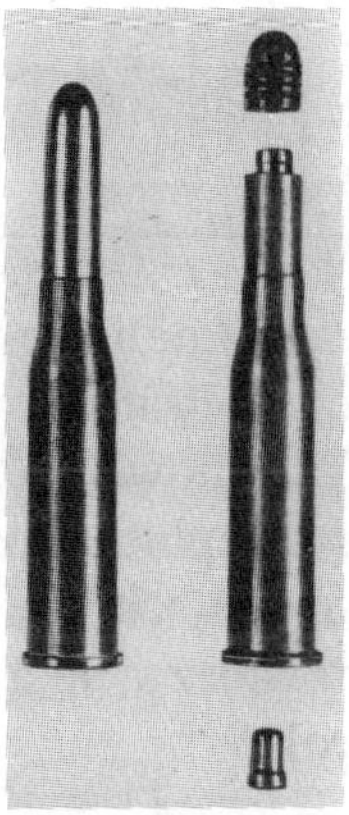

Rys. 3.17. Amunicja izbowa: z lewej nabój 8 mm × 56R Mannlichera, z prawej 8 mm nabój izbowy firmy „Hirtenberger"

Nabój amunicji izbowej składał się z pełnej łuski mosiężnej typu Mauser lub Lebel, o wymiarach odpowiadających łusce amunicji bojowej. W górnym końcu łuska miała specjalny występ, na który nakładało się ołowiany pocisk o masie 2,9 g. Na obwodzie miał on dwa pierścienie wiodące, zapewniające mu właściwe prowadzenie w przewodzie lufy. Przez środek łuski przechodził przewód ogniowy zakończony w dnie łuski gniazdem do osadzenia spłonki. Dno łuski było znakowane typowo jak dla amunicji produkcji polskiej, posiadało znaki dotyczące huty, mosiądzu, wytwórni łusek, roku produkcji i składu stopu. Spłonka zawierała pastylkę z masy zapłonowej i mały ładunek prochu składający się z mieszaniny prochu czarnego i bezdymnego. Przygotowanie naboi do strzelania polegało na zaciśnięciu spłonki specjalnymi kleszczami i osadzeniu natłuszczonego pocisku na występie łuski. Drewniany klocek służył do wybijania wystrzelonych spłonek.

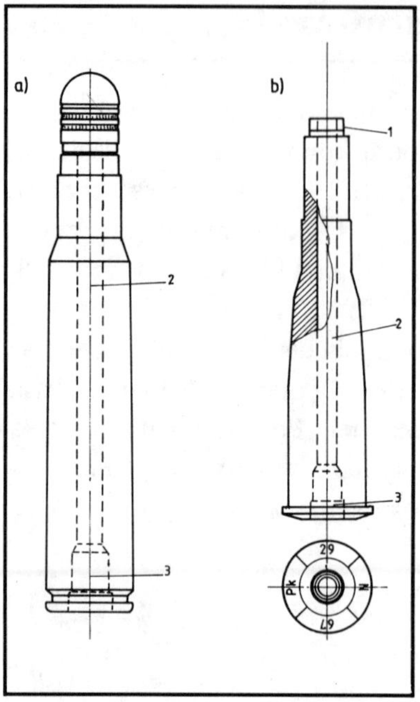

Rys. 3.18. Izbowa amunicja karabinowa: *a*) 7,92 mm nabój scalony Mauser, *b*) łuska naboju izbowego typu Lebel; *1* — czopik, *2* — przewód ogniowy, *3* — gniazdo spłonki

Amunicję produkcji Zakładów „Pocisk" pakowano do transportu i przechowywania w paczki z papieru pakowego po 10 sztuk, pociski w pudełka kartonowe po 500 sztuk, spłonki po 100 sztuk w pudełka z blachy cynkowej. Następnie oddzielnie pakowano części amunicji do skrzyń drewnianych. Zasady użycia izbowej amunicji karabinowej (lub amunicji śrutowej, bo stosowano również i taką nazwę) określała „Tymczasowa instrukcja strzelecka" z 1925 roku.

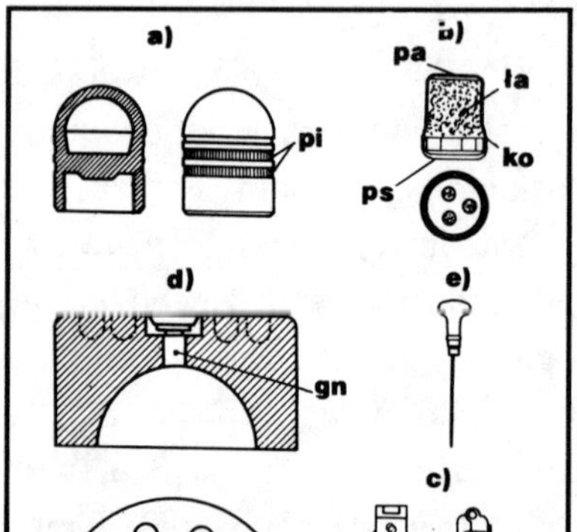

Rys. 3.19. Izbowa amunicja karabinowa: *a*) pocisk (pi — dwa pierścienie wiodące), *b*) spłonka (ko — kowadełko mosiężne, ła — ładunek prochu, ps — pastylka, pa — papier), *c*) kleszcze do zaciskania pocisku, *d*) klocek z drewna (gn — gniazdo do ustawiania łuski), *e*) wybijak

Nabój typu DS 7,92 mm × 107 do kb ppanc. wz. 1935

Jak wspomina w swej książce pt. „Podziemna zbrojownia" inż. Franciszek Pogonowski, w 1930 roku zorganizowano w Państwowej Fabryce Amunicji w Skarżysku — Biuro Studiów, które wraz z rozwojem zakładu stawało się placówką wiodącą w dziedzinie prac związanych z projektowaniem, budową i produkcją amunicji. Biuro w okresie swej działalności opracowało wiele zagadnień zlecanych przez Instytut Techniczny Uzbrojenia MSWojsk. Jednym z takich tematów była konstrukcja amunicji o wysokiej prędkości początkowej do kb przeciwpancernych pomysłu inż. Józefa Maroszka.

W zaprojektowanym naboju początkowo zastosowano normalny pocisk mauserowski 7,92 mm typu SC. Jednak, zwiększenie prędkości początkowej i towarzyszący temu wzrost ciśnienia gazów prochowych powodował przyspieszone zużycie przewodu lufy. W czasie przeprowadzania bardzo licznych prób i badań zmierzających do wydłużenia żywotności lufy kb nabój uległ przekonstruowaniu, zaś w pocisku dokonano niewielkiej modyfikacji polegającej na wydłużeniu jego części cylindrycznej kosztem zlikwidowania stożka tylnego oraz zmniejszenia ostrołuku. Po znacznym powiększeniu łuski i zastosowaniu specjalnego ładunku prochu nitrocelulozowego pocisk uzyskał prędkość początkową w granicach 1625 ± 24 m/s, co pozwalało mu przebijać płyty pancerne o grubości 15 mm ustawione pod kątem 90° w odległości 300 m. Dla porównania — polski pocisk przeciwpancerny z rdzeniem stalowym typu P wystrzelony z kb Mausera uzyskiwał tylko 65 procent przebić takich samych płyt stalowych w odległości 170 m.

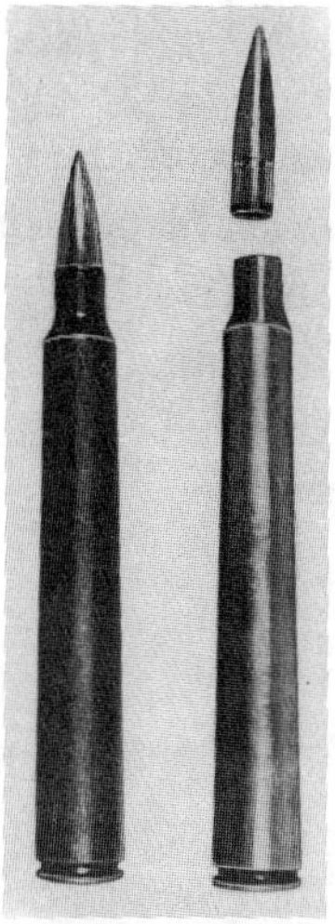

Rys. 3.20. Nabój typu DS 7,92 mm × 107 do kb ppanc. wz. 1935 (z prawej strony nabój rozcalony)

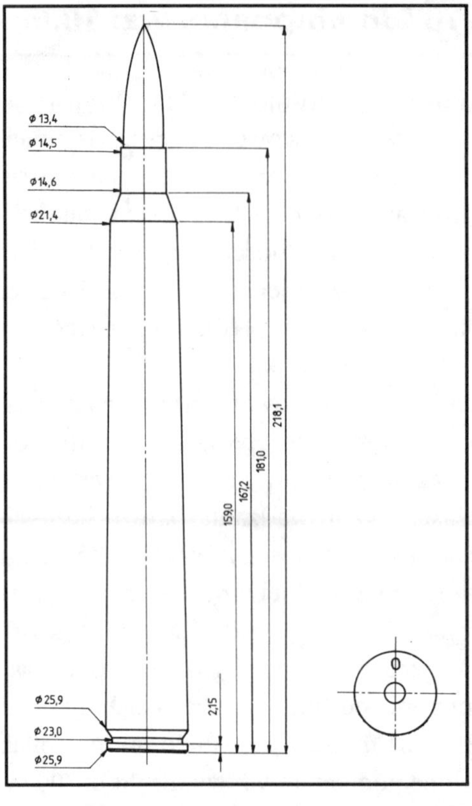

Rys. 3.21. Podstawowe wymiary eksperymentalnego 13 mm naboju do kb ppanc.

Zastosowana w naboju łuska mosiężna w pierwszych seriach produkcyjnych, prawdopodobnie ze względu na otoczenie prac tajemnicą, pozbawiona była na dnie wszelkich oznaczeń. Naboje pochodzące z serii z lat 1937 i 1938 posiadają już oznaczenia jak amunicja karabinowa produkcji fabryki w Skarżysku, lecz bez charakterystycznego podziału na 4 pola (obwódka spłonki koloru zielonego).

Naboje do kb ppanc. wz. 1935 pakowano fabrycznie w kartonowe pudełka po 12 szt., a te z kolei po 12 szt. w hermetyczne cynkowe puszki wkładane do drewnianych skrzyń. Na pudełkach kartonowych umieszczano godło państwowe i napis:

P.W.U. FABRYKA AMUNICJI
12 szt.
7,9 mm nab. „DS"
Partii Nr 51/38

W końcu lat trzydziestych eksperymentowano również z nabojem do kb ppanc. kal. 10 i 13,2 mm, jednak do wybuchu wojny amunicja ta nie wyszła poza fazę doświadczeń.

Nabój 13,2 mm × 99 do nkm Hotchkissa wz. 1930

Do zakupionych w 1932 r. we Francji nkm Hotchkissa wz. 1930 używano początkowo amunicji produkcji francuskiej wytwórni „Manufacture de Machines du Haut-Rhin". W użyciu były naboje z pociskiem zwykłym, zwykłym-smugowym, ppanc., przeciwpancerno-smugowym, zapalającym, dymnym oraz amunicja ćwiczebna i szkolna. Oprócz naboi francuskich stosowano również amunicję produkcji angielskich zakładów „Kynoch Birmingham". Naboje brytyjskie były zaopatrzone w pociski zwykłe, ppanc., przeciwpancerno-smugowe oraz smugowe.

Aby uniezależnić się od importu, w drugiej połowie lat trzydziestych produkcję tego typu amunicji podjął przemysł krajowy. Według źródeł radzieckich naboje produkcji Państwowej Fabryki Amunicji w Skarżysku miały 2 rodzaje pocisków — pocisk zwykły, o rdzeniu ze stali zwykłej otoczony koszulką ołowianą i płaszczu tombakowym, oraz pocisk ppanc. o rdzeniu ze stali hartowanej. Naboje elaborowano prochem nitrocelulozowym o składzie identycznym jak naboje typu DS od kb ppanc.

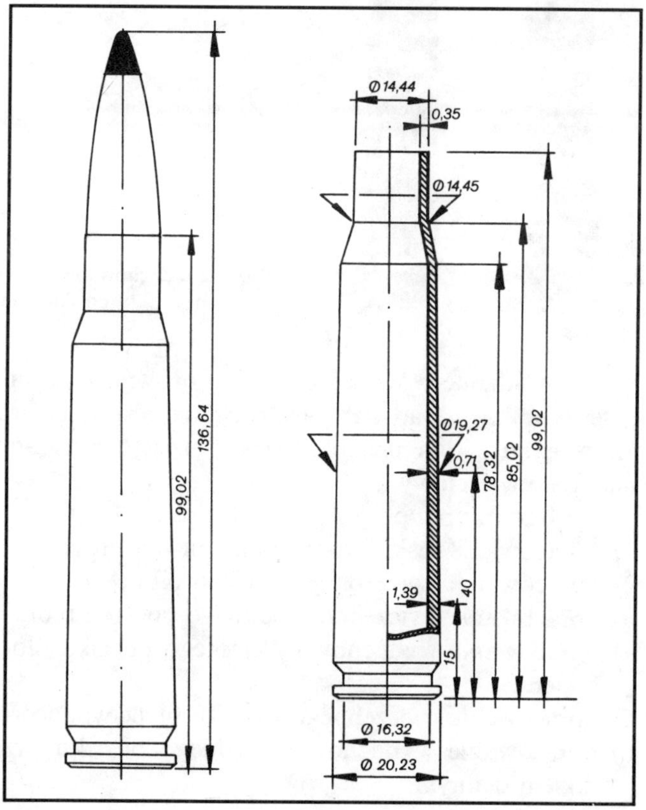

Rys. 3.22. Podstawowe wymiary naboju 13,2 mm × 99 wz. 1930 do nkm Hotchkissa

20 mm amunicja produkcji polskiej

Równocześnie z podjęciem prac nad polskim 20 mm najcięższym karabinem maszynowym podjęto działania nad stworzeniem własnej amunicji tego kalibru. Wstępne prace podjęła Fabryka Amunicji w Skarżysku, w 1936 r., na własny koszt. Posiadany początkowo przez nią materiał badawczy składał się jedynie z katalogu z bardzo pobieżnym opisem oraz dwóch oryginalnych naboi firmy „Solothurn". Dopiero później, już po rysunkowym opracowaniu przez Fabrykę Amunicji głównych typów amunicji, Wydział Broni Małokalibrowej ITU przesłał katalogi i większą liczbę wzorów amunicji tego kalibru innych firm.

Rys. 3.23. Zachowane w Muzeum Wojska Polskiego w Warszawie destrukty polskiej amunicji 20 mm × 204

Przeprowadzone wówczas badania porównawcze amunicji firm „Solothurn", „Oerlikon" i „Madsen" wykazały, iż jest ona prawie równowartościowa. W związku z tym postanowiono pozostać przy amunicji „Solothurn" jako materiale wyjściowym.

Program prac obejmował kolejno:

1) opracowanie łuski i komory nabojowej broni,
2) opracowanie ćwiczebnego pocisku plot.,
3) opracowanie ćwiczebno-świetlnego pocisku plot.,
4) opracowanie wybuchowo-świetlnego pocisku plot. z wysokoczułym zapalnikiem,
5) opracowanie ćwiczebnego pocisku przeciwpancernego,
6) opracowanie wybuchowo-świetlnego pocisku przeciwpancernego z zapalnikiem dennym.

Zgodnie z programem Fabryka Amunicji w Skarżysku przystąpiła do opracowania łuski, projektując jednocześnie wraz z nią komorę nabojową przyszłej broni. Zaprojektowana łuska miała pojemność o 3 cm^3 większą od łuski firmy „Solothurn", co pozwalało przypuszczać, iż da to większą szybkość początkową pocisku. Na kilku konferencjach przeprowadzonych w 1937 r. z przedstawicielami Fabryki Karabinów w Warszawie ustalono ostatecznie rysunki komory nabojowej, wg których wykonano komory w 20 mm nkm model A. W celu szybkiego dostarczenia łusek do Fabryki Karabinów pierwsze z nich wykonano przez toczenie z prętów stalowych. Opracowano jednocześnie plany produkcji toczonych łusek mosiężnych.

W związku z zaawansowanymi pracami nad polskim nkm powstała konieczność posiadania specjalnego prochu do amunicji 20 mm. Rozelaborowano zatem naboje firm „Solothurn" i „Oerlikon", i wydobyto z nich proch, którego próbki wysłano do PWP „Pionki" z prośbą o opracowanie i wykonanie polskiego prochu o zbliżonych własnościach.

Przy projektowaniu pocisków przystąpiono w pierwszej kolejności do prac nad pociskiem plot. — wybuchowo-świetlnym z bardzo czułym zapalnikiem oraz ćwiczebnym. W założeniu przyjęto, iż pierwszy z nich powinien mieć bardzo widoczną w dzień smugę oraz zapalnik działający przy uderzeniu w płótno lotnicze. Ponadto zakładano, że konstrukcja zapalnika powinna być taka, aby w przypadku nietrafienia w cel pocisk nie spadał w całości na ziemię, lecz ulegał samolikwidacji. Jako samolikwidator wykorzystano tu dopalającą się smugę, która powodowała zapalenie się łącznika ogniowego, od którego zapalał się pentryt — materiał wybuchowy znajdujący się w pocisku. Spalanie następowało tak gwałtownie, iż powodowało duży i nagły wzrost ciśnienia, które wysadzało zapalnik z gwintów skorupy. Równocześnie uzyskane przyśpieszenie było tak duże, że iglica zapalnika, umieszczona luźno, uderzała w spłonkę zapalającą, powodując wybuch pocisku.

W drugiej kolejności przystąpiono do opracowania ćwiczebnego pocisku plot., który pod względem balistycznym winien posiadać cechy pocisku ostrego. Amunicja tego typu była także potrzebna Fabryce Karabinów do prób działania nkm. Jednocześnie, Fabryka Amunicji w Skarżysku przygotowywała się do kompletacji i scalania naboi, przystosowując do tego celu odpowiednie przyrządy i maszyny. Wykonano na nich w drugiej połowie 1937 r. scalenia pierwszej partii ćwiczebnych pocisków plot. z łuskami stalowymi wypełnionymi do masy normalnej materiałem zastępczym zamiast prochu. Amunicja ta wysłana do Fabryki Karabinów służyła do wypróbowania działania mechanizmów broni. 1.10.1937 r. Fabryka w Skarżysku otrzymała z Fabryki Karabinów lufę ciśnieniową, a z PWP „Pionki" próbki prochu oznaczonego symbolem B.N.II. W związku z tym przeprowadzono strzelania informacyjne z nabojami ćwiczebnymi, porównując proch polski z prochem firmy „Solothurn". Próbowane naboje otrzymały 40 g ładunek prochowy. Część z nich otrzymała także dodatkowo podsypkę z prochu czarnego.

Badania wykazały znaczną wyższość prochu produkcji polskiej, gdyż uzyskano prędkość pocisku 903,9 m/s przy ciśnieniu 3380 kg/cm², podczas gdy proch „Solothurna" umożliwił uzyskanie 886 m/s przy ciśnieniu 3460 kg/cm². Okazało się ponadto, iż konieczne jest stosowanie podsypki z prochu czarnego. Przeprowadzone strzelania nie zakończyły się jednak pełnym sukcesem, wyszła bowiem na jaw zła stabilizacja naboi, które dawały na tarczach skośniki. Po zbadaniu przyczyn tego zjawiska okazało się, że lufa ciśnieniowa, z której prowadzono strzelanie, miała źle wykonany gwint. Zamiast przewidzianego w rysunkach skoku równego 720 mm miała skok postępowy 2500-1800 mm. Przeprowadzone 27.10.1937 r. nowe próby po otrzymaniu dobrej lufy wykazały bardzo dobrą stabilizację pocisków. Wobec pozytywnych wyników przystąpiono w Skarżysku do produkcji większej liczby ćwiczebnych naboi plot. z łuskami stalowymi oraz zamówiono w „Pionkach" większą partię prochu B.N.II. Rozpoczęto jednocześnie przygotowania do rozpoczęcia produkcji łusek mosiężnych.

21.11.1937 r. przestrzelano, przy ciśnieniu zwiększonym do 4500 kg/cm², pierwsze łuski mosiężne. Strzelanie odbywało się przy odstępie zamka powiększonym o 10,3 mm. Łuski wytrzymywały po 3 takie strzały bez konieczności poddawania ich rekonstrukcji. Próby nie wykazały także żadnych wad w postaci pęknięć, smugowań czy wypływu gazu na spłonce zapalającej, wobec czego przystąpiono do wykonania większej ich liczby. Wykonane łuski scalono w naboje plot. ćwiczebne i w liczbie 2000 szt. wysłano do Działu Broni Małokalibrowej w Zielonce.

W tym samym czasie w Skarżysku pracowano nad zapalnikiem wysokoczułym dla pocisków plot. Pocisk składał się z: skorupy, zapalnika, tulejki z korkiem dennym, w który wprasowano masę świetlną, łącznika ogniowego z zaprasowanym prochem czarnym oraz materiału wybuchowego (pentrytu). Przy opracowaniu rysunków konstrukcyjnych wzorowano się na pociskach firmy „Solothurn", przy czym zapalnik skonstruowano w sposób całkowicie odmienny. Zabezpieczenie zapalnika było odśrodkowe. Iglica opierała się na dwóch ciężarkach posiadających zewnętrzną powierzchnię stożkową i osadzonych w odpowiednim gnieździe stożkowym zapalnika. Ciężarki były dociskane sprężyną spiralną. Po strzale, na skutek działania siły odśrodkowej, ciężarki te rozsuwały się na zewnątrz, podnosząc się jednocześnie dzięki przesuwaniu się po powierzchni stożkowej kadłuba. Przy maksymalnym rozsunięciu się ciężarki zwalniały iglicę. Zapalnik stawał się wtedy odbezpieczony i uzbrojony. Wysoką czułość zapalnika starano się osiągnąć, stosując lekką iglicę wykonaną z duraluminium oraz przez zrezygnowanie z umieszczenia sprężyny między spłonką zapalającą a iglicą. Czułość zapalnika musiała być duża dlatego, że wymagania stawiane tego typu zapalnikom zmuszały, aby działały one między dwiema tarczami płóciennymi ustawionymi w odległości 19 cm od siebie. Zapalnik otrzymywał specjalną spłonkę pobudzającą. Próby odbezpieczania się zapalników przeprowadzone na specjalnie do tego celu skonstruowanym urządzeniu wykazały, iż odbezpieczanie następowało w granicach 30 000-40 000 obr./min. Strzelanie do tarcz pociskami uzbrojonymi w te zapalniki wykazało duży procent niewybuchów. Przyczyną tego był zbyt miękki grot iglicy.

W dniach 24-26.11. i 2-3.12.1937 r. przeprowadzono na terenie Fabryki Amunicji w Skarżysku próby komisyjne naboi plot. ćwiczebnych w obecności przedstawicieli ITU i FK. Dalsze strzelania przeprowadzono w DBM w Zielonce. Wykazały one dobre własności balistyczne pocisków i pełną realizację stawianych im wymagań.

Równocześnie prowadzono prace nad amunicją ppanc. Najpierw skonstruowano ppanc. pocisk wybuchowy z zapalnikiem dennym bez smugi, a po nim ćwiczebny pocisk ppanc. W związku z tym warsztaty produkcyjne Fabryki Amunicji w Skarżysku zaczęły w tempie przyśpieszonym przygotowywać się do produkcji większej ilości 20 mm amunicji ppanc. ćwiczebnej i ostrej. Wystąpiły tu jednak duże trudności spowodowane brakiem odpowiednich materiałów, a przede wszystkim mosiądzu na łuski i stali na skorupy ppanc.

Pod koniec 1937 r. ustalono ostatecznie typy pocisków, które miano wprowadzić do produkcji.

W grupie pocisków plot.:

1) ćwiczebne — LC,
2) ćwiczebno-świetlne — LCS,
3) wybuchowo-świetlne z wysokoczułym zapalnikiem — LWS,
4) wybuchowe z wysokoczułym zapalnikiem — LW.

W grupie pocisków ppanc.:

1) ćwiczebne — PC,
2) ćwiczebno-świetlne — PCS,
3) wybuchowo-świetlny bez zapalnika — PWS (z jego produkcji zrezygnowano, a jego oznaczenie otrzymał pocisk innego typu),
4) wybuchowo-świetlny z zapalnikiem dennym — początkowe oznaczenie PWZS (później otrzymał oznaczenie — PWS),
5) zapalająco-świetlny — początkowe oznaczenie PFS (później otrzymał oznaczenie — PZS),
6) wybuchowy z zapalnikiem dennym — początkowe oznaczenie PZW (później — PW).

W pierwszej kolejności, zgodnie z programem prac Biura Studiów FA oraz poleceniem ITU, przystąpiono do opracowania amunicji plot. LWS i LC. Temu pierwszemu typowi postawiono następujące wymagania: smuga pocisków powinna być widoczna w jasny dzień i świecić ok. 6 s, pociski powinny działać na płótnie lotniczym, powinny się też likwidować samoczynnie z chwilą zgaśnięcia smugi.

Przed przystąpieniem do opracowania naboi LWS zanalizowano materiały dotyczące amunicji zagranicznej, nie uzyskując jednak oczekiwanych rezultatów. Dlatego też przystąpiono do rozwiązywania zagadnienia od początku. Było to konieczne tym bardziej, iż chciano uzyskać amunicję przewyższającą wzory zagraniczne. Prace podzielono na 4 etapy: opracowanie smugi, zapalnika wysokoczułego, łącznika ogniowego i sposobu likwidacji.

Opracowanie smugi. Części metalowe pocisków LWS opracowało Biuro Studiów FA nr 1 jeszcze w 1937 r. i częściowo zostały wykonane przez warsztaty. W tym też roku przeprowadzono analizę smugi pocisków firmy „Solothurn", która dała tylko ogólne wytyczne i wskazała kierunki, w jakich należy pracować. Masę świetlną zaprasowaną w tulejkach i korkach, ze względu na jej skład i przeznaczenie, podzielono na 3 części: masę podsypkową, pośrednią i główną. Zadâniem masy podsypkowej było zapalenie się jej od prochu i przeniesienie ognia na masę pośrednią, która zapalała masę główną.

Pierwsze tak wykonane pociski świeciły bardzo krótko lub nie świeciły w ogóle. Do prób zastosowano szereg różnych mas i sposobów prasowania. W okresie od 1. 01. do 30. 09. 1938 r. oddano 3200 próbnych strzałów. Pierwsze masy dawały kolor podwójny — za wylotem lufy aż do 800 m — biało-zielony, który przechodził w czerwony. Na żądanie ITU zmniejszono zakres koloru biało-zielonego do 200 m, a reszta miała pozostać czerwona. Pierwsze próby ze smugami przeprowadzono z luf ciśnieniowych dłuższych niż lufy normalnych nkm. Smugi świeciły wówczas prawidłowo. Jednak, w czasie badań w Zielonce z nkm, te same smugi nie zapalały się. Wadę tę udało się usunąć dopiero po dłuższych pracach. Przystąpiono wówczas do badań nad zwiększeniem intensywności smugi w dzień. Pierwsze smugi przy strzelaniu z nkm dawały dobrą widoczność, lecz nie uzyskano całkowitej likwidacji. W wyniku dalszych badań, przez dodanie do masy świetlnej opiłków żelaza w ilości 5% w części stykającej się z łącznikiem ogniowym osiągnięto dobre rezultaty.

Zapalnik wysokoczuły. Jego konstrukcję opracowano w 1937 r., a pierwsze strzelanie przeprowadzono w grudniu tego roku z wynikiem niezadowalającym, co spowodowało przekonstruowanie zapalnika. Zmieniono wtedy kąt stożka siodła w kadłubie i w ciężarkach na 30° oraz wykonano gniazda na sprężynę w główce zapalnika. Wyniki były jednak w dalszym stopniu niezadowalające. Przyczyną tego były miękkie ostrza iglic wykonane ze stopu zbliżonego własnościami do duraluminium. Po zastosowaniu iglic stalowych wyniki poprawiły się, jednak z powodu obaw co do pewności odbezpieczania się ciężarków stożkowych przystąpiono do opracowania konstrukcji nowego zapalnika. Zastosowano w nim zamiast ciężarków stożkowych ciężarki płaskie z przymusowym prowadzeniem w wyfrezowaniu główki. Próby wykazały dobrą czułość zapalnika na płótnie lotniczym, gdyż wybuch następował w odległości poniżej 10 cm poza tarczą. Jednak, w czasie strzelań nastąpiło w kilku przypadkach działanie zapalnika przed lufą. Powodem tego były przepony zamykające, które były niedostatecznie rolowane i miały mikropęknięcia. Po zmianie sposobu wyrobu przepon zamykających usunięto całkowicie przedwczesne działanie zapalników. W czasie prac nad zapalnikiem oddano 1200 strzałów. Równocześnie opracowano narzędzia, przyrządy i sprawdziany do zapalników. Dzięki temu, bezpośrednio po zakończeniu prób, FA nr 1 była gotowa do masowego ich wyrobu.

Łącznik ogniowy. Jego zadaniem było przeniesienie ognia od palącej się smugi i zapoczątkowanie spalania się pentrytu. Ciśnienie przy tym musiało być wystarczające do wysadzenia zapalnika z takim przyśpieszeniem, aby nastąpiło działanie spłonki pobudzającej na skutek uderzenia w iglicę. Spłonka pobudzająca powodowała działanie pentrytu, który rozrywał skorupę pocisku. Łącznik ogniowy składał się z: części dolnej — stykającej się ze smugą — i górnej — stykającej się z pentrytem. Obie części były od siebie oddzielone mosiężną przeponą z otworem stożkowym zwróconym większą podstawą ku części dolnej łącznika. Zadaniem części dolnej łącznika było przeniesienie ognia od smugi i zapalenie części górnej, a więc spowodowanie zapalenia się pentrytu. Przeprowadzone przez fabrykę próby wykazały, że część górna i dolna łącznika wymagała innego prasowania oraz innego prochu. Konstrukcja łącznika wymagała ścisłej łączności ze smugą, gdyż część dolna odgrywała tu rolę opóźniacza. Jeżeli była ona zaprasowana pod niskim ciśnieniem, następowało gwałtowne zapalenie się łącznika i pentrytu, powodując rozerwanie się skorupy bez działania zapalnika. Jeżeli zaś część dolną zaprasowano na zbyt dużą gęstość, wtedy smuga nie zapalała łącznika. Próby wykazaly, iż najlepsze wyniki uzyskano w skutek zastosowania w części dolnej prochu ścieżkowego zaprasowanego pod ciśnieniem 23 kg/mm^2 oraz w części górnej prochu zapłonnikowego zaprasowanego pod ciśnieniem 2,75 kg/cm^2.

Likwidacja. Po wprowadzeniu do smugi opiłków żelaznych w ilości 5% zapalniki dawały 100% likwidacji. Opiłki te żarząc się, wytwarzały ośrodki wysokiej temperatury, które powodowały zapalenie się łącznika ogniowego.

Przy opracowywaniu amunicji LWS „Skarżysko" współpracowało ściśle z PWP „Pionki" w celu doboru najlepszego pentrytu. Dużą trudność sprawiało jego odpowiednie sflegmatyzowanie. W wyniku licznych prób problem ten rozwiązano z pełnym sukcesem.

Po doświadczeniach z amunicją LWS opracowanie pocisków LCS nie przysparzało już specjalnych problemów.

W grupie amunicji ppanc. prace podzielono na 4 zagadnienia dotyczące opracowania: skorup pocisków ppanc., zapalnika dennego, smugi do zapalnika dennego i elaboracji pocisków PWS (PWZS).

Przystępując do opracowania skorup przygotowano 6 gatunków stali, które poddano odpowiednim badaniom. W tablicy wymieniono te stale oraz ich skład. Pierwsze próby przeprowadzono ze stalami 4 pierwszych gatunków, gdyż pozostałych jeszcze nie posiadano. Strzelania przyprowadzono do płyt pancernych jednorodnych o grubości 20, 30 i 40 mm ustawionych pod kątem 60 i 90°.

Tablica 3.2. Stale używane do badań skorup 20 mm pocisków ppanc.

Nazwa stali	Skład chemiczny						
	C	Mn	Si	Cr	W	V	Mo
Chromowa	0,8-0,9	0,25-0,35	0,2-0,3	1,5-1,6	—	—	—
RT	0,85-0,9	1,0-1,2	0,3	0,55-0,65	0,55-0,65	0,1	—
Gk_2	1,1-1,25	0,2-0,35	0,2-0,35	—	—	0,4-0,5	—
Gk_3	1,0-1,2	0,3-0,7	0,2-0,5	0,5-1,0	3,4-4,0	0,2-0,5	0,2-0,5
Z_3	0,6	0,35	0,8	0,9	1,9	—	—
$C_{65}W_{20}$	0,6-0,7	0,4-0,75	0,2-0,3	0,3-0,5	1,7-2,4	—	—

Postawiono sobie zadanie, aby pociski przy uderzeniu pod kątem 60° w płytę pancerną o grubości 20 mm z odległości 400 m przebijały ją i przechodziły na drugą stronę przy nie naruszonej wewnętrznej komorze skorupy. Próby wykazały, iż pociski wykonane z 4 pierwszych stali nie odpowiadały wymaganiom, przy czym najbardziej kruche okazały się skorupy wykonane ze stali RT, mimo iż ich przebijalność była dobra. Pociski ze stali Gk_2 i Gk_3 przechodziły przez płytę częściowo nie naruszone. Po wykonaniu próbnej partii pocisków ze stali Z_3 i $C_{65}W_{20}$ okazało się w badaniach, iż najlepsze są te ostatnie, chociaż i w tym przypadku otrzymano kilka procent skorup rozpadających się po przebiciu płyty. W związku z tym zapadła decyzja o rozpoczęciu produkcji pocisków ppanc. ze stali $C_{65}W_{20}$. Przeprowadzone w drugiej połowie 1938 r. strzelania porównawcze w Zielonce wykazały, że polskie pociski chromowe mają podobne przebicie, jak pociski firmy „Solothurn", a pociski ze stali $C_{65}W_{20}$ przebijają te same płyty pancerne z dużo większej odległości.

Zapalnik denny. Po opracowaniu jego rysunków przystąpiono do produkcji warsztatowej. Z powodu małych wymiarów kadłuba zapalnika opracowano specjalną spłonkę zapalającą, która otrzymała oznaczenie wz. 1938. Pierwsze spłonki okazały się za silne, gdyż następowało przebijanie opóźniaczy. Po próbach ustalono skład masy spłonek zapalających oraz gęstość zaprasowania opóźniaczy, przy czym wielkość opóźnienia wyniosła 0,05 s. Badania wykazały doskonałe działanie zapalników.

Opracowanie smugi. Część smugową zapalnika dennego opracowano na wzór amunicji plot. LWS. Smugę zaprasowano w tulejki wkładane do kadłuba zapalnika. Próbne strzelania wykazały każdorazowe zapalanie się smugi i świecenie na odległość ok. 800 m. Ponieważ jednak smuga była mało widoczna w dzień, usunięto tulejkę z części zapalnika, zwiększając jednocześnie gniazdo na smugę. Otrzymano dzięki temu intensywniejsze świecenie na odległość powyżej 1200 m.

Opracowanie elaboracji PWS. Do pocisków tych zamówiono w PWP „Pionki" pentryt i opracowano jednocześnie spłonkę pobudzającą. Po wykonaniu serii próbnej przesłano jej części do firmy „Lignoza" w celu zelaborowania azotkiem ołowiu i trójnitrorezorcynianem ołowiu. W czasie strzelania do płyt pancernych pociski te dały bardzo dobre wyniki.

Po wykonaniu pocisków PWS Fabryka Amunicji nr 1 w Skarżysku opracowała pociski PZS (PFS), których skorupy wypełniono białym fosforem. Zamiast zapalników wkręcono zastępcze korki stalowe. Strzelania do płyt pancernych o grubości 15 i 20 mm dały wynik pomyślny. Po przebiciu płyty otrzymano silny ogień z gęstym obłokiem dymu. Własności zapalające sprawdzono, umieszczając grubą tekturę oblaną benzyną za płytą pancerną. Podczas badań tektura zawsze się zapalała.

Po wykonaniu prób z podstawowymi typami 20 mm amunicji Biuro Studiów Fabryki Amunicji w Skarżysku przystąpiło do opracowania warunków technicznych na poszczególne typy pocisków i ich części. Do końca 1938 r. wykonano te prace oraz zrobiono sprawdziany.

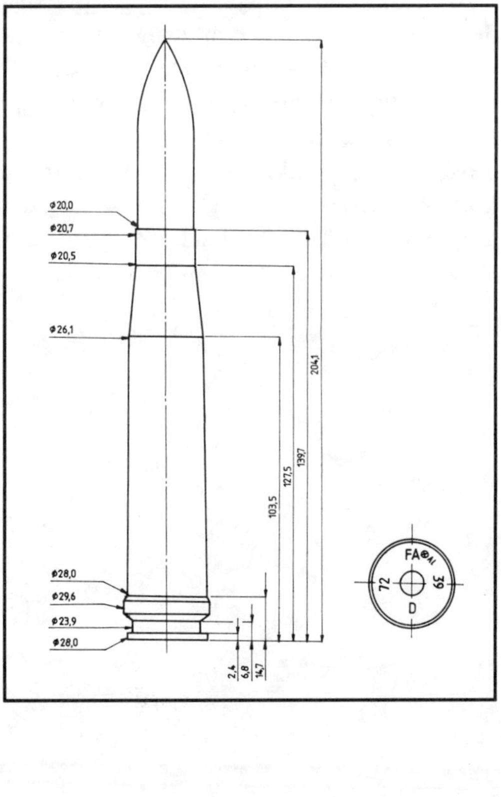

Rys. 3.24. Podstawowe wymiary 20 mm amunicji produkcji polskiej

Wszystkie typy 20 mm amunicji otrzymały oznaczenie „wzór 1938". Ogółem na prace związane z amunicją tego kalibru wydano do końca 1938 r. 186 405,10 zł. W 1939 r. opracowano i wyprodukowano serie próbne amunicji typu LCS. W tym też roku zamierzano opracowanie 20 mm amunicji plot. zapalająco-świetlnej. Brak jest jednak informacji na ten temat. Zgodnie z szablonem powinna ona otrzymać oznaczenie początkowe LFS i ostateczne LZS.

Dane techniczne naboju PC:

kaliber — 20 mm	długość naboju — 205 mm
masa naboju —320 g	długość łuski — 140 mm
masa pocisku — 134 g	pojemność łuski — 55 cm^3

Do września 1939 r. zamówiono w Skarżysku znaczną liczbę amunicji ćwiczebnej zarówno plot., jak i ppanc. — zwykłej i ze smugaczem, a także LWS. Największa produkcja dotyczyła jednak amunicji ppanc., co się wiązało z akcją wyposażania tankietek w nkm. Na ich potrzeby zamówiono dużą liczbę naboi PWS w cenie po 16 zł za szt. i PZS po 13 zł za szt. Część tych zamówień udało się zrealizować do wybuchu wojny.

Długie terminy wykonywania amunicji oraz przewidywana duża produkcja nkm dla wojska zmuszały do rozwiązania produkcji 20 mm amunicji w sposób definitywny. W dniu 1.04.1939 r. odbyła się w tej sprawie w Departamencie Uzbrojenia konferencja, na której przedstawiono program produkcji amunicji do nkm. Zgodnie z tym programem budowę działu amunicji obliczono na produkcję 5000 naboi LWS i 5000 PWS podczas jednej dziesięciogodzinnej zmiany. Wykonano dwa warianty budowy tego działu — przy Fabryce Amunicji nr 1 w Skarżysku i przy nowo budowanej Fabryce Amunicji nr 5 w Jawidzu. Koszt budowy takiego działu w Skarżysku wyniósłby, łącznie z rozbudową kolonii mieszkalnej, ok. 27,4 mln zł. Ostatecznie zapadła decyzja produkcji 20 mm amunicji w obu fabrykach. Z tym, że produkcja w Skarżysku ruszyła już w czerwcu 1939 r., a w Jawidzu miała się rozpocząć po ukończeniu wytwórni.

4
Amunicja do broni strzeleckiej w WP

Przyjęty po wojnie w Wojsku Polskim system uzbrojenia strzeleckiego oparto o wzory amunicji i broni produkcji radzieckiej. W miarę wzrostu możliwości produkcyjnych krajowy przemysł zbrojeniowy był doskonalony poprzez wprowadzanie coraz to nowszych wzorów uzbrojenia i amunicji. Produkcję amunicji w oparciu o technologie i licencje radzieckie zapoczątkowano już na przełomie lat 1946/1947. W latach 1948-1980 zakłady produkujące amunicję opanowały produkcję naboi karabinowych typu Mosin (7,62 mm × 54R), naboi pistoletowych (7,62 mm × 25) i (9 mm × 18), naboi pośrednich wz. 1943 (7,62 mm × 39) oraz naboi do wielkokalibrowych karabinów maszynowych łącznie z wytwarzaniem amunicji specjalnej, ślepej i szkolnej. Oprócz amunicji wojskowej produkowano w kraju, w szerokim zakresie, myśliwską amunicję śrutową i kulową (7 × 64, 30-06, 7 × 57R i 7 × 65R) oraz 5,6 mm naboje sportowe typu *short* i *long rifle*. Naboje pistoletowe i karabinowe z pierwszych serii produkcyjnych posiadały na denku łuski charakterystyczne oznaczenie w postaci liter PFA lub FA, które w późniejszym okresie zastąpiono kodem cyfrowym określającym zakład produkcyjny i rok wyrobu.

Aktualnie stosowany w Polsce sposób znakowania amunicji był przyjęty przez wszystkie kraje b. Układu Warszawskiego i polega na oznaczeniu wierzchołka pocisku odpowiednim kolorem.

Kolory do oznaczania amunicji strzeleckiej:

żółty	— amunicja z pociskiem ciężkim,
srebrzysty	— amunicja z pociskiem o rdzeniu stalowym,
zielony	— amunicja z pociskiem smugowym,
czarny	— amunicja przeciwpancerna,
czerwony	— amunicja o działaniu zapalającym,
fioletowy i czerwony	— amunicja z pociskiem przeciwpancerno-zapalająco-smugowym.

Niezależnie od produkcji licencyjnej, polscy specjaliści uzbrojenia zaprojektowali własne oryginalne wzory amunicji strzeleckiej, do których można zaliczyć m.in. nabój miotający do kbk-granatnika wz. 1960, 9 mm nabój szkolno-bojowy do pm wz.1963, czy też 40 mm naboje do granatników lufowych.

Tablica 4.1. Podstawowe dane techniczne amunicji do broni strzeleckiej w LWP

Rodzaj naboju	Masa [g]			Długość [mm]		Prędkość początkowa [m/s]	Znakowanie wierzchołka pocisku	Zastosowanie
	pocisku	naboju	ładunku prochu	pocisku	naboju			
7,62 mm nabój pistoletowy wz. 1930	5,5-5,6	10-11	0,6	14	34,6	420	—	pw wz. 1933, pm PPSz. wz. 1941, PPS wz. 1943, PPS wz. 1943/52
9 mm nabój pistoletowy Makarowa	5,85-6,16	9-10	0,20-0,26	11	25	315	—	P-64, P-83, pm P-63
7,62 mm nabój pośredni wz. 1943 z pociskiem zwykłym	7,9	16,4	1,6	55,5	55,5	715 (745)*)	—	ksS, kbk AK, AKM, AKMS, rkm D, RPK, RPKS
7,62 mm nabój pośredni wz. 1943 z pociskiem smugowym T-45	7,5	16,0	1,6	55,5	55,5	710 (740)*)	zielony	jw.
7,62 mm nabój pośredni wz. 1943 z pociskiem przeciwpancerno-zapalającym BZ	7,6	16,2	1,6	55,5	55,5	730 (760)*)	czarny z czerwonym paskiem	jw.
7,62 mm nabój miotający wz. 1943/60	—	9,5	2,1	—	48	—	biały	kbk-granatnik wz. 1960, wz. 1960/72
7,62 mm nabój karabinowy z pociskiem zwykłym	9,6	21,8	3,15	—	76,5	825 (855)**)	srebrny	kbk wz. 1944, kb wyborowy SWD, rkm DP, DPM, DT, DTM, ckm SG, SGM, PK, PKS, PKM, PKT
7,62 mm nabój karabinowy z pociskiem lekkim L	9,5	22,1	3,1	28,6	76,5	845 (875)**)	—	jw.
7,62 mm nabój karabinowy z pociskiem ciężkim C	11,8	23,0-25,5	2,9	—	76,5	(800)**)	żółty	jw.
7,62 mm nabój karabinowy z pociskiem smugowym T-46	9,6	22,0	3,1	—	76,5	800 (830)**)	zielony	jw.
7,62 mm nabój karabinowy z pociskiem przeciwpancerno-zapalającym B-32	10,4	22,6	3,2	—	76,5	805 (835)**)	czarny z czerwonym paskiem	jw.

*) W nawiasach dla rkm D.
**) W nawiasach dla ckm i kb SWD.

Naboje pistoletowe

Podstawowym typem naboju pistoletowego używanym w okresie powojennym w WP był 7,62 mm radziecki nabój pistoletowy wz. 1930 (7,62 mm × 25). Konstrukcję naboju wzorowano na niemieckim 7,63 mm naboju do pistoletu Mausera wz. 1896, w którym ze względu na prawie identyczną budowę i wymiary naboju istniała wzajemna wymienność. Nabój ten posiada łuskę mosiężną o kształcie butelkowatym ze zwężoną szyjką i stożkiem pośrednim. Pocisk naboju składa się z wewnętrznego rdzenia ołowianego i zewnętrznego płaszcza stalowego platerowanego miedzią.

Amunicję produkcji radzieckiej elaborowano prochem porowatym marki P-85, P-125 i P-45 (litera P oznaczała proch bezdymny, a cyfra — liczbę części azotanu potasu na 10 części masy prochowej). Nabój ten stosowano do pistoletów TT wz. 1933 (pw wz. 1933) oraz pistoletów maszynowych PPSz wz. 1941, PPS wz. 1943 i PPS wz. 1943/52. Zapewniał on skuteczne rażenie celów na odległość 1200 m, zaś jego donośność maksymalna wynosiła ok. 1800 m.

Produkcję naboi pistoletowych wz. 1930 krajowy przemysł zbrojeniowy uruchomił w 1948 r. i kontynuował do 1956 r. Amunicję produkcji polskiej elaborowano prochem marki P-45. Pocisk o masie 5,5 g był osadzony w łusce przez punktowanie lub też przez zagniatanie łuski na obwodzie. W niewielkich seriach, w początkowym okresie produkcji wytwarzano również w Polsce amunicję w łusce stalowej lakierowanej. Później produkowano amunicję tylko w łusce mosiężnej oraz naboje szkolne z podłużnymi wgłębieniami na obwodzie. W 1970 r. dla potrzeb telewizji i wytwórni filmowych została uruchomiona w kraju produkcja 7,62 mm naboi pistoletowych ślepych. Naboje te posiadają łuskę bimetalową z szyjką zagniecioną w formie gwiazdki o 6 fałdach.

Drugim zasadniczym typem naboju pistoletowego stosowanym w WP jest 9 mm × 18 nabój radziecki konstrukcji inż. Makarowa, który zastąpił dotychczas używany nabój pistoletowy wz. 1930. Amunicja ta, o mocy pośredniej między 9 mm nabojem Parabellum a 9 mm nabojem Browninga — *short* (krótkim), charakteryzuje się skuteczną energią rażenia celu żywego na odległość 350 m i maksymalną donośnością ok. 1300 m. Nabój Makarowa posiada łuskę o kształcie walcowatym oraz pocisk o specyficznym ukształtowaniu ostrołuku zbliżonym do kuli, co zapewnia dużą zdolność rażenia. Pocisk składa się z platerowanego tombakiem płaszcza stalowego oraz stalowego rdzenia w formie grzybka osadzonego w miseczce ołowianej. Występują również pociski o rdzeniu całkowicie ołowianym.

Produkcję naboi Makarowa podjęto w kraju w 1965 r. Początkowo wytwarzano naboje w łusce stalowej lakierowanej po wcześniejszym fosforowaniu. Zamocowanie pocisku następuje po zawalcowaniu przedniej części łuski na pocisku i pokryciu lakierem o barwie fioletowej lub ciemnoczerwonej miejsca

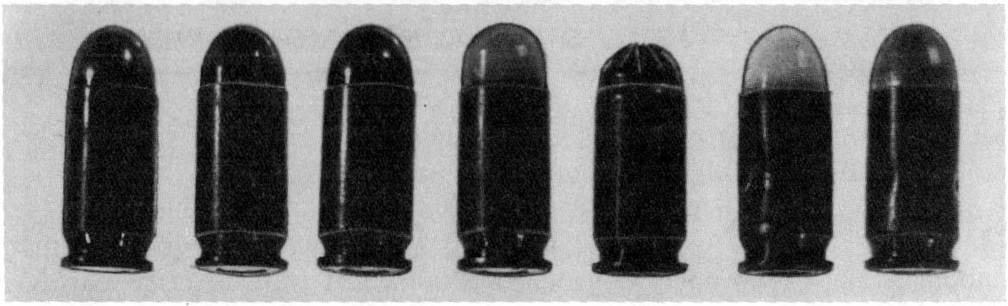

Rys. 4.1. 9 mm × 18 amunicja pistoletowa Makarowa produkcji polskiej; od lewej: nabój w łusce lakierowanej z rdzeniem ołowianym, nabój w łusce lakierowanej z rdzeniem stalowym, nabój w łusce bimetalowej, nabój z pociskiem śrutowym, nabój ślepy, nabój szkolny z pociskiem z tworzywa, nabój szkolny z pociskiem metalowym

połączenia. Później uruchomiono produkcję naboi w łusce bimetalowej — bimetalem jest w tym przypadku blacha stalowa głęboko tłoczona pokryta z obu stron warstwą tombaku. W mniejszej ilości produkowano również amunicję w łusce mosiądzowanej.

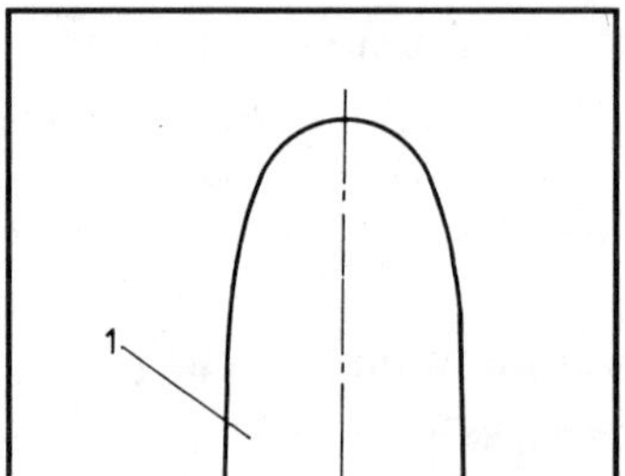

Rys. 4.2. 7,62 mm nabój pistoletowy wz. 1930 (przekrój): *1* — pocisk, *2* — łuska z szyjką, *3* — ziarna prochu (ładunek miotający), *4* — spłonka

Polscy specjaliści uzbrojenia opracowali na bazie naboju Makarowa nabój szkolny z pociskiem i spłonką z tworzywa sztucznego — przeznaczony do nauki ładowania i demonstrowania współdziałania części broni. Dalszym osiągnięciem polskich konstruktorów było też opracowanie naboi specjalnego przeznaczenia, jak: 9 mm naboju szkolno-bojowego do pistoletu maszynowego wz. 1963 (rozwiązanie jest przedmiotem wzoru użytkowego nr W. 5563 opublikowanego 24.03.1976 r.) i 9 mm naboju śrutowego (tzw. amunicja *short stop*) do zwalczania terrorystów na pokładach samolotów.

Naboje pistoletowe wz. 1930 pakowano w pudełka kartonowe po 70 szt., zaś 9 mm naboje Makarowa w pudełka z cienkiej tektury brązowej z wkładką tekturową lub z tworzywa sztucznego — po 16 sztuk.

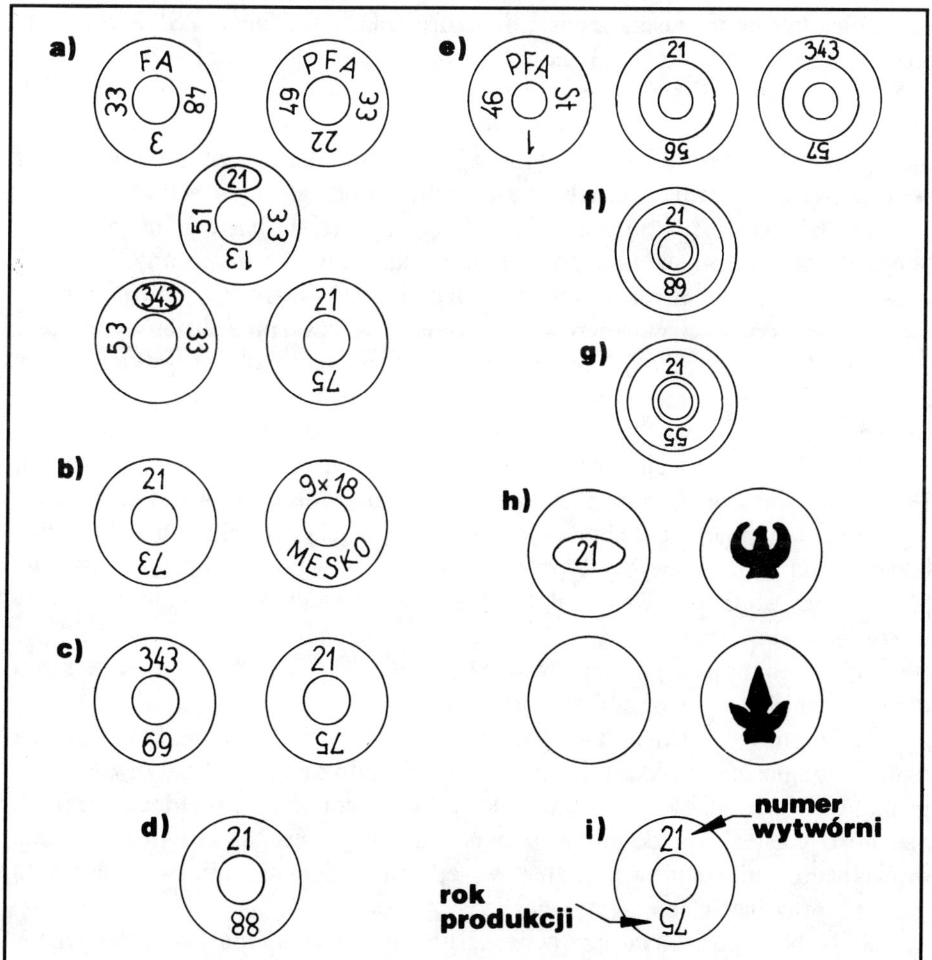

Rys. 4.3. Znaki na łuskach amunicji strzeleckiej produkowanej w Polsce w latach 1946-1985

Naboje pośrednie

Pojawienie się w czasie II wojny światowej nowej generacji amunicji o mocy zmniejszonej o ok. 40% w stosunku do standardowych naboi karabinowych zapoczątkowało nową erę w rozwoju broni i amunicji strzeleckiej. Opracowany w ZSRR w 1943 r. nabój 7,62 mm × 39, konstrukcji N.M. Jelizarowa i B.W. Siemina, należy właśnie do grupy tzw. amunicji pośredniej, tj. naboi o wylotowej energii kinetycznej rzędu 2000 J. Omawiany nabój posiadał łuskę stożkową bez kryzy wystającej. Przyjęcie takiego rozwiązania ułatwiało wyciąganie łuski po wystrzale oraz pozwalało na zastosowanie sprawniejszego układu zasilania broni.

Oficjalnie nabój został przyjęty do uzbrojenia sił zbrojnych ZSRR w 1949 r. jako 7,62 mm nabój wz. 1943, jednak pierwsze partie tej amunicji były badane wraz z karabinkami samopowtarzalnymi Simonowa w trudnych warunkach pola walki w pododdziałach 1 Frontu Białoruskiego. Uwidoczniły one, że nowy nabój charakteryzował się dobrymi własnościami balistycznymi i podobną skutecznością działania jak naboje klasyczne na odległość do 800 m.

Umożliwiło to stworzenie rodziny broni opartej na bazie jednego naboju obejmującej karabinek samopowtarzalny, karabinek samoczynny i ręczny karabin maszynowy. Broń ta, o stosunkowo prostej konstrukcji, mniejszej masie i lepszej przydatności manewrowej pozwalała na uzyskanie dużej wydajności ogniowej drużyny piechoty. Ponadto, ujednolicenie naboi dla wszystkich typów broni usprawniało system zaopatrzenia oraz zapewniało znaczne oszczędności wobec mniejszego zużycia materiałów i surowców do produkcji amunicji.

Produkcję amunicji pośredniej w Polsce zapoczątkowano w latach 1956-1957 wraz z wprowadzeniem do wyposażenia wojsk kbk AK. Początkowo wytwarzano naboje w łusce bimetalowej, którą później zastąpiono łuską stalową lakierowaną. Pocisk zwykły typu PS o masie 7,9 g posiadał płaszcz stalowy platerowany obustronnie tombakiem oraz rdzeń ze stali węglowej umieszczony w koszulce ołowianej.

Oprócz naboju z pociskiem zwykłym, od 1957 r. produkuje się w kraju naboje wz. 1943 z pociskami specjalnymi:

1. Nabój z pociskiem T-45 służący do wskazywania celów, korygowania ognia, sygnalizacji i zwalczania siły żywej. Dla odróżnienia od naboi zwykłych posiada on wierzchołek pocisku pokryty lakierem koloru zielonego. Pocisk naboju o masie 7,5 g składa się z płaszcza bimetalowego, krótkiego rdzenia ołowianego, tulei stalowej platerowanej tombakiem z zaprasowaną masą świetlną oraz pierścienia zamykającego.

2. Nabój z pociskiem przeciwpancerno-zapalającym typu BZ przeznaczony do zapalania materiałów pędnych i rażenia celów ukrytych za cienkimi zasłonami pancernymi na odległość do 300 m. Pocisk tego naboju o masie 7,6-7,7 g

składa się ze stalowego platerowanego tombakiem płaszcza, tombakowego kaptura, koszulki ołowianej, rdzenia ze stali narzędziowej o trwałości ok. 64 HRC, ołowianej studzienki ściekowej i masy zapalającej. Przednią część pocisku malowano na kolor czarny i czerwony.

3. Nabój z pociskiem zapalającym Z stosowany do zapalania materiałów pędnych znajdujących się w zbiornikach i cysternach o grubości ścianek do 3 mm oraz innych łatwopalnych przedmiotów na odległość do 700 m. Posiadał pocisk o masie 6,6 g, który składał się z bimetalowego płaszcza, kaptura, rdzenia ze stali hartowanej oraz tulei z zaprasowaną masą zapalającą i masą świetlną. Głowicową część pocisku pokrywano lakierem czerwonym.

Amunicję produkcji polskiej elaboruje się prochem nitrocelulozowym marki WUFL w ilości 1,6 g. Oprócz amunicji bojowej produkuje się również w kraju naboje ślepe i szkolne oraz amunicję do prób balistycznych.

Niezależnie od produkcji licencyjnej opracowano w Polsce 7,62 mm uniwersalny nabój miotający wz. 1943/60. Nabój ten stanowi modyfikację radzieckiego naboju pośredniego i jest przeznaczony do miotania granatów nasadkowych z kbk-granatników wz. 1960 i 1960/72. Naboje miotające pierwszych serii produkcyjnych posiadały wydłużoną szyjkę z zawalcowaną przybitką kartonową. W późniejszych seriach szyjkę naboju skrócono i zagnieciono w formie gwiazdki podobnie jak w nabojach ślepych, z tym że dla odróżnienia wierzchołek naboju pomalowano na biało. Naboje miotające elaborowano zwiększonym do 2,1 g ładunkiem prochu nitrocelulozowego. Równolegle, dla potrzeb organów MSW w opraciu o nabój wz. 1943 opracowano nabój miotający do garłaczy RWGŁ, zaś dla potrzeb rynku wewnętrznego — specjalny nabój dla urządzeń do uboju zwierząt rzeźnych.

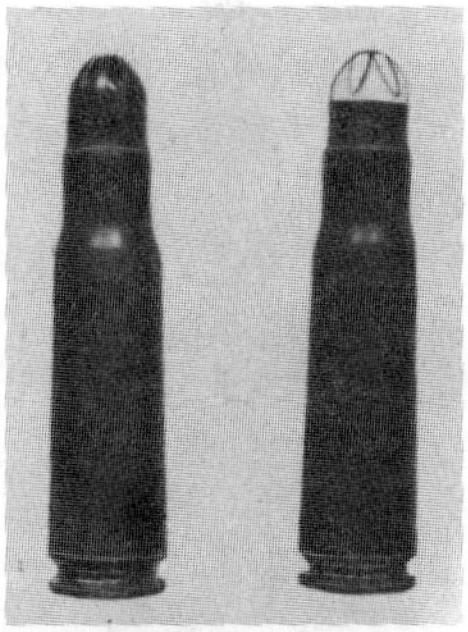

Rys. 4.4. Uniwersalny nabój miotający 7,62 mm wz. 1943/60

W latach 1947-1957 w wielu państwach zachodnich prowadzono prace badawczo-rozwojowe nad najodpowiedniejszym kalibrem dla naboju pośredniego. Wykazały one, że najlepszym — dającym najbardziej płaski tor lotu oraz największy stosunek energii wylotowej pocisku do masy ładunku prochu — zapewnia nabój kal. 7 mm.

Warto również podkreślić, że podobny program studiów teoretycznych i badań praktycznych zainicjowano w Wojskowej Akademii Technicznej.

Skonstruowany w Polsce eksperymentalny nabój pośredni 7 mm × 41 odznaczał się bardzo dobrymi własnościami balistycznymi oraz stwarzał możliwości budowy broni różnego rodzaju.

Amunicja 5,45 mm × 39

Zmniejszenie kalibru pocisku poniżej 6 mm zainicjowało nowy impuls w rozwoju broni strzeleckiej. Czynnikiem tym była duża skuteczność amerykańskiego naboju 5,56 mm × 45 typu M 193 potwierdzona w wojnie wietnamskiej. Jednocześnie ugruntował się pogląd ekspertów wojskowych o zbędności prowadzenia ognia z broni indywidualnej na odległości większe niż 400...600 m. Uzasadniano przy tym, iż 400 m stanowi w warunkach europejskich optymalną granicę możliwości żołnierza w prowadzeniu obserwacji wzrokowej celów, które mogą być zwalczane ogniem broni strzeleckiej. Pocisk naboju M-193 miał również lepsze własności balistyczne od pocisku naboju wz. 1943, przejawiające się wyższą wartością stosunku jego masy do przekroju poprzecznego. Ponadto, znaczna redukcja masy pocisku dawała duży wzrost prędkości początkowej, co w efekcie powodowało, że tor pocisku na porównywalnych odległościach był bardziej płaski.

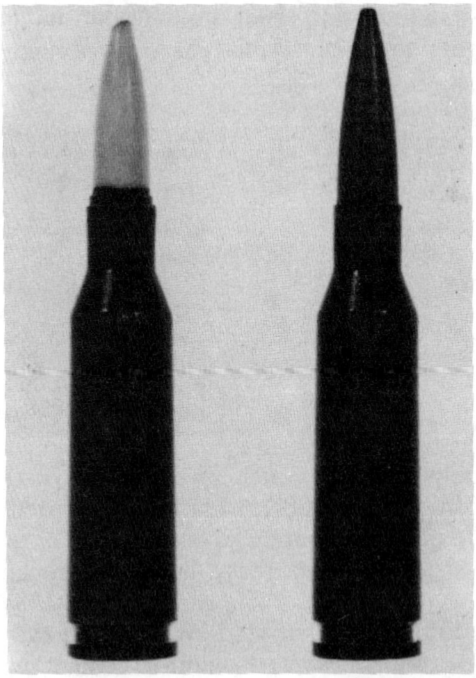

Rys. 4.5. Naboje 5,45 × 39 produkcji polskiej

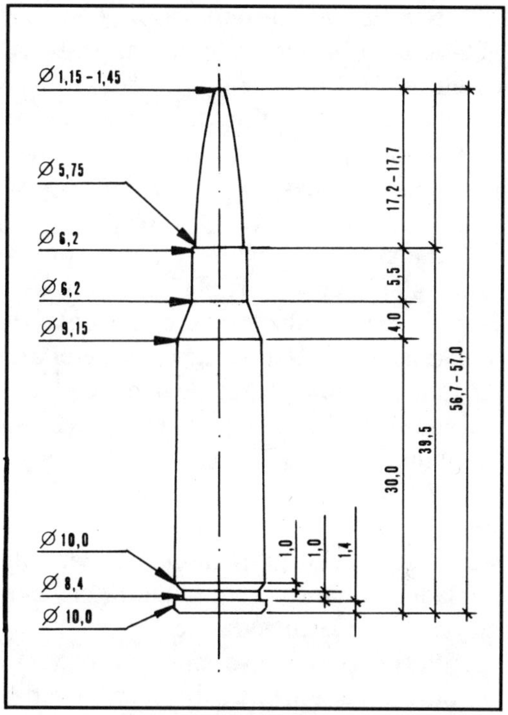

Rys. 4.6. Podstawowe wymiary naboju 5,45 × 39 produkcji radzieckiej

Powszechne wprowadzenie do sił zbrojnych USA 5,56 mm karabinków M-16 wzmogło wzrost zainteresowania bronią małego kalibru na Zachodzie. Duże koncerny zbrojeniowe opierając się na doświadczeniach amerykańskich opracowały wiele własnych wzorów uzbrojenia. W rezultacie tego powstała nowa generacja broni, która dla odróżnienia od broni na amunicję pośrednią występuje często pod oznaczeniem jako broń mikrokalibrowa.

Pierwsze informacje o pracach radzieckich nad bronią mikrokalibrową pojawiły się w prasie zachodniej w 1975 r. Byly to jedynie przypuszczenia nie poparte żadnymi szczegółami technicznymi. Dopiero konflikt afgański, gdzie wojska radzieckie wystąpiły z 5,45 m karabinkiem AK-74 pozwoliły na pełne zapoznanie się z nową bronią oraz przeprowadzenie testów porównawczych amunicji. Radziecki nabój 5,45 mm × 39 o klasycznej konstrukcji zaopatrzony jest w pocisk o masie 3,415 g, składający się z płaszcza stalowego obustronnie platerowanego tombakiem oraz ołowianej koszulki, wewnątrz której umieszczony jest rdzeń stalowy dł. 15, 5 mm. Prędkość początkowa pocisku wynosi 900 m/s, z karabinka AK-74, 800 m/s, z karabinka AKR i 960 m/s z rkm RPK-74. Łuska stalowa lakierowana ze spłonką typu Berdan. Obrzeże szyjki łuski przy pocisku i obrzeże przy spłonce uszczelnione dodatkowo lakierem barwy czerwonej. Nabój elaborowany jest ładunkiem prochu kulkowego marki „6H7" w ilości 1,3-1,44 g. Całkowita masa naboju 10,41-10,5 g.

Niezależnie od amunicji z pociskiem zwykłym produkowane są również naboje z pociskiem smugowym. Mają one w górnej części płaszcza ołowiany rdzeń dł. 13,2 mm, w dolnej zaś zaprasowany materiał smugowo-zapalający, dający smugę świetlną o barwie jasnoczerwonej na odległość ok. 800 m. Wierzchołek pocisku oznaczony jest kolorem zielonym. Do ćwiczeń taktycznych i pozoracji pola walki stosowany był w ZSRR nabój ślepy z wydrążonym pociskiem z tworzywa sztucznego.

Badania amunicji prowadzone przez specjalistów amerykańskiego miesięcznika „Soldier of Fortune" obejmowały: strzelania balistyczne, próby celności i skupienia, analizę rażącego działania pocisku oraz zdolności przebicia. W łącznej ocenie balistycznej eksperci zachodni stwierdzili, że radziecki pocisk 5,45 mm zajmuje pośrednie miejsce pomiędzy pociskiem amerykanskim M-193 a belgijskim SS 109, zaś karabinek AK-74 jest dwukrotnie celniejszy od karabinka AK i AKM.

W Polsce prace nad amunicją 5,45 mm zostały zapoczątkowane w drugiej połowie lat siedemdziesiątych. Zrezygnowano z zakupu licencji, opracowując własny wzór broni i amunicji. Pozwoliło to na zaoszczędzenie znacznych nakładów finansowych i uniknięcie ograniczeń eksportowych nakładanych zwykle przez licencjodawcę.

Polski nabój 5,45 mm × 38,5 mm ma pocisk z rdzeniem stalowym o konstrukcji zbliżonej do pocisku radzieckiego i masie 3,30...3,35 g. Łuska stalowa lakierowana lakierem piecowym elaborowana jest ładunkiem prochu krajowego o masie 1,4 g. Całkowita masa naboju 10,7 g, prędkość początkowa pocisku 870..890 m/s.

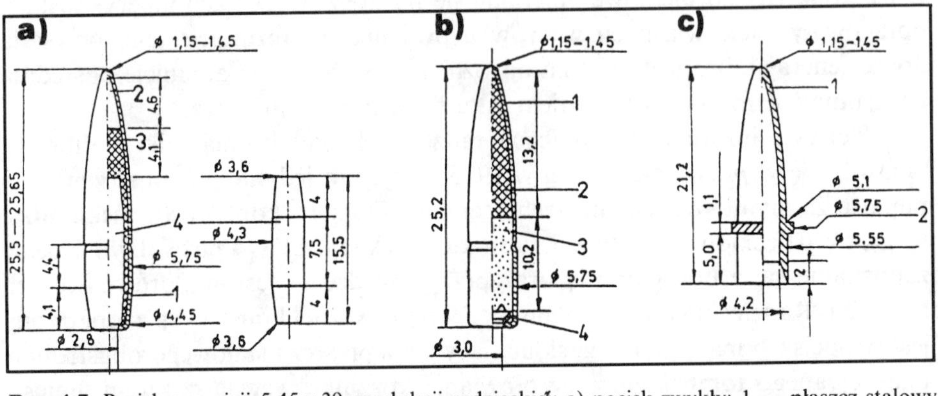

Rys. 4.7. Pocisk amunicji 5,45 × 39 produkcji radzieckiej: a) pocisk zwykły: 1 — płaszcz stalowy platerowany obustronnie tombakiem, 2 — pusta przestrzeń, 3 — koszulka ołowiana, 4 — rdzeń stalowy; b) pocisk świetlny: 1 — płaszcz stalowy platerowany obustronnie tombakiem, 2 — rdzeń ołowiany, 3 — masa świtlna, 4 — krążek zabezpieczający; c) pocisk ślepy: 1 — płaszcz z tworzywa sztucznego, 2 — pierścień wiodący

Nabój ślepy produkcji krajowej dł. 47,1 mm jest krótszy o 9,6 mm od naboju produkcji radzieckiej, gdyż nie ma pocisku, zaś górna część szyjki łuski została zagnieciona w formie gwiazdki o 6 fałdach. Masa naboju 6,1-6,7 g, masa ładunku prochu 0,68 g.

Nabój szkolno-treningowy, pozbawiony jest ładunku miotającego, dla odróżnienia od amunicji bojowej ma 4 wzdłużne wgłębienia rozmieszczone symetrycznie na korpusie łuski, a pocisk i spłonka wykonane są z tworzywa sztucznego. Dla potrzeb przemysłu (do badań i prób odbiorczych występujących w procesie produkcji i naprawy sprzętu uzbrojenia) Zakłady Metalowe „Mesko" w Skarżysku wytwarzają 5,45 mm naboje balistyczne w pełnym zakresie.

W końcu lat osiemdziesiątych został skonstruowany nowy wzór naboju ślepego zaopatrzony w pocisk z tworzywa sztucznego o budowie zbliżonej do naboju radzieckiego. W końcowej fazie opracowania znajduje się również nabój z pociskiem smugowym.

Oprócz b. ZSRR i Polski amunicja 5,45 mm × 39 produkowana była w Zakładach MWS w Schonebeck w b. NRD — sygnatura kodowa na dnie łuski 05. Aktualnie intensywne prace nad bronią i amunicją tego rodzaju są prowadzone również w Chinach, Czechach i Rumunii.

Naboje karabinowe

Nabój karabinowy 7,62 mm × 54R wywodzi się od naboju rosyjskiego opracowanego do kb Mosina z 1891 r. Ma on mosiężną łuskę z kryzą wystającą i dość dużą spłonką, która wraz z dogodnie ukształtowaną komorą łuski daje doskonałe spalanie ładunku prochu. Początkowo, zaokrąglony pocisk osadzono w długiej szyjce łuski przez zapunktowanie, jednakże w 1906 r., w czasie wojny z Japonią, opracowano nowy wzór pocisku ostro zakończonego z dużym wgłębieniem w dnie (nabój wz. 1908). Własności balistyczne tego naboju były zbliżone do naboju Mausera z pociskiem S. W okresie międzywojennym nabój radziecki uległ kolejnej modernizacji polegającej na wprowadzeniu pocisku o większej masie (tzw. nabój z pociskiem ciężkim wz. 1908/30). Jednocześnie opracowano jego wersje specjalne: nabój z pociskiem ppanc. B-30 oraz naboje z pociskami przeciwpancerno-zapalającymi typu B-32 i BS-40.

Po wojnie 7,62 mm naboje karabinowe systemu Mosina zostały przyjęte do uzbrojenia przez wszystkie kraje Układu Warszawskiego, w Polsce zaś produkuje się je na podstawie licencji radzieckiej od 1946 r. Naboje produkcji polskiej z pierwszych serii, pochodzące z lat 1946-1948, posiadają łuski stalowe i spłonki o mniejszej średnicy w stosunku do wzoru radzieckiego. Materiał na łuski oraz spłonki z 7,62 mm amunicji Mausera pochodziły z zasobów pozostawionych przez okupanta. Obecnie produkuje się i użytkuje w kraju naboje karabinowe z różnymi typami pocisków w łusce stalowej lakierowanej lub bimetalowej. Oryginalnym polskim opracowaniem jest nabój szkolny z pociskiem i spłonką

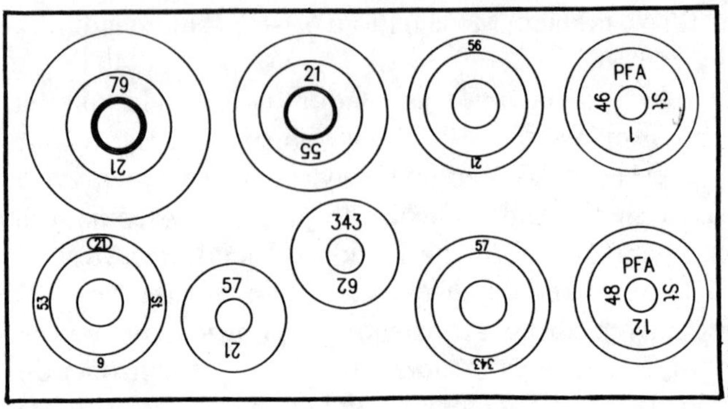

Rys. 4.8. Znakowanie amunicji strzeleckiej w latach 1948-1980

z tworzywa sztucznego. Zaletą tych naboi jest niższy koszt produkcji oraz wyeliminowanie kaleczenia części i mechanizmów broni w procesie szkolenia.

Ponadto, do wielkokalibrowych karabinów maszynowych produkuje się w kraju, na podstawie licencji, radzieckie naboje 12,7 mm × 107 i 14,5 mm × 114.

5
Pistolety i rewolwery

Broń palna krótka stanowiąca wyposażenie oficerów i podoficerów WP nie stanowiła zasadniczego rodzaju sprzętu w systemie uzbrojenia armii. Powodowało to, że w wojsku znajdowało się wiele typów rewolwerów i pistoletów różnych systemów i kalibrów. WP z zasobów odziedziczonych po zaborcach WP posiadało austriackie rewolwery Gassera wz. 1898, niemieckie Mausera wz. 1884 oraz rewolwery rosyjskie Naganta wz. 1895 w wersji oficerskiej i żołnierskiej. Z armią gen. Hallera przybyły do Polski rewolwery Lebela wz. 1892. W mniejszej liczbie występowały również rewolwery produkcji hiszpańskiej, angielskiej i amerykańskiej. Jeszcze większa rozpiętość typów występowała w pistoletach samopowtarzalnych. Do najpopularniejszych można zaliczyć belgijskie pistolety Browninga wz. 1900, 1903 i 1910, niemieckie pistolety Mausera wz. 1896 i 1914, Parabellum wz. 1908 oraz austro-węgierskie Mannlichera wz. 1911, Steyra wz. 1912 i Rotha-Steyra wz. 1907.

Niezależnie od posiadanych zasobów, w latach 1919-1935 zakupiono niewielką partię hiszpańskich pistoletów Cebra wz. 1916, węgierskich Fromera wz. 1912 i 1919, czechosłowackich ČZ wz. 1928 i belgijskich Browninga wz. 1910 i HP 35. Ponadto, w sieci detalicznej przedsiębiorstw zajmujących się sprzedażą broni prywatni odbiorcy mogli się zopatrzyć w broń różnych wytwórni, głównie kal. 6,35 i 7,65 mm, przeznaczoną do obrony osobistej.

Pistolety kieszonkowe

W 1906 r. amerykański konstruktor J.M. Browning opracował nowy nabój kal. 6,35 mm oraz pistolet o niewielkiej masie i małych wymiarach. Broń miała lufę nieruchomą, zamek nie ryglowany oraz bezkurkowy mechanizm spustowo-uderzeniowy. Produkcję tych pistoletów podjęły zakłady „FN" w Belgii oraz fabryka Colta w USA. Wkrótce okazało się, że konstrukcja Browninga odniosła duży sukces handlowy. Prosta budowa, duża pewność działania i znaczne bezpieczeństwo obsługi powodowały, że broń ta — szczególnie przydatna do obrony osobistej — znajdowała wielu nabywców. O jej popularności może świadczyć stały wzrost liczby produkowanych w zakładach „FN" pistoletów, gdzie wyprodukowano ponad 4 mln szt. tej broni w trzech podstawowych wersjach.

Konstrukcja pistoletu Browninga i jego nowego naboju kal. 6,35 mm utorowała drogę nowej generacji pistoletów — o małych gabarytach, które nazwano kieszonkowymi lub kamizelkowymi. Szczyt popularności osiągnęły one w okresie międzywojennym — były wytwarzane w wielu odmianach, niemal we wszystkich krajach produkujących broń. W 1914 r. inż. Witold Chylewski ze Lwowa uzyskał patent niemiecki nr 295269 na urządzenie umożliwiające

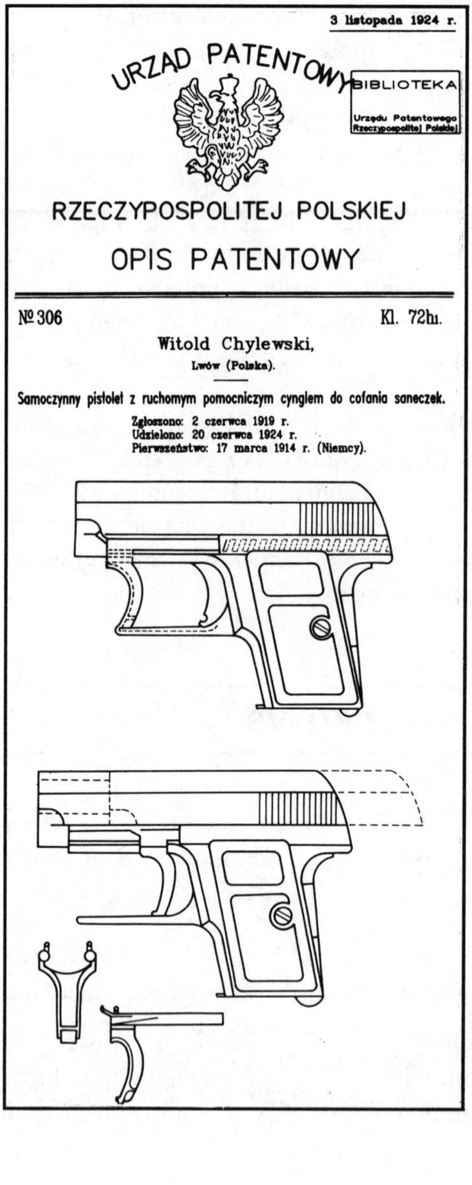

Rys. 5.1. Patent nr 306 inż. Witolda Chylewskiego

cofnięcie zamka pistoletu poprzez naciśnięcie palcem na dźwignię stanowiącą przednią część kabłąka. Rozwiązanie to umożliwiało obsługę broni jedną ręką (np. przeładowanie broni w kieszeni), jak również zwiększało poręczność i bezpieczeństwo użytkowania pistoletu. Po odzyskaniu przez Polskę niepodległości, Naczelnik Państwa podpisał 4.02.1919 r. dekret o patentach stanowiący podstawę do działania Urzędu Patentowego. Rozwiązanie inż. Chylewskiego pt. „Samoczynny pistolet z ruchomym pomocniczym cynglem do cofania saneczek" zostało zgłoszone 2.06.1919 r. do Urzędu Patentowego RP i uzyskało patent polski nr 306 stanowiący jeden z pierwszych patentów dotyczących sprzętu uzbrojenia. Patent znalazł praktyczne zastosowanie w pistoletach produkowanych przez szwajcarską firmę „SIG". Broń tej firmy miała na zamku oznaczenie: *Societé Industrialle Neuhausen Brevet Chylewski.* Pomysłem inż. Chylewskiego zainteresował się również niemiecki konstruktor i przemysłowiec Theodor Bergman, który wykupił prawa patentowe i w 1920 r. rozpoczął produkcję ulepszonych pistoletów z firmowym oznaczeniem na zamku *Theodor Bergman, Gaggenau, Waffenfabrik, Suhl Cal. 6,35 D.R.Pa.* Okładki pistoletu opatrzono napisem *Bergman.* Po wykupieniu akcji przez wytwórnię „Lignose" broń była

Rys. 5.2. 6,35 mm pistolet Lignose model 2A z urządzeniem inż. Chylewskiego

nadal wytwarzana w dwu wersjach — jako model 20 i 2A — różniących się wielkością i pojemnością magazynka z nowym oznaczeniem na zamku: *Akt-Ges. Lignose Berlin Abteilung Suhl Cal. 6,35 D.R.P.*, zaś na okładkach z napisem *Lignose.* W literaturze niemieckiej pistolet ten często występuje pod oznaczeniem *Lignose Einhand* (jednoręczny). Rozwiązanie inż. Chylewskiego znalazło zastosowanie tylko w pistoletach kieszonkowych. Dość znaczna siła potrzebna do pokonania oporu sprężyny powrotnej uniemożliwiała zastosowanie go w pistoletach typu wojskowego.

W latach dwudziestych w Niemczech powstały nowe konstrukcje pistoletów kieszonkowych. Sprzyjały temu postanowienia traktatu wersalskiego, które zabraniały produkcji pistoletów z długim przewodem lufy i o kalibrze większym od 8 mm. W 1921 r. w firmie „Walther" powstał 6,35 mm pistolet model 9a. W porównaniu z dotychczas produkowanymi pistoletami broń ta miała jeszcze mniejsze wymiary i masę. Znaczny popyt na te pistolety spowodował, że produkowano je do końca II wojny światowej, często w wykonaniu luksusowym. Konkurencyjnym rozwiązaniem były pistolety produkowane przez Alfreda Menza. Alfred Menz (syn Augusta Menza właściciela wytwórni broni w Suhl) wspólnie z inż. Francem Karpinskim opatentował w 1921 r. mały pistolet kal. 4,25 mm o nazwie Cyka. W latach następnych opracowali oni całą generację minipistoletów dostosowanych do naboi kal. 4,25 oraz 6,35 i 7,65 mm.

Rys. 5.3. 6,35 mm pistolet Orzeł model 1925 firmy „August Menz" ze zbiorów MWP w Warszawie

Początkowo, ze względu na panujący kryzys i słabą pozycję firmy na rynku, sprzedaż tych pistoletów była znacznie ograniczona. Wkrótce jednak okazało się, że spośród oferowanych przez wytwórnię pistoletów model pod nazwą Liliput zyskał największe powodzenie handlowe. Broń tę eksportowano również na rynki zagraniczne za pośrednictwem berlińskiej firmy „Carl Bauer & Co." pod różnymi nazwami, i tak: jako Kaba-Spezial do Hiszpanii, Biju do Belgii oraz pod nazwą Orzeł do Polski. Zachowany w Muzeum Wojska Polskiego w Warszawie egzemplarz pistoletu Menza posiada numer seryjny 8940, na lewej stronie zamka jest umieszczony napis „ORZEŁ kal. 6,35 mod. 1925". Pistolet ten nie posiada żadnych innych cech określających wytwórcę — dlatego też można niekiedy błędnie przypuszczać, żę broń tę produkowano w kraju. Istnieje również wersja pistoletu Orzeł kal. 4,25 mm dostosowana do mini-naboi (4,25 mm × 10) Erica z pociskiem o masie 1,1 g i prędkości 230 m/s produkowanych przez austriacką firmę „Waffen und Maschinenfabrik Pfann".

Znaczne zaostrzenie przepisów dotyczących posiadania broni palnej obowiązujących w Niemczech od 1930 r. spowodowało wzrost podaży na wszelkiego rodzaju pistolety alarmowe i gazowe. Dlatego też firma Menza wyczuwając koniunkturę, wprowadziła na rynek od 1932 r. nowy pistolet oparty na modelu

Rys. 5.4. 6,35 mm pistolet Smok model 1925

Liliput, a dostosowany do 6,35 mm naboi z pociskiem papierowym, gazowym lub też zawierającym trudno zmywalny barwnik. Mało znany jest fakt, że produkcję pistoletów opartych o konstrukcję Menza uruchomiono rónież w Polsce. W drugiej połowie lat dwudziestych Zakład Stanisława Nakulskiego w Gnieźnie, specjalizujący się w produkcji urządzeń do uboju zwierząt rzeźnych, rozpoczął wytwarzanie 6,35 mm pistoletów kieszonkowych pod nazwą Smok. Do dziś zachowały się unikalne egzemplarze tego pistoletu. Działanie broni oparte jest na tej samej zasadzie co działanie pistoletu Browninga, różnica polegała jednak na budowie pistoletu. Broń posiadała lufę stałą integralnie związaną ze szkieletem pistoletu oraz skrzydełkowy bezpiecznik umieszczony

Rys. 5.5. Podstawowe części i zespoły pistoletu Smok

Rys. 5.6. 6,35 mm pistolet alarmowy Grom

Dla reklamy przeznaczyliśmy po rewelacyjnej cenie 5-000 sztuk doskonałych pistoletów-automatów „Grom".

Fason belgijski Kal. 6-cio mm! Repetuje się przed każdym strzałem, automatycznie wyrzuca łuski. Huk ogłuszający. Idealna obrona przed napadem! Wykonanie luksus: lufa pięknie oksydowana, rękojeść kryta lśniącym ba kelitem! Waga 200 gr. dług. 10 cm., szer. 5 cm. Gwarancja fabryczna na 5 lat. Cena tylko zł. **6.95. 2 sztuki 13.50. — Setka naboi syst. „Flobert" zł. 3,65.** Zabezpiecza od mimowolnego strzału. Wysyłamy na listowne zamówienie. Płaci się przy odbiorze. Adresuj: **KAZIMIERZ KOŁODZIEJCZYK, Warszawa Pl. Napoleona I.** skrz. poczt 802 C.T.P. Wystrzegać się bezwartościowych naśladownictw.

Rys. 5.7. Reklama prasowa pistoletów Grom

Rys. 5.8. Podstawowe części i zespoły pistoletu Grom

w górnej częściu uchwytu. Mechanizm spustowo-uderzeniowy bezkurkowy. Zasilanie broni zapewnia wymienny jednorzędowy magazynek o pojemności 6 naboi umieszczony w chwycie. Broń posiada na lewej stronie zamka napis: „SMOK", z prawej zaś „S. Nakulski 6,35 Fabr. broni Gniezno". Na okładkach wykonanych z czarnego tworzywa napis „SMOK" umieszczony w owalu. Z bardzo skąpych danych wynika, że w okresie międzywojennym wyprodukowano w Polsce około 2000 tych pistoletów. Na podobnej zasadzie działały produkowane w Polsce pistolety alarmowe Grom. Pistolety te, wykonane z metalu oksydowego na kolor czarny, miały w przedniej części ślepo zakończone wgłębienie imitujące wylot lufy. Właściwa lufa, o długości ok. 3 cm i przewodzie gładkim, przechodziła w rynienkowaty ześlizg wznoszący się pod kątem 30. Broń była zasilana z magazynka o pojemności 5 naboi, umieszczonego w chwycie. Do pistoletu stosowano 6,35 mm naboje tego samego typu jak do pistoletów samoczynnych, w łusce mosiężnej, z centralnym zapłonem. Miały one jednak pocisk papierowy koloru czerwonego wypełniony prochem bezdymnym (w ilości 0,25 g), który w chwili wystrzału ulegał rozerwaniu, zwiększając efekt akustyczny strzału. W celu ostrzeżenia użytkowników broni przed użyciem 6,35 mm naboi ostrych na lewej stronie zamka pistoletu umieszczono napis: „Tylko dla nabojów postrachowych kal. 6,35 STRASZAK GROM".

Pistolety kieszonkowe kal. 6,35 mm w zasadzie nie występowały w uzbrojeniu wojska, broń ta jednak często znajdowała się w wyposażeniu kadry jako drugi pistolet — poza pistoletem służbowym. Wydany w 1931 r. podręcznik (pod red. płk. Berlinga) pt. „Oficer" wręcz zalecał noszenie przez oficerów poza służbą 6,35 mm broni przeznaczonej do obrony osobistej.

Rewolwer służbowy wz. Ng 30

Rewolwer Naganta otrzymał nazwę od nazwiska swojego twórcy, belgijskiego inżyniera — Emila Naganta, który w końcu XIX w. założył w Liège fabrykę maszyn i traktorów produkującą również broń palną. W 1895 r. rewolwery Naganta wprowadzono do uzbrojenia armii rosyjskiej; początkowo były dostarczane przez „Fabrique d'Armes Nagant Frérès" w Liège, a od 1899 r. rozpoczęto ich seryjną produkcję w zakładach zbrojeniowych w Tule. Rewolwery Naganta na szeroką skalę stosowano w czasie I wojny światowej i rewolucji październikowej. Broń ta dzięki swej niezawodności i bardzo dobrym własnościom balistycznym pozostała w uzbrojeniu armii radzieckiej do końca II wojny światowej. Oprócz ZSRR rewolwer Naganta znajdował się w wyposażeniu armii innych państw. Produkowany był w Hiszpanii, Norwegii i USA. Rewolwerów kal. 7,5 mm używały również niektóre oddziały armii szwedzkiej. Mniejsza ich liczba znajdowała się w wyposażeniu armii brazylijskiej, serbskiej i siłach zbrojnych Luksemburga.

W Polsce, w okresie międzywojennym rewolwer Naganta został przyjęty do uzbrojenia Policji Państwowej i straży pocztowej. Utworzona w 1919 r. Policja

Rys. 5.9. Rewolwery Naganta używane w Polsce; od góry: rosyjski wz. 1895 produkowany w Tule w latach 1912-1918, polski wz. Ng 30 produkcji Fabryki Broni w Radomiu, radziecki produkowany w latach 1941-1945

Państwowa w początkowym okresie swego istnienia dysponowała bardzo zróżnicowanym uzbrojeniem pochodzącym głównie z zasobów pozostawionych przez zaborców, w tym bronią produkcji wojennej często w bardzo złym stanie technicznym. Sytuacja taka trwała do 1927 r., kiedy to rozpoczęto przezbrajanie Policji Państwowej w 7,92 mm kbk wz. 1891/98/25 powstałe z przerabianych w Polsce 7,62 mm kb Mosina wz. 1891. Jednocześnie, w tym samym roku komendant główny PP uzyskał dla policji kb Mannlichera wycofane z wojska, które przeszły renowację w Wojskowej Zbrojowni w Przemyślu. Akcję przezbrajania policji zakończono w styczniu 1934 r., kiedy to Komenda Wojewódzka w Warszawie otrzymała ostatnią partię kbk Mannlichera. Nadal jednak pozostała otwarta sprawa broni krótkiej; w tej sytuacji we wrześniu 1927 r. rozesłano do poszczególnych komendantów wojewódzkich PP specjalną ankietę w sprawie wyboru systemu krótkiej broni palnej dla policji. Wynik ankiety zdecydował, że rewolwerem służbowym ma być Nagant siedmiostrzałowy z samonapinaniem — jako broń celna, nieskomplikowana oraz pewna w działaniu. Respondenci podkreślali dużą zawodność pistoletów samopowtarzalnych oraz specyfikę służby policyjnej wymagającą często noszenia broni w kieszeni, a więc potrzebę posiadania broni odpornej na zanieczyszczenia i zacięcia. Ponadto podkreślano dużą pewność działania rewolwerów, powołując się przy tym na doświadcznia policji zagranicznych. Postulowano również wprowadzenie skróconej wersji Naganta dla agentów policyjnych. Wadą rewolweru służbowego miało być tylko pojedyncze wyciąganie łusek i powolne ładowanie broni — co uznano za cechę drugorzędną. Rozstrzygnięcie problemu nastąpiło dopiero na konferencji, która się odbyła 8.02.1929 r. w Komendzie Głównej Policji Państwowej. Ustalono tam, że policja zamówi 30 000 rewolwerów Naganta i 3 mln naboi. Ogólna wartość kontraktu miała wynosić około 4 mln zł. Pertraktacje w sprawie uzyskania funduszy przeciągały się jednak i dopiero po pewnym czasie podpisano odnośną umowę z PWU. Do umowy przyłączyło się Ministerstwo Poczty i Telegrafów, zamawiając dla siebie pewną liczbę rewolwerów. W umowie zakładano, że Fabryka Broni w Radomiu wykona 5 wzorcowych rewolwerów w sierpniu 1929 r. zaś w listpadzie miało być wykonanych dalsze 300 szt., a w grudniu seria licząca już 1000 szt. W styczniu następnego roku przewidywano produkcję 1500 szt., zaś w następnych miesiącach po 2000 szt. Brak materiałów archiwalnych nie pozwala na dokładne ustalenie, czy ww. terminy i wielkości poszczególnych serii produkcyjnych zostały przez wytwórnię dotrzymane. Z planów gospodarczych PWU wynika bowiem, że w 1931 r. przygotowywano w Radomiu równolegle produkcję rewolwerów Naganta i pistoletu Vis, a zamówienie na rok 1931 przewidywało wykonanie 4500 rewolwerów. W latach 1931-1935 Fabryka Broni w Radomiu wyprodukowała ogółem 7166 rewolwerów.

Rewolwer wz. Ng 30 był bronią powtarzalną przeznaczoną do walki z małej odległości i obrony osobistej. Broń działała na zasadzie mechanicznego obrotu bębna z nabojami. Bębnem obracało urządzenie zapadkowe uruchamiane przez mechanizm spustowy. Urządzenie to, działając na zęby nacięte w dnie bębna, powodowało jego obrót o jedną siódmą część obwodu i następnie utrzymywało bęben w określonym położeniu. Rewolwer posiadał kurek obrotowy z mechnizmem podwójnego działania. Stosowano do niego specjalnie zaprojektowane

Rys. 5.10. 7,62 mm rewolwer służbowy wz. Ng 30

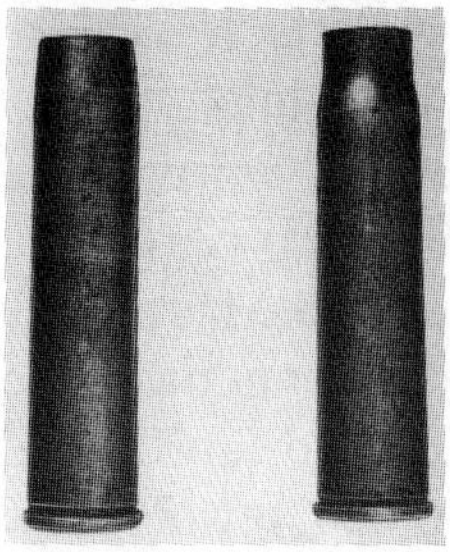

Rys. 5.11. Polska amunicja 7,62 mm × 38R do rewolwerów Naganta produkowana w Fabryce Amunicji w Skarżysku

naboje, w których stożkowo ścięty pocisk znajdował się całkowicie wewnątrz łuski. W czasie odwodzenia kurka bębenek przesuwał się do przodu, a wystająca krawędź szyjki łuski wchodziła do wylotu lufy. Przy strzale łuska ulegała rozdęciu, uszczelniając całkowicie przestrzeń pomiędzy bębenkiem a lufą. Rozwiązanie to umożliwiało eliminację strat energii gazów prochowych (uszczelnienie powodowało zwiększenie energii początkowej pocisku o ok. 2%). Jednak, rozwiązanie to miało też poważne wady, ponieważ rozdęte łuski często utrudniały rozładowanie rewolweru. Wystrzelone łuski wypychało się pojedynczo stempelkiem umieszczonym przegubowo pod lufą. Bębenek siedmiokomorowy można było wyjmować z rewolweru bez użycia narzędzi. Z prawej strony szkieletu była umieszczona odchylana pokrywa służąca do zasłaniania komór bębenka i ograniczająca jego ruch w lewo. Broń można było rozłożyć całkowicie za pomocą wkrętaka, lecz była to czynność dość skomplikowana i pracochłonna.

Rewolwery produkcji polskiej różniły się nienacznie od rewolwerów rosyjskich i radzieckich masą, długością, podstawą muszki oraz kształtem główki rozładownika i kurka. Rewolwer Ng wz. 30 posiadał lufę gwintowaną o długości 114 mm o 4 bruzdach i 4 polach, przy czym bruzdy były dwukrotnie szersze od pól. Broń odznaczała się bardzo starannym wykończeniem, w tym charakterystyczną dla polskiej broni krótkiej ciemnoniebieską oksydą. Z każdego rewolweru oddawano 7 strzałów nabojami wysokiego ciśnienia, co miało wyeliminować ewentualne ukryte wady materiału w którejkolwiek z komór bębenka i gwarantowało bezpośrednim użytkownikom broni bezpieczeństwo. Próbę tę oznaczano cechą w postaci godła państwowego o wysokości 3 mm wybijaną na lufie i bębenku. Poważnym mankamentem broni był jednak brak zamienności części między rewolwerami, gdyż — jak wynika ze sprawozdań Biura Studiów Fabryki Broni w Radomiu — każdy mechanizm rewolweru był uzgadniany w działaniu sposobem rusznikarskim.

W zbiorach Muzeum Wojska Polskiego w Warszawie zachował się dość oryginalny egzemplarz rewolweru służbowego Ng wz. 30. Broń ta wyprodukowana w 1936 r. miała stanowić prawdopodobnie promocję polskiego eksportu — była bowiem przeznaczona dla szefa policji kolumbijskiej, o czym świadczy

Rys. 5.12. Zachowany w zbiorach MWP w Warszawie 7,62 mm rewolwer wz. Ng 30 przeznaczony dla szefa policji kolumbijskiej

Rys. 5.13. Godło Kolumbii na lewej stronie szkieletu broni

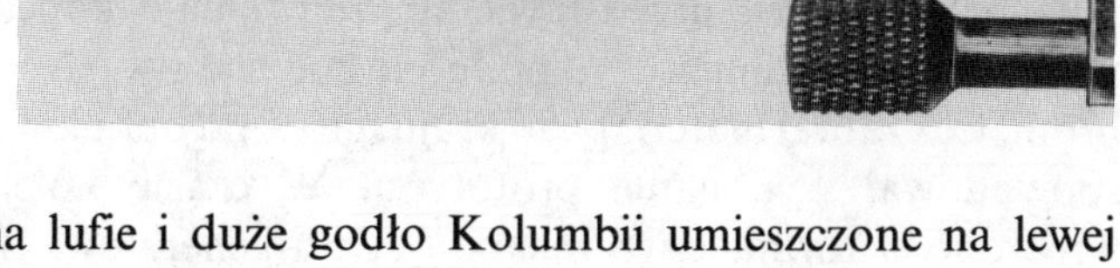

Rys. 5.14. Lufa rewolweru z napisem: „al Senor Doctor Don Alejandro Bernalo Director de la Policia National"

napis wygrawerowany na lufie i duże godło Kolumbii umieszczone na lewej stronie szkieletu.

W toku produkcji broni Polski Związek Strzelectwa Sportowego zwracał się wielokrotnie z postulatem do wytwórni, aby opracować wersję sportową rewolweru na naboje bocznego zapłonu jako broni pomocniczej w szkoleniu strzeleckim. Jednak, dopiero w 1937 r. przedstawiono prototyp takiego rewolweru. Opracował go kierownik Referatu Wychowania Fizycznego Komendy Głównej Policji Państwowej — komisarz Staniszewski. Wybuch wojny uniemożliwił jednak rozpoczęcie produkcji.

Dane techniczne:

kaliber	7,62 mm	prędkość początkowa pocisku	ok. 280 m/s
masa broni	0,75 kg	energia początkowa	ok. 270 J
długość broni	230 mm	najwyższy celownik	50 m
długość lufy	114 mm	donośność	ok. 700 m
pojemność bębenka	7 naboi		

9 mm pistolet Noury Pasza FB Radom wz. 30

Profesor Piotr Wilniewczyc w swym fundamentalnym dziele pt. „Broń samoczynna" (w tabeli na str. 64) wymienia pistolet „Nuri Pasza FB Radom wz. 30", nie podając jednak w tekście bliższych szczegółów dotyczących tej broni. Ponadto, w Centralnym Archiwum Wojskowym, w sprawozdaniach z działalności Państwowych Wytwórni Uzbrojenia można napotkać informację, że PWU wykonały prototyp pistoletu Noury Pasza w jednym egzemplarzu.

Historia tego tajemniczego pistoletu wymaga jeszcze pogłębionych badań i ustaleń. Jak dotąd istnieją bowiem dwie hipotezy dotyczące powstania broni, przy czym obie łączą się z osobą prof. Piotra Wilniewczyca. Jedna z nich zakłada, że powyższy pistolet miał być odmianą pistoletu Vis przeznaczoną dla odbiorcy tureckiego. Druga zaś, powtarzana przez współpracowników profesora w formie anegdoty, jest związana z pobytem inż. Wilniewczyca w Turcji. W tym czasie inż. Wilniewczyc pełnił funkcję eksperta balistycznego i doradcy technicznego w Dyrekcji PWU w Warszawie, praca ta zaś wiązała się z rozlicznymi wyjazdami służbowymi. I właśnie w czasie jednego z wyjazdów do Turcji, gdzie prowadzono rozmowy dotyczące eksportu wyrobów polskiego przemysłu zbrojeniowego, inż. Wilniewczyc spotkał się z gen. Noury Paszą. Generał widząc w inżynierze nie tylko partnera handlowego, ale również wybitnego znawcę przedmiotu i miłośnika broni palnej, przedstawił mu założenia i koncepcje pistoletu własnego pomysłu. Inż. Wilniewczyc podobno nie wypowiedział swego zdania na temat broni, lecz zabrał materiały do kraju, gdzie po opracowaniu projektu i rysunków spowodował wykonanie prototypu. W czasie kolejnej tury rozmów broń wręczono w formie daru zaskoczonemu generałowi. W rezultacie, Państwowe Wytwórnie Uzbrojenia zawarły korzystny kontrakt na dostawę sprzętu do Turcji. Zdarzenie to, o ile miało miejsce, dobrze świadczy o możliwościach wytwórczych młodego wówczas polskiego przemysłu obronnego, a także jest dobrym świadectwem dużego talentu konstruktorskiego i handlowego

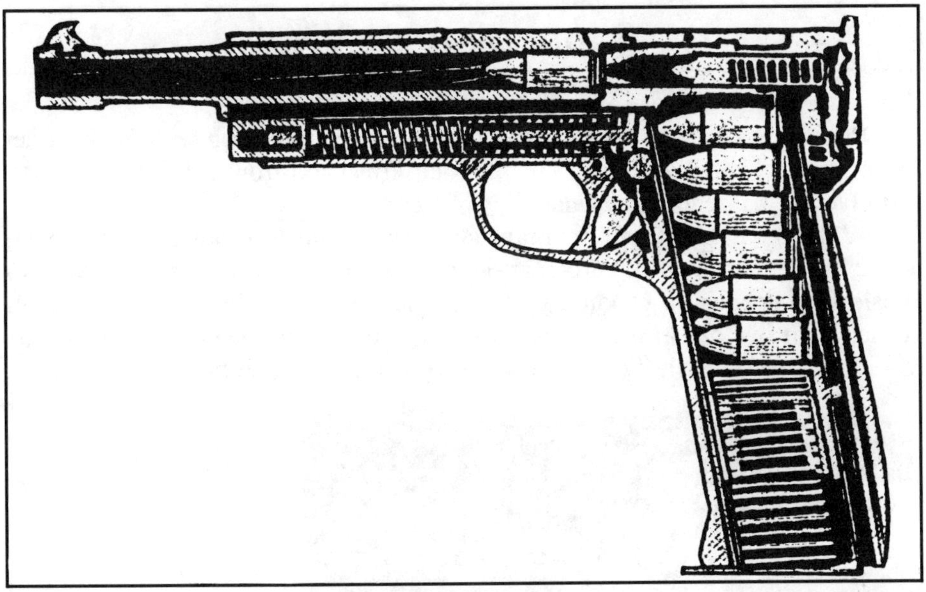

Rys. 5.15. 9 mm pistolet Noury Pasza produkcji Fabryki Broni w Radomiu wz. 30

inż. Wilniewczyca. Bezspornym jednak faktem jest to, że we wrześniu 1927 r. zgłoszono do Urzędu Patentowego RP wynalazek pt. „Broń samoczynna ręczna" — autor Naury Pasza, Angora — Turcja. Przedmiotem wynalazku był pistolet działający na zasadzie wykorzystania energii krótkiego odrzutu lufy, o zamku zaryglowanym z mechanizmem odpalającym bezkurkowym typu iglicowego. Broń wg założeń patentowych miała się charakteryzować dobrą celnością, dużą mocą rażenia, wygodnym i pewnym chwytem wobec dobrze dobranego środka ciężkości. Zastosowanie zaś magazynka o dwurzędowym ułożeniu naboi miało zapewnić odpowienio duży zapas amunicji. Ponadto, w pistolecie przewidywano wprowadzenie zabezpieczenia przed przypadkowym strzałem w wypadku niedomknięcia zamka oraz przerzutowego bezpiecznika unieruchamiającego język spustowy. Umieszczony w górnej części zamka wyciąg łusek pełnił również rolę wskaźnika obecności naboju w komorze nabojowej. Przyrządy celownicze pistoletu składały się ze specjalnie ukształtowanej muszki — tak dobranej, aby jej śledzenie było możliwe w każdych warunkach oświetlenia. Wysuwany celownik szczerbinkowy zaopatrzono w podziałkę z nastawą do 500 m. 21.04.1930 r. Urząd Patentowy RP przyznał twórcy patent polski nr 11813. Wobec braku zachowanych materiałów źródłowych trudno dziś stwierdzić, jak dalece prototyp pistoletu wykonany w Fabryce Broni w Radomiu odbiegał konstrukcją i parametrami technicznymi od opisu patentowego. Z danych zawartych w książce prof. Wilniewczyca wiadomo tylko, że broń była dostosowana do 9 mm naboju typu Parabellum i do jej zasilania służył magazynek o pojemności 10 naboi.

9 mm pistolet Vis

Pistolet Vis należał z pewnością do najbardziej udanych wzorów krótkiej broni strzeleckiej. Był on dziełem polskich konstruktorów i dobrze świadczy o tradycjach naszego uzbrojenia.

W związku z planem reorganizacji armii i ujednolicaniem uzbrojenia, w 1929 r. Departament Uzbrojenia podjął rozmowy dotyczące zakupu w Czechosłowacji licencji na produkcję w kraju pistoletu wojskowego. Przedmiotem licencji miał być czeski pistolet wz. 1924 wzorowany na niemieckim pistolecie Mausera. Broń ta była skomplikowana, o niskich parametrach balistycznych.

Rys. 5.16. Przedmiot negocjacji — 9 mm pistolet czeski wz. 1924 (wersja dostarczona do Polski posiadała oznaczenie wz. 1928)

O treści tych rozmów został poinformowany inż. Piotr Wilniewczyc, późniejszy wykładowca i profesor Politechniki Warszawskiej, pracujący w tym czasie w Państwowych Wytwórniach Uzbrojenia (PWU) w Warszawie. Ze względu na to, że cena zakupu licencji była wygórowana, a wybrany pistolet nie należał do rewelacyjnych, inż. Wilniewczyc w ciągu 2 dni przedstawił rysunek, opis i założenia pistoletu własnej konstrukcji, które przesłano do Departamentu Uzbrojenia. Projekt został zaakceptowany i konstruktor rozpoczął prace nad dokumentacją szczegółową. Do prac nad projektem dołączył się inż. Jan Skrzypiński, utalentowany technolog uzbrojenia i dyrektor Państwowej Fabryki Karabinów w Warszawie.

Pod koniec 1930 r. ukończono rysunki konstrukcyjne i Państwowa Fabryka Karabinów przystąpiła do wykonania prototypu. W lutym 1931 r. prototyp był już gotowy i przeprowadzono pierwsze próby. Pistolet uzyskał patent polski nr 15567 i otrzymał nazwę WiS (od pierwszych liter nazwisk konstruktorów). Na

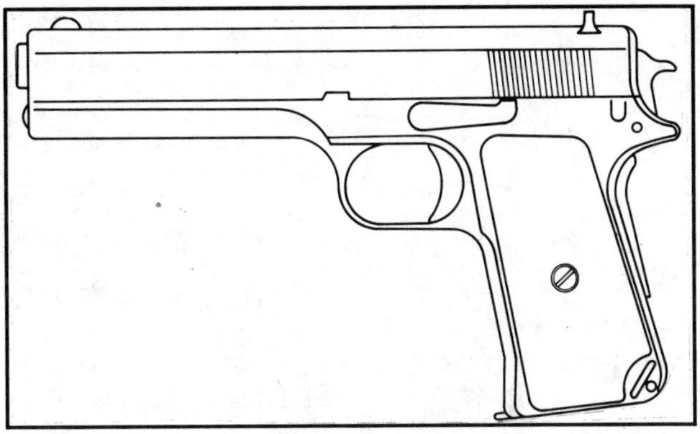

Rys. 5.17. Pierwszy projekt pistoletu inż. Piotra Wilniewczyca

życzenie Departamentu Uzbrojenia później literę W zamieniono na V, tworząc łaciński wyraz *Vis* — siła. Następnie, w pracowni broni małokalibrowej w Zielonce pistolet poddano wszechstronnym próbom, w czasie których ogółem oddano z prototypu ponad 6000 strzałów. Ze wszystkich prób pistolet wyszedł zwycięsko, wykazując dużą niezawodność oraz bardzo dobrą celność.

Ogólnie, broń tę wzorowano na amerykańskim pistolecie Colta wz. 1911, zastosowano w niej jednak szereg własnych rozwiązań. Działanie było oparte na zasadzie krótkiego odrzutu lufy. W czasie strzału lufa była ryglowana za pomocą dwu pierścieni wchodzących do odpowiednich wycięć w zamku. Do momentu wylotu pocisku lufa wykonywała ruch prostoliniowy, następnie tylna jej część obniżała się i następowało odryglowanie broni. Wyeliminowanie ruchomego łącznika zastosowanego w konstrukcji Colta w znacznym stopniu poprawiło celność broni. Sprężynę powrotną umieszczono pod lufą, na teleskopowej żerdzi. W tylnej części chwytu wykonano specjalne szyny do przyłączania dostawianej kolby. W broni zastosowano kurek zewnętrzny z zębem wstępnego napięcia — wykluczało to przypadkowy strzał przy niedociągnięciu kurka. Prototyp pistoletu składał się z 48 części (włączając w to śruby i przetyczki).

Rys. 5.18. Prototyp pistoletu Vis produkcji Fabryki Karabinów w Warszawie

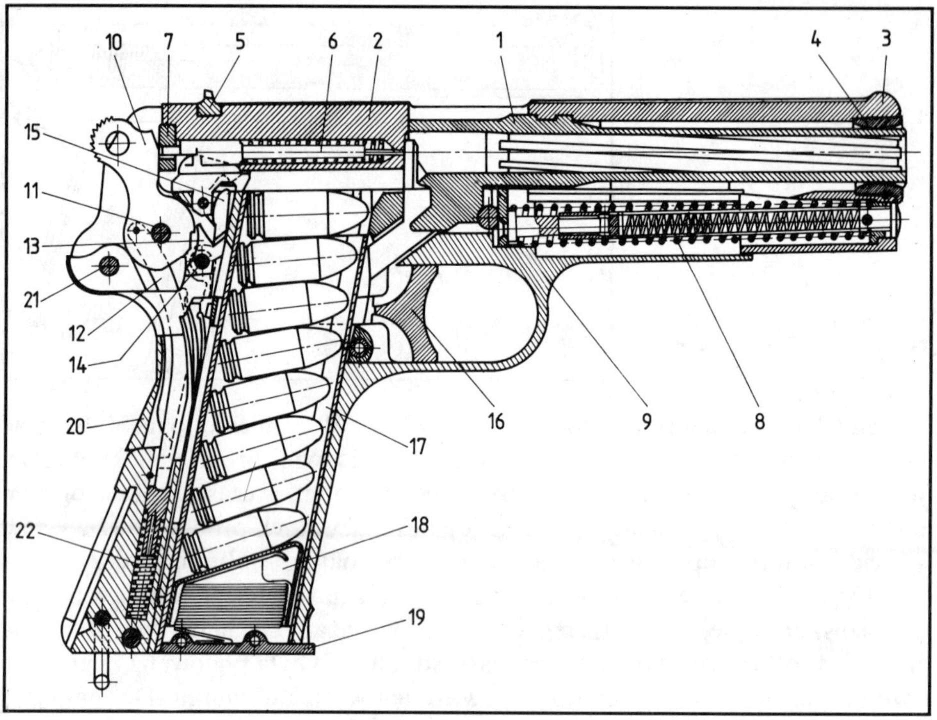

Rys. 5.19. 9 mm pistolet Vis wz. 1935:
1 – lufa, *2* — zamek, *3* — muszka, *4* — przednie łożysko lufy, *5* — celownik, *6* — iglica, *7* — tylna opora iglicy, *8* — sprężyna powrotna, *9* — szkielet, *10* — kurek, *11* — oś kurka, *12* — żerdź kurkowa, *13* — zaczep kurka, *14* — oś zaczepu, *15* — przerywacz, *16* — spust, *17* — magazynek, *18* — donośnik, *19* — dno magazynka, *20* — samoczynny bezpiecznik chwytowy, *21* — oś bezpiecznika, *22* — sprężyna uderzeniowa

Po przeprowadzeniu pokazów broni na strzelnicy w Rembertowie i uwzględnieniu życzeń użytkowników w pistolecie wprowadzono zmiany polegające na zastosowaniu zwalniacza kurka i przekonstruowaniu tylnej części zamka. 28.02.1932 r. uchwałą Komitetu ds. Uzbrojenia i Sprzętu (KSUS) broń wprowadzono do uzbrojenia wojska.

Produkcję pistoletów podjęto w Państwowej Fabryce Broni w Radomiu. Na przełomie lat 1932/1933 fabryka wykonała próbną partię pistoletów (ok. 30 szt.), które skierowano do badań w 4, 21 i 72 pp, 6 puł., 3 i 10 psk oraz 5, 21 i 27 pal. Od 1936 r. pistolet pod nazwą Vis wz. 1935 stał się etatową bronią osobistą oficerów i podoficerów WP.

W tym czasie, w Biurze Studiów przy Państwowej Fabryce Karabinów w Warszawie, pod kierunkiem inż. Jerzego Podsędkowskiego opracowano wersję pistoletu Vis na nabój 11,43 mm (0,45 cala), która wzbudziła duże

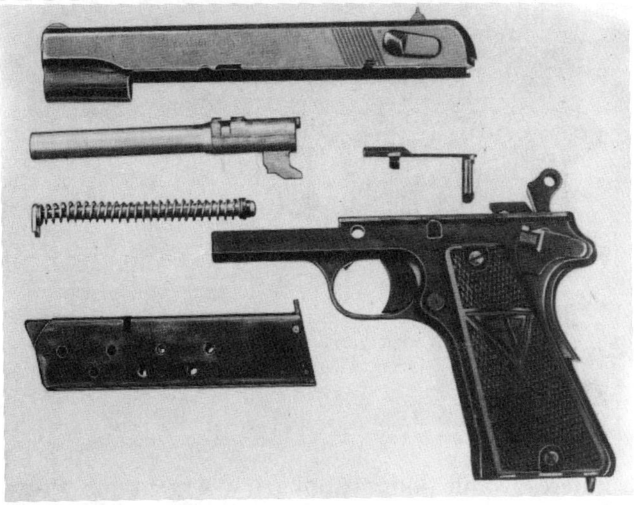

Rys. 5.20. Podstawowe części i zespoły broni

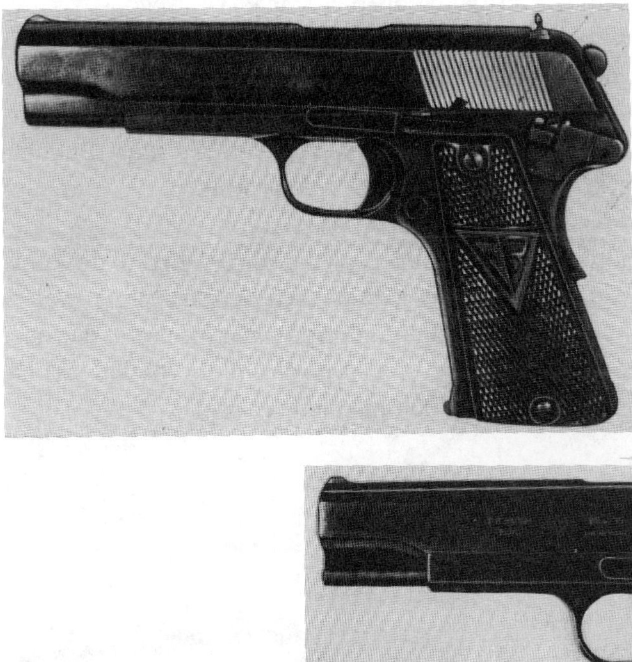

Rys. 5.21. 9 mm pistolet Vis wz. 1930, numer seryjny 003, produkcji Fabryki Broni w Radomiu

Rys. 5.22. 9 mm pistolet Vis wz. 1935, numer seryjny 3646. Własność Prezydenta RP Ignacego Mościckiego

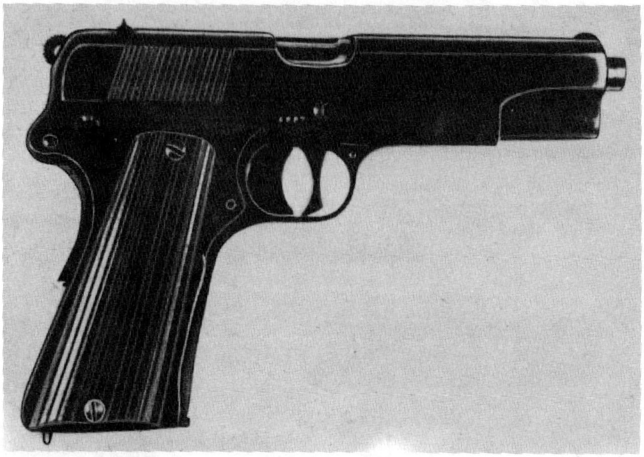

Rys. 5.23. 5,6 mm pistolet Vis ze zbiorów Muzeum Wojska w Budapeszcie

zainteresowanie podczas pokazu w Argentynie. Prowadzono ponadto doświadczenia nad wykorzystaniem broni jako pistoletu maszynowego — przez zastosowanie magazynka o zwiększonej pojemności. Opracowano także wersję pistoletu przystosowaną do 5,6 mm naboi sportowych bocznego zapłonu. W literaturze brak jednak bliższych danych dotyczących tej wersji, a jedyny znany autorowi egzemplarz pistoletu znajduje się w Muzeum Wojska w Budapeszcie (pochodzi on z fabryki broni w Radomiu, rok produkcji 1937, nr inw. 0537/PU).

W miarę rozwoju produkcji pistolety sukcesywnie wprowadzono do armii. W czerwcu 1938 r. pistolety Vis były już w jednostkach pancernych, kawalerii i lotnictwie, w następnej kolejności broń tę miała otrzymać piechota, łączność i artyleria. Docelowe zapotrzebowanie wojska wynosiło około 90 000 szt. Do wybuchu wojny wyprodukowano ok. 45 000 pistoletów.

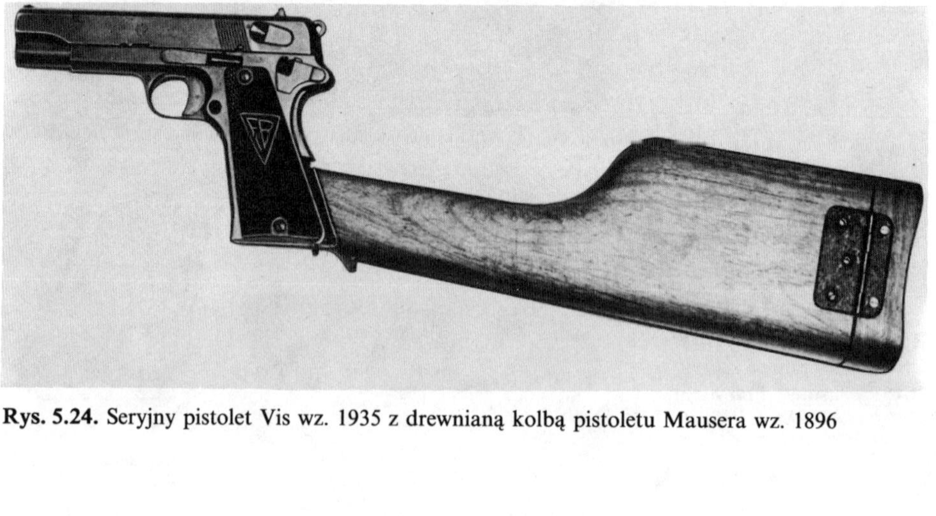

Rys. 5.24. Seryjny pistolet Vis wz. 1935 z drewnianą kolbą pistoletu Mausera wz. 1896

Na zamkach egzemplarzy prototypów był umieszczony napis: „Państwowe Wytwórnie Uzbrojenia Fabryka Karabinów 1930 R" lub „Państwowe Wytwórnie Uzbrojenia Fabryka Broni w Radomiu", a na broni produkcji seryjnej „FB Radom", poniżej rok produkcji, znak orła, Vis wz. 1935, nr patentu oraz znaki przystrzeliwania i kontroli. Broń charakteryzowała się bardzo starannym wykończeniem, nie spotykanym w broni wojskowej. Egzemplarze do nr 3000 wykonywano ze stali stopowej, następne serie ze stali węglowej. W wojsku Polskim pistolet noszono w skórzanym futerale, który miał dwie kieszenie na dodatkowe magazynki.

Działania wojenne w 1939 r. nie kończą jednak historii produkcji pistoletu. Ze względu na walory broni Niemcy postanowili wznowić jego produkcję we współpracy z austriacką firmą „Steyr-Daimler-Puch". „Visy" produkcji niemieckiej wytwarzano w kilku seriach, z pewnymi zmianami konstrukcyjnymi. Charakterystyczną cechą odróżniającą broń produkcji niemieckiej od polskiej jest brak orła i roku produkcji na zamku pistoletu. Ważną wskazówką do rozróżnienia jest znakowanie poszczególnych serii. Pistolety bowiem miały znakowanie typowe dla broni niemieckiej — do 4 dziewiątek — i litery od A do Z — tak, że na każdą literę przypada ok. 10 000 pistoletów.

Pistolety pierwszej serii produkowano od lata 1940 r. Ich wykończenie było jeszcze bardzo staranne, podobnie jak pistoletów produkcji polskiej. Broń była polerowana, miała ciemnoniebieską oksydę oraz znakowanie na zamku: „FB RADOM VIS Mod 35 pat. Nr 15567", pod tym stempel „P-35p" (niemieckie oznaczenie pistoletu), poniżej zamka napis „WaA 77 (Radom)" oraz znaki przystrzeliwania i stempel odbioru broni „625 (Steyr)"; numeracja od 0 do 9999 — serie literowe od A do D. Zmianie uległ również kształt futerału pistoletu — zastosowano w nim pojedynczą kieszeń na dodatkowy magazynek.

Pistolety drugiej serii, produkowane w latach 1941-1943, cechuje już mniej staranna jakość wykończenia — mają one widoczne nie polerowane ślady narzędzi oraz cienką oksydę zanurzeniową. W tej serii występują już nieznaczne luzy w rowkach wodzidłowych zamka. Seria ma oznaczenia literowe od E do W, znakowanie zamka jak w poprzedniej serii (z tym, że od litery M nie ma napisu „P-35p"). W pistoletach Vis produkcji wojennej prawdopodobnie już od litery B nie ma zaczepu do przyłączania drewnianej dodatkowej kolby.

Od 1944 r. w Radomiu rozpoczęto produkcję pistoletów trzeciej serii. Występują w nich zmiany techniczne mające na celu uproszczenie produkcji: nie ma już zaczepu do rozkładania broni. Broń produkowano w dwu seriach numerowanych. Seria pierwsza zaczyna się od litery Z, druga od liter A do J. W pistoletach tych stosowano okładki z czarnego lub czerwonego ebonitu, zdarzają się też egzemplarze z okładkami drewnianymi.

Sukcesy armii radzieckiej spowodowały, że w końcu 1944 r. produkcję broni wstrzymano, a park maszynowy radomskiej fabryki wywieziono. W styczniu 1945 r. oddziały armii radzieckiej wyzwoliły Radom. Zdemontowane maszyny

Rys. 5.25. Pistolet Vis, rok produkcji 1944 — z wprowadzonymi zmianami technicznymi

z Radomia zainstalowano w firmie „Steyr" w Austrii, jednocześnie w zakładach tych pośpiesznie przystąpiono do wznowienia produkcji pistoletów. Począwszy od 1945 r. produkowano tam „Visy" serii czwartej . Broń cechowało już wojenne wykończenie poszczególnych egzemplarzy — grube ślady frezów i głębokie ślady toczenia lufy. Charakterystyczną cechę stanowi brak numeracji na poszczególnych częściach pistoletu oraz luźne pasowanie części. Zastosowano okładki z tworzywa o innym kształcie niż w poprzednich modelach bez napisu Vis. Broń produkowana w Austrii w serii oznaczonej literą K miała jeszcze na zamku napis: „FB Radom Mod 35, Pat. 15567". W serii tej występowały — choć w niewielkiej liczbie — pistolety z cieńszą pokrywą zamka, z jednoczęściową żerdzią sprężyny powrotnej oraz z donośnikiem magazynka z pistoletu Walthera P-38. Broń ta miała na zamku napis: „bnz".

Rys. 5.26. Pistolet Vis z 1945 r. z ostatniej serii produkcyjnej, z nowymi charakterystycznymi okładkami i oznaczeniem „bnz"

W kwietniu 1945 r. produkcję pistoletów Vis przerwano. Łącznie w latach 1940-1945 wyprodukowano ich ponad 350 000. Pewną liczbę Visów zmontowano konspiracyjnie z elementów wynoszonych z Fabryki Broni w Radomiu. Wśród części tej broni nie było jednak luf, gdyż Niemcy — obawiając się przenikania broni do oddziałów partyzanckich — dokonywali ostatecznego montażu pistoletów w zakładach „Steyr". W tej sytuacji szefostwo produkcji konspiracyjnej Armii Krajowej zorganizowało w Warszawie przy ulicy Terespolskiej warsztat produkujący lufy; po jego likwidacji produkcję luf i magazynków podjęto pod kierunkiem inż. R. Białostockiego i T. Czajkowskiego w warsztacie przy ulicy Leszno 18, gdzie wytwarzano je aż do wybuchu powstania warszawskiego.

Warto zaznaczyć, że pistolety Vis cieszą się bardzo dobrą opinią wśród ekspertów i są poszukiwane przez kolekcjonerów broni w krajach zachodnich. W wielu publikacjach wysoko ocenia się szczególnie staranne wykończenie polskich pistoletów oraz ich doskonałą celność i niezawodność.

Dane techniczne:

kaliber	9 mm	wysokość	140 mm
masa broni bez naboi	1000 g	szerokość	33 mm
długość broni	200 mm	pojemność magazynka	8 naboi
długość lufy	120 mm	prędkość początkowa pocisku	345 m/s

Pistolet Grunera

8.11.1932 r. zgłoszono w Urzędzie Patentowym RP opis pistoletu automatycznego, którego autorem był Jan Gruner zamieszkały w Mariampolu k. Słonimia. Po prawie dwóch latach oczekiwania, 13.09.1934 r., udzielono konstruktorowi na tę broń patentu nr 20 479. Po tym fakcie Gruner przystąpił do wykonywania modelu pistoletu. Ze względu na brak środków technicznych konstruktor natrafił trudności w jego wykończeniu. Dlatego też postanowił zwrócić się o pomoc do wojska, aby umożliwiono mu wykończenie broni, gotowej już w 80%, w rusznikarni jednego z pułków stacjonujących w Słonimiu. W związku z tym Gruner wysłał do generalnego inspektora sił zbrojnych, gen. Rydza-Śmigłego, list datowany 30.09.1936 r. wyjaśniający motywy podjęcia pracy nad pistoletem automatycznym. Powołując się na przeprowadzone przez siebie próby i badania 60-70 pistoletów automatycznych różnych systemów, autor doszedł do wniosku, że nie zawsze zasługują one na nazwę automatycznych, gdyż wymagają „... do użycia kilku zupełnie opanowanych ruchów i całkowitej przytomności umysłu strzelca, co nie zawsze może mieć miejsce ...". Według Grunera to spowodowało m.in., iż nie zostały wyparte do tej pory z użycia rewolwery będące zawsze gotowe do strzału, a jednocześnie całkowicie bezpieczne w noszeniu. Konstruktor rekomendował swoje rozwiązanie jako

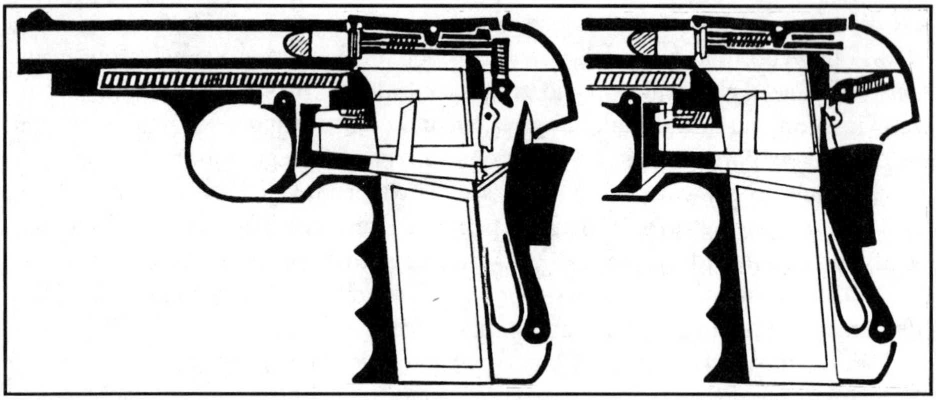

Rys. 5.27. Pistolet Grunera

broń zdolną do natychmiastowego użycia. Podkreślał też, że jest ono lepsze niż w pistoletach automatycznych czy bezkurkowych, takich jak 7,65 mm Roth-Sauer, 7,65 mm Walther policyjny, 8 mm Steyr itp. dlatego, że kurek nie spada bezpośrednio na nabój, lecz zatrzaskując się na zaczepie, umożliwia oddanie strzału z precyzją pistoletu tarczowego.

List Grunera został z polecenia, już marszałka, Rydza-Śmigłego przekazany do zbadania przez Departament Uzbrojenia MSWojsk.; 16.12.1936 r. zastępca szefa tego departamentu ppłk inż. A. Żebrowski zawiadomił szefa Biura Inspekcji GISZ — płk. dypl. S. Strzeleckiego — iż konstrukcja Grunera nie posiada specjalnych zalet odróżniających ją od Visa. W piśmie podkreślono też, iż praktyczne zbadanie tej broni wymagałoby czasu i szeregu prób, co wobec masowej produkcji Visa odpowiadającego potrzebom MSWojsk. byłoby niecelowe. W związku z tą opinią płk Strzelecki zawiadomił konstruktora pismem z 22.12.1936 r., że wojsko nie jest zainteresowane jego wynalazkiem.

Według nie potwierdzonych informacji Grunerowi udało się jednak broń wykończyć i została ona przekazana Policji Państwowej w celu dokonania prób.

Pistolet Grunera był bronią kal. 9 mm o długości 180 mm, wysokości 120 mm, posiadającą dwurzędowy magazynek na 12-15 naboi. Konstrukcja miała nie ryglowaną lufę i była pozbawiona szeregu drobnych części, takich jak: bezpiecznik, zatrzask magazynkowy i in., łatwych do zgubienia i komplikujących produkcję. Broń, gotową do natychmiastowego strzału, noszono ze spuszczonym kurkiem, co upodobniało ją do rewolwerów bezkurkowych. Konstrukcja taka nie wymagała żadnych zewnętrznych bezpieczników. Rolę bezpiecznika odgrywał ruchomy grzbiet (dźwignia) w rękojeści pistoletu. Grzbiet ten przy ściśnięciu rękojeści broni w ręce uruchamiał mechanizm samonapinający, służący do odprowadzenia kurka. W tym momencie kurek był zatrzymywany przez zaczep kurkowy do chwili naciśnięcia spustu. W chwili rozluźnienia chwytu dłoni ruchomy grzbiet rękojeści zaopatrzony w trzpień cofał się, ślizgając wstecz po skosie końca szyny spustowej. Następowało wtedy ściągnięcie jej zęba z zaczepu kurkowego, co uniemożliwiało wystrzał przy przypadkowym naciśnięciu spustu. Ząb ruchomego grzbietu rękojeści podpierał wtedy dolny koniec napinacza, stanowiąc drugie zabezpieczenie.

Konstrukcja broni umożliwiała ponado spuszczenie bez strzału na znajdujący się w lufie nabój — kurka w celu uzupełnienia magazynka. Można było tego dokonać dzięki zaopatrzeniu sprężyny kurkowej w brzuszek, na który naciskał magazynek z nabojami. W momencie wyjęcia magazynka sprężyna kurkowa nie dawała się napiąć, uniemożliwiając tym samym wystrzał. Pistolet posiadał licznik naboi, wskaźnik stanu komory, odprowadzonego kurka itp. Przyrządy celownicze i licznik miały być pokryte masą fosforyzującą. Broń była, według konstruktora, odporna na zanieczyszczenia, gdyż poza otworem lufy nie było innych miejsc, przez które bród mógłby się dostać do wnętrza. Konstrukcja broni umożliwiała składanie jej i rozkładanie bez narzędzi. W celu zabezpieczenia dłoni przed zimnem metalu w zimie rękojeść posiadała okładki.

Według opinii znanego fachowca z dziedziny broni strzeleckiej, dr. inż. Stanisława Kochańskiego, bardzo podobne rozwiązanie zastosowała niemiecka firma „Heckler i Koch" w opracowanym w 1975 r. pistolecie P.7. S. Kochański wysoko ocenia konstrukcję J. Grunera. Stwierdza też, iż broń tego typu jest odpowiednia dla policji i służb specjalnych dzięki swojej zdolności do natychmiastowego użytku. Może też z tego powodu konstrukcją tą zainteresowała się Policja Państwowa. Trzeba też zgodzić się z opinią Kochańskiego, że pistolet ten nie byłby bronią konkurencyjną dla Visa, lecz jego uzupełnieniem. Niestety, brak wspomnianej w liście Grunera opinii Fabryki Broni w Radomiu oraz wyników prób przeprowadzonych prze policję uniemożliwia danie odpowiedzi o przyczynach niepodjęcia produkcji pistoletu Grunera.

Pistolet do nabojów drażniących PND

Pod koniec 1930 r. jeden z pracowników warsztatowych Fabryki Broni w Radomiu opracował i wykonał pięciostrzałowy rewolwer do naboi łzawiących. Konstrukcją tą zainteresowała się dyrekcja Fabryki Broni, która poleciła Biuru Studiów przyjąć prace konstrukcyjne i przygotować prototypy. Do końca kwietnia 1931 r. Fabryka Broni wydała na ten cel 1000 zł. Na początku listopada 1931 r. model broni przedstawiono do oceny kierownikowi Warsztatów Amunicyjnych nr 1 mjr. Żołędziowskiemu. Według jego opinii pożądany byłby rewolwer bez lufy. Nie wiadomo jednak, czy jego sugestie uwzględniono. Tymczasem, Biuro Studiów Fabryki Broni opracowało kosztem 2000 zł rysunki konstrukcyjne, uchwyty narzędzi i sprawdziany dla produkcji seryjnej rewolweru do naboi łzawiących. Jednocześnie, na początku listopadą 1931 r., wobec pilniejszych prac, dyrekcja fabryki w Radomiu odłożyła na jakiś czas opracowywanie nowych konstrukcji, w tym i rewolweru do naboi łzawiących. Decyzja ta spowodowała, iż na studia nad tą konstrukcją wydano w okresie od 1.01. do 31.06.1932 r. zaledwie 22,96 zł. Tymczasem, jego produkcję seryjną planowano w roku budżetowym 1933/1934. Na dalsze prace nad tą konstrukcją oraz na przygotowanie produkcji preliminowano na ten okres 11 000 zł.

W drugiej połowie 1932 r. opracowano w Biurze Studiów Fabryki w Radomiu konkurencyjny model broni. Był to tym razem pistolet magazynkowy. Po wykonaniu jego prototypu obie konstrukcje przesłano do Departamentu Uzbrojenia w celu przeprowadzenia z nimi prób porównawczych. W ich wyniku IBMU opracował tymczasowe warunki techniczne na pistolet tego typu oraz projekt broni mającej służyć do ćwiczeń w komorach gazowych oraz w celach policyjnych.

23.10.1933 r. Fabryka Broni w Radomiu złożyła Wydziałowi Sprzedaży PWU ofertę na produkcję 400 pistoletów, które określono już nie jako łzawiące, lecz do naboi drażniących. Koszty produkcji skalkulowano na 73,50 zł za szt. przy ogólnym koszcie własnym wynoszącym 81,05 zł. Dyrekcja PWU miała jednak zastrzeżenia co do ceny, uważając ją za zbyt wysoką. W wyniku rozmowy dyrektora PWU Dowkontta z dyrektorem fabryki radomskiej Ołdakowskim cenę produkcji obniżono do 67,76 zł, a koszty własne do 74,56 zł za szt. Ostatecznie w roku budżetowym 1934/1935 zamówiono w Fabryce Broni 431 pistoletów do naboi drażniących (PND) w cenie po 52 zł za szt.

W 1936 r. Biuro Studiów Fabryki Broni przystąpiło do opracowania nowego PND. W preliminarzu na rok 1936/1937 przeznaczono na opracowanie rysunków konstrukcyjnch i wykonanie 3 modeli sumę 4000 zł. Wcześniej jednak

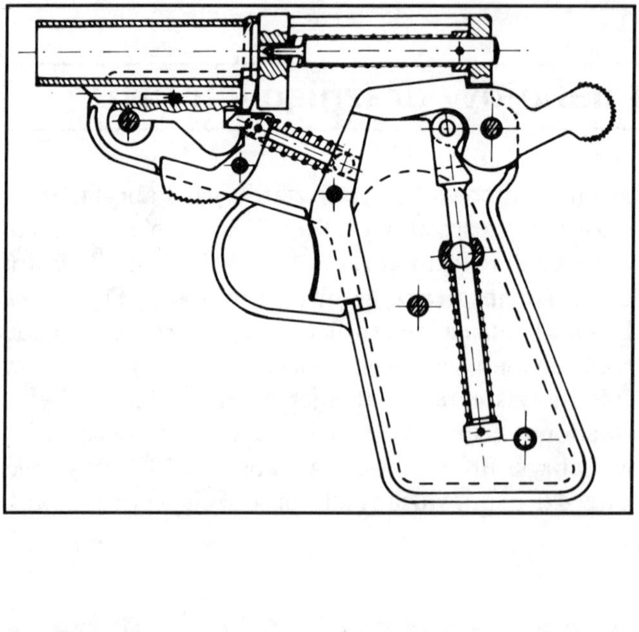

Rys. 5.28. Pistolet do nabojów drażniących PND

Departament Uzbrojenia polecił rozpatrzeć możliwość przeróbki dotychczasowego modelu PND w celu jego uproszczenia i usunięcia wad. Na ten cel preliminowano sumę 2800 zł. Ponieważ nie dało to pożądanych rezultatów, postanowiono opracować nową konstrukcję. Niezależnie od tego miano zaprojektować model pistoletu rurkowego (bez chwytu), który chciano wykorzystać przy pracach nad PND.

Do końca marca 1937 r. prace nad tą bronią przebiegały bardzo powoli, gdyż wydano w tym okresie na ten cel jedynie 160,13 zł. Tymczasem, preliminarz na ten sam okres przewidywał przeznaczenie 800 h na opracowanie rysunków konstrukcyjnych i wykonanie 3 modeli po 200 zł, co miało się zamknąć łączną kwotą w wysokości 2200 zł. W związku z tym, główne prace i koszty przesunięto na następny rok budżetowy, tj. 1937/1938.

Ponieważ nowa konstrukcja miała otrzymać inną komorę nabojową niż dotychczasowy PND, Fabryka Broni zwróciła się do Wydziału Technicznego PWU o jak najszybsze przysłanie do Radomia rysunków drażniącego naboju elaborowanego i łuski ze spłonką. Rysunki te nadesłano w połowie listopada 1937 r. Tymczasem dyrekcja Fabryki Broni rozpisała wewnętrzny konkurs na PND. Z projektów, które napłynęły, wybrano 2 typy. Jednocześnie przystąpiono do wykonania 2 modeli z każdego typu i opracowano rysunki wraz z tolerancjami. Całość materiałów zamierzano przesłać do 1.01.1938 r. do ITU w celu przeprowadzenia prób. Nastąpiła jednak zwłoka w tym zakresie i wstępne rysunki tolerancyjne oraz 2 modele PND wysłano do ITU w lutym 1938 r.

Nie wiadomo niestety, czy i który z tych typów został zakwalifikowany do produkcji. W 1939 r. zamawiano jednak pistolety do naboi drażniących. I tak 21.01.1939 r. Szkoła Podchorążych Piechoty zamówiła jedną sztukę w cenie 52 zł, 27.01.1939 r. jeden egzemplarz zamówiła Szkoła Podchorążych Artylerii, a miesiąc później batalion KOP „Sarny". 20.04.1939 r. batalion KOP „Chałyńsk" zamówił w Radomiu dwa następne PND. Być może jednak zamówienia te dotyczyły starszego typu pistoletów, z 1933 r.

Pistolet do naboi drażniących opracowany przez IBMU w 1933 r. był bronią jednostrzałową. Posiadał lufę osadzoną obrotowo w korpusie, utrzymywaną w normalnej pozycji za pomocą zatrzasku. Przez naciśnięcie zatrzasku doprowadzało się lufę do pozycji skośnej umożliwiającej załadowanie naboju. Mechanizm odpalający składał się z: iglicy, kurka ze sprężyną i spustu umieszczonego wewnątrz korpusu. Iglica była krótsza niż wynosiła odległość między opuszczonym kurkiem a spłonką naboju. Uderzenie kurka w iglicę nadawało jej przyśpieszenie, a siła iglicy powodowała odpalenie spłonki. Dzięki temu, przy spuszczonym kurku pistolet był zupełnie bezpieczny i nawet silne uderzenie w kurek nie powodowało mimowolnego wystrzału. Z lewej strony korpusu broni, nad drewnianą okładką rękojeści, był wybity rok produkcji i nazwa wytwórni. Numer pistoletu był wybity na lewej stronie, na korpusie, pod przednią płytką.

6
Polskie powojenne pistolety wojskowe

Bezpośrednio po II wojnie światowej podstawowym wzorem broni krótkiej będącej w uzbrojeniu WP był radziecki pistolet samopowtarzalny TT, wz. 1933, konstrukcji znanego konstruktora broni strzeleckiej F.W. Tokariewa. W latach pięćdziesiątych pistolety te produkował przemysł krajowy na podstawie radzieckiej dokumentacji technicznej. W WP otrzymały one oznaczenie 7,62 mm pistolet wojskowy wz. 1933 (pw. wz. 1933).

Literatura zagraniczna zawiera również informację, że w ZSRR występowała treningowa wersja 5,6 mm pistoletu TT dostosowana do amunicji bocznego zapłonu 22 L, oznaczona symbolem R-3, oraz wersja z wydłużoną lufą R-4.

Warto zaznaczyć, że broń podobnego typu wytwarzano także w kraju. Do pistoletu stosowano aluminiowe wkładki redukcyjne zawierające nabój sportowy 22 LR; takie rozwiązanie umożliwiało wykorzystanie typowego magazynka z pistoletu TT. Lufa kal. 5,6 mm była pozbawiona rygli pierścieniowych i ruchomego ogniwka łącznika. Ponadto, w broni stosowano słabszą sprężynę powrotną oraz luźne pasowanie części, co w niczym nie przeszkadzało w jej funkcjonowaniu, bowiem rozrzut na 25 m mieścił się w kole o średnicy 10-13 cm. Ze względu na małą energię naboju 22 LR zamek pistoletu posiadał nieco większe ukośne okno ułatwiające wyrzucanie wkładek. Iglica o kształcie

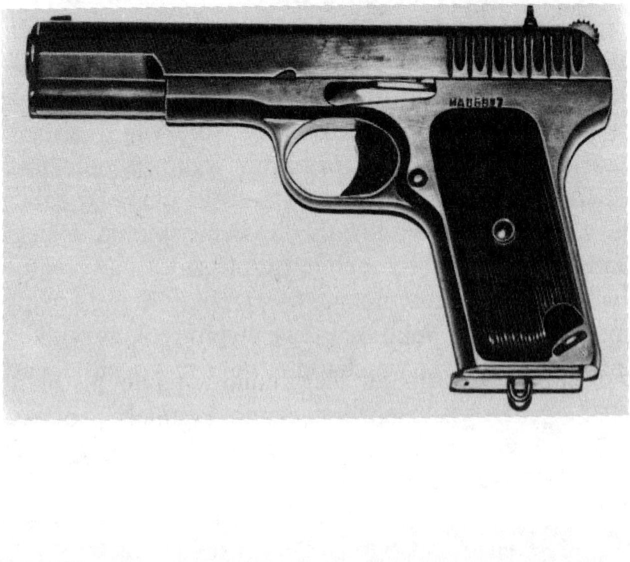

Rys. 6.1. 7,62 mm pistolet wz. 1933 (pw wz. 1933)

Rys. 6.2. Podstawowe części i zespoły 5,6 mm treningowej wersji pistoletu pw wz. 35

czworokątnym była położona wyżej niż w pistolecie bojowym. Broń posiadała znaki i cechy identyczne jak pistolety pw wz. 1933 z tą różnicą, że na lewej stronie zamka umieszczano napis: „Sportowy". Reasumując można stwierdzić, że pistolet wz. 1933 „Sportowy" był prostą i tanią bronią treningową, która przez wiele lat znajdowała się w wyposażeniu wojska i organizacji paramilitarnych.

Wprowadzenie do armii radzieckiej w końcu lat pięćdziesiątych naboju pistoletowego 9 mm × 18, nazywanego potocznie nabojem Makarowa, spowodowało konieczność zunifikowania amunicji przez państwa Układu Warszawskiego oraz stworzyło możliwość opracowania dla sił zbrojnych broni dostosowanej do tego naboju. Również organom Ministerstwa Spraw Wewnętrznych potrzebny był pistolet o niewielkiej masie i małych gabarytach, jednak dysponujący wystarczającą mocą obalającą pocisku. Z tych względów podjęto w Polsce decyzję o przystąpieniu do prac nad nowym wzorem pistoletu.

Pistolet WiR wz. 1957

W 1957 r. na Wydziale Sprzętu Mechanicznego Politechniki Warszawskiej, w Katedrze Urządzeń Mechanicznych, powołano zespół pracowników naukowych w celu opracowania nowego polskiego pistoletu. Opracowanie koncepcyjne przyjął na siebie prof. Piotr Wilniewczyc, twórca słynnego pistoletu Vis wz. 1935.

Przyjęto, że pistolet będzie bronią samopowtarzalną o lufie nieruchomej i zamku nie zaryglowanym z kurkiem zewnętrznym i mechanizmem spustowo-uderzeniowym podwójnego działania. Broń miała być wykonana na 9 mm nabój krótki lub 7,65 mm nabój Browninga. Założenia wstępne pistoletu opracowano w grudniu 1957 r. Do założeń dołączono rysunek projektu

Rys. 6.3. 9 mm pistolet WiR wz. 1957

pistoletu. Na rysunku tym, na zamku pistoletu widnieje napis „Vis — 2", co może sugerować, że początkowo przewidywano taką nazwę broni. Jednak w tekście przytoczonego dokumentu nazwa taka nie występuje, a autorzy posługują się nazwą „pistolet uniwersalny". Po uzyskaniu akceptacji w 1958 r. przystąpiono do sporządzenia rysunków wykonawczych w układzie tolerancyjnym. Autorem części technologicznej projektu był mgr inż. Stanisław Rojek.

Dalszym etapem prac było wykonanie wykazu materiałów potrzebnych do produkcji i opracowanie instrukcji dotyczącej obróbki technicznej. W tym też

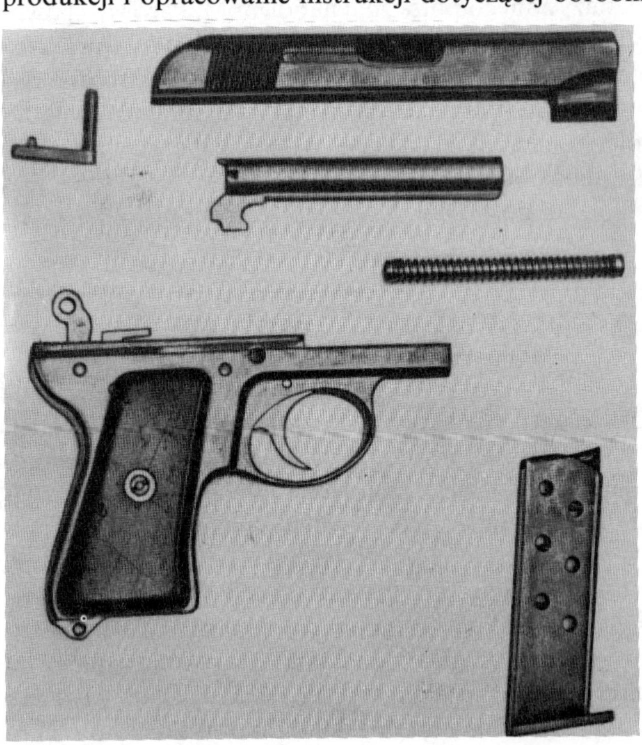

Rys. 6.4. Podstawowe części i zepoły pistoletu

okresie narodziła się późniejsza nazwa pistoletu — WiR wz. 1957, stanowiąca inicjały pierwszych liter nazwisk konstruktorów W—Wilniewczyc i R—Rojek oraz rok powstania pistoletu. Z chwilą zakończenia prac nad projektem dokumentację pistoletu wraz z rysunkami przekazano do jednego z zakładów przemysłu zbrojeniowego, gdzie wykonano prototyp.

W ogólnym zarysie broń przypominała pistolet Vis wz. 1935 z tą różnicą, że nie posiadała posuwu lufy przy strzale oraz urządzeń regulujących. Kurek zewnętrzny o podwójnym działaniu zapewniał natychmiastową gotowość do strzału w każdej sytuacji, jednocześnie w celu zwiększenia bezpieczeństwa w noszeniu i manipulacji został on zaopatrzony w ząb wstępnego napięcia. Podobnie jak w pistolecie Vis zastosowano urządzenie zwalniające napięty kurek bez wystrzału, w tym że zwalniacz był umieszczony nie na zamku, lecz na szkielecie pistoletu. Sprężynę powrotną umieszczono na żerdzi znajdującej się pod lufą broni. Po wystrzeleniu ostatniego naboju z magazynka zamek pozostawał w tylnym położeniu. Częściowe składanie i rozkładanie broni w celu czyszczenia lub wymiany lufy nie wymagało użycia narzędzi pomocniczych.

Pistolet był przeznaczony do 9 mm naboju Browninga *short*, lecz poprzez wymianę lufy bez wymiany magazynka i bez żadnych innych zmian i adaptacji mógł być dostosowany do amunicji kal. 7,65 mm. Magazynek pistoletu mieścił 6 naboi kal. 9 mm lub 7 naboi kal. 7,65 mm.

Możliwość wymiany luf zwiększała uniwersalność broni, jak również otwierała możliwości eksportowe broni, bowiem użytkownik posiadając lufy wymienne, mógł stosować jeden z dwu typów amunicji. Jednak, jak już wcześniej wspomniano, standaryzacja amunicji w państwach Układu Warszawskiego spowodowała potrzebę przystosowania pistoletu do 9 mm radzieckiego naboju Makarowa. Ponieważ energia tego naboju była jednak ok. półtorakrotnie większa od naboju Browninga, spowodowało to konieczność dokonania niewielkich zmian w konstrucji broni.

W broni zastosowano m.in. zamek o większej masie. (Do pistoletów na naboje 7,65 i 9 mm Browninga przewidziano zamek o masie 175 g, zaś dla pistoletu na nabój Makarowa projektowana masa zamków wynosiła 225 i 275 g). Zmiany te wprowadzono i opracowany prototyp pistoletu działał prawidłowo. 20.10.1959 r. prof. Wilniewczyc zakończył opracowanie instrukcji warunków technicznych i przepisów odbioru pistoletów WiR, co praktycznie zamykało pełny cykl prac nad dokumentacją broni.

Dane techniczne:

masa broni	ok. 0,6 kg	długość lufy	90 mm
długość całkowita broni	160 mm	wysokość	102 mm

9 mm pistolety Czak

W 1958 r. rozpisano konkurs na nowy pistolet wojskowy dostosowany do 9 mm naboju Makarowa. W związku z tym, w Zakładzie Broni Strzeleckiej Centralnego Badawczego Poligonu Artyleryjskiego (późniejszy Wojskowy Instytut Techniczny Uzbrojenia) zespół młodych pracowników w składzie: inż. Witold Czepukajtis, inż. Romuald Zimny, mgr inż. Mieczysław Adamczyk, inż. Henryk Adamczyk, inż. Stanisław Kaczmarski i mgr inż. Kazimierz Kowalewski, przystąpił do prac nad projektem nowego pistoletu.

Projektujący broń wzięli pod uwagę m.in. następujące wymagania:

— broń miała działać na zasadzie wykorzystania energii odrzutu zamka swobodnego,
— mechanizm miał być spustowo-uderzeniowy kurkowy z kurkiem zewnętrznym zaopatrzonym w samonapinanie, pozwalający na uzyskanie gotowści do oddania natychmiastowego strzału,
— broń powinna mieć wskaźnik naboju umożliwiający stwierdzenie obecności naboju w lufie bez odciągania zamka,
— powinno być możliwe przeładowanie pistoletu w położeniu zabezpieczonym,
— przy małych gabarytach broni należało zapewnić dobrą celność na odległość minimum 50 m.

Do produkcji broni miały być użyte materiały i surowce krajowe. Ponadto, w zależności od przeznaczenia broni, postanowiono opracować 2 modele pistoletów na wspólnych podzespołach, różniące się długością lufy i pojemnością magazynka. Po ukończeniu prac nad projektem i sporządzeniu rysunków wykonano prototypy. Broń otrzymała roboczą nazwę Czak pochodzącą od pierwszych liter nazwisk twórców oraz symbole M i W w zależności od wersji.

Pierwszym wykonanym prototypem był model M (tzw. wersja milicyjna) na 9 mm nabój krótki Browninga. Wyglądem zewnętrznym oraz budową pistolet

Rys. 6.5. Prototyp 9 mm pistoletu Czak model W

Rys. 6.6. Podstawowe części i zespoły pistoletu Czak model W

był zbliżony do niemieckiego Walthera PPK, lecz rozwiązania poszczególnych części i zespołów broni oraz ich funkcja były oryginalnym dziełem polskich konstruktorów. W czasie badań wstępnych i strzelań próbnych stwierdzono w prototypie kilka drobnych usterek, jak: niewyrzucanie łuski, niezatrzymywanie zamka w tylnym położeniu lub wypadki ognia ciągłego. Z broni uzyskano jednak dobrą celność i skupienie pocisków.

Usterki te wyeliminowano w następnym prototypie, którym był model W (wersja wojskowa) na 9 mm nabój Makarowa. W broni dokonano niewielkiej zmiany dźwigni zatrzymywania zamka, zmianie uległ też kształt dolnej części zaczepu magazynka. Broń ta już od pierwszego strzału działała bez zarzutu. Później wykonano także prototypy pistoletów Czak zaopatrzone w tzw. dźwignię bezpieczeństwa, która uniemożliwiła oddanie strzału przy wyjętym magazynku. Z myślą o możliwościach eksportowych pistolety Czak zostały tak zaprojektowane, że zależnie od potrzeb można je było wykonać z lufą na 9 mm naboje Browninga lub naboje kal. 7,65 mm.

W 1965 r. broń opatentowano, uzyskując w Urzędzie Patentowym PRL patent polski nr 54822 opublikowany 28.02.1968 r.

9 mm pistolet wz. 1958

Niezależnie od prac prowadzonych na Politechnice Warszawskiej oraz w Zakładzie Broni Strzeleckiej CBPArt. w jednym z zakładów przemysłu zbrojeniowego opracowano prototyp 9 mm pistoletu wojskowego. Autorami projektu byli pracownicy Zakładu: Ryszard Białostocki i Ryszard Chełmicki.

Ryszard Białostocki, zatrudniony przed wojną w Państwowej Fabryce Broni w Radomiu, był wybitnym fachowcem w dziedzinie technologii produkcji luf broni strzeleckiej. Był on też autorem patentu gwintowania luf przez roztłaczanie. W czasie wojny pod pseudonimem Robert, zaangażowany czynnie w konspiracyjnej produkcji broni, brał udział w uruchomieniu produkcji luf do pistoletów Sten i Błyskawica. Po zakończeniu działań wojennych pracował jako zastępca głównego konstruktora w jednym z zakładów przemysłu obronnego.

Rys. 6.7. 9 mm pistolet wz. 1958

Inżynier Ryszard Chełmicki, absolwent Politechniki Warszawskiej, stawiał w tym czasie pierwsze kroki jako konstruktor sprzętu uzbrojenia.

Kolektyw ten, reprezentujący młodość i doświadczenie, przyjął odmienne założenia przy projektowaniu broni niż pozostałe zespoły. W 1958 r., gdy konstruktorzy przystąpili do pracy, od razu założyli, że pistolet będzie dostosowany do 9 mm naboju Makarowa i że będzie to broń o krótkim odrzucie lufy i zamku ryglowanym. Wiele problemów w początkowym okresie prac nastręczało konstruktorom zachowanie odpowiednich relacji mas między zamkiem a suwadłem oraz sposobem ryglowania broni. Po uporaniu się już z tym problemem i opracowaniu rysunków wymiarowych zakład wykonał prototyp. Pierwszą próbę na strzelnicy przyfabrycznej przeprowadził inż. Chełmicki; w czasie strzelania nastąpiła jednak awaria rygla. Po dopracowaniu systemu ryglowania pistolet działał już sprawnie.

Opracowany prototyp pistoletu charakteryzował się dość ciekawą i oryginalną konstrukcją, w której lufa broni była połączona na stałe z suwadłem. Broń działała na zasadzie krótkiego odrzutu lufy, z ryglowaniem za pomocą poprzecznego rygla poruszającego się w płaszczyźnie pionowej (rozwiązanie podobne do fińskiego pistoletu Lahti L-35). Pistolet posiadał mechanizm spustowo-uderzeniowy z kurkiem wewnętrznym, podwójnego działania z samonapinaniem. Zabezpieczenie broni odbywało się automatycznie — przez zwolnienie napiętego kurka boczną dźwignią. Dźwignia bezpiecznika, umieszczona z lewej strony broni, pełniła również funkcję zwalniacza zamka po wystrzeleniu ostatniego naboju z magazynka. Przyrządy celownicze składały się z muszki i szczerbinki i były powiązane na stałe z lufą, co zapewniało broni bardzo dobrą celność. Rozwiązanie to stało się m.in. przedmiotem zastrzeżenia patentowego (patent polski nr 58/tjn. udzielony twórcom 7.04.1960 r.).

Do zasilania broni służył jednorzędowy magazynek pudełkowy o pojemności 6 naboi, utrzymywany przez zaczep umieszczony w dolnej części uchwytu. Broń nie posiadała swojej nazwy, lecz w dokumentacji patentowej występuje ona pod oznaczeniem jako: 9 mm pistolet samopowtarzalny wz. 1958.

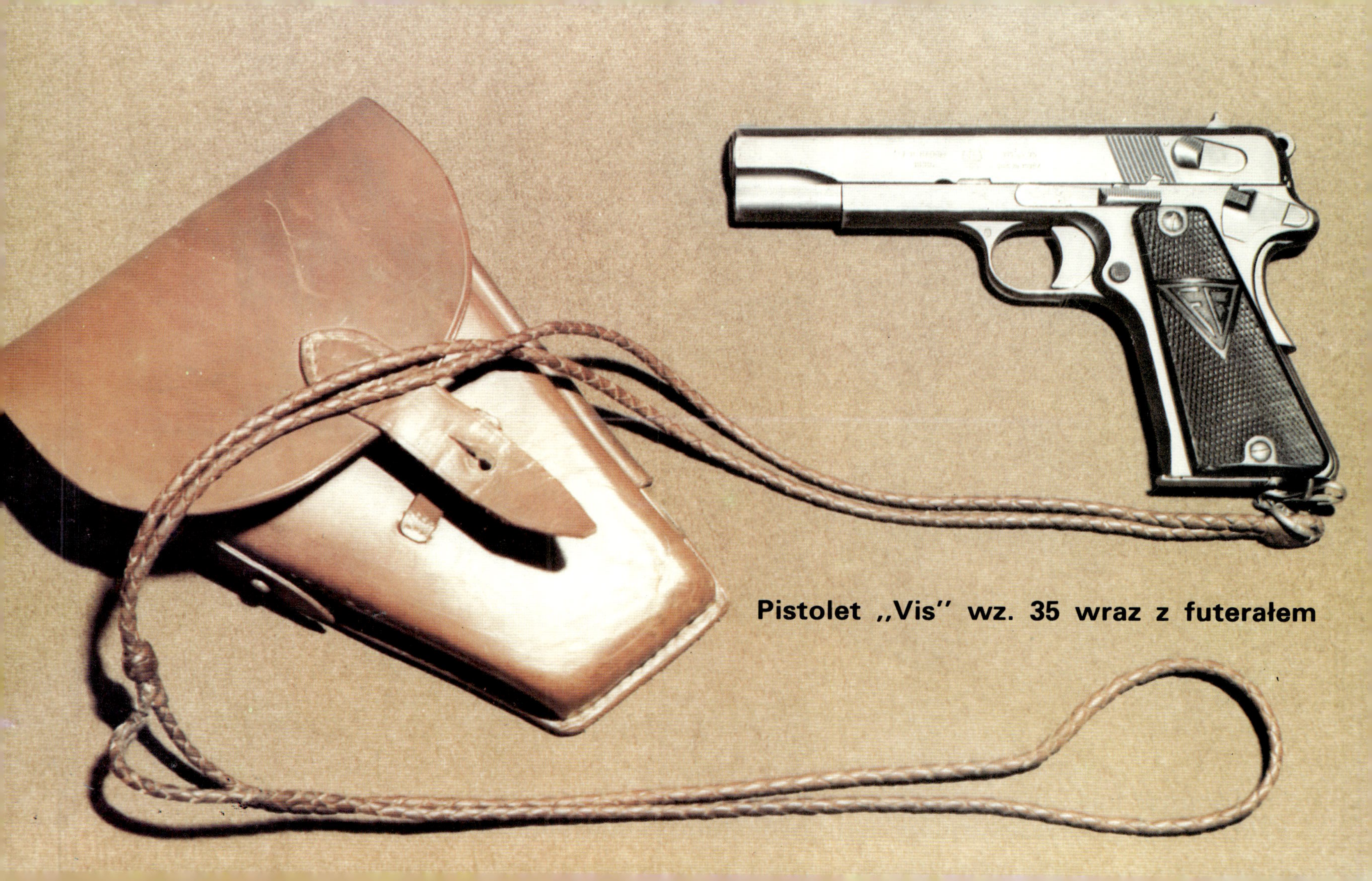

Pistolet „Vis” wz. 35 wraz z futerałem

Pistolet „Vis" wz. 35 z numerem seryjnym 00001 prezentowany na targach Interarms'92 — jedna z dwunastu kopii wykonanych w Zakładach Metalowych „Łucznik"

Pistolet P-83

Pistolet gazowy P-83 G

Przyjęcie do uzbrojenia wojska pistoletu P-64 spowodowało wstrzymanie prac nad pistoletem wz. 1958. Warto może zaznaczyć, że w czasie prób konkursowych broń strzelała bardzo miękko i odznaczała się niezwykłą celnością.

9 mm pistolet wz. P-64

W 1961 r. opisane wcześniej pototypy pistoletów przedstawiono do oceny komisji konkursowej. W czasie prób i testów najlepsze wyniki uzyskał pistolet Czak model M opracowany przez zespół oficerów Wojskowego Instytutu Technicznego Uzbrojenia. Po dopracowaniu konstrukcji pod kątem niezawodności działania i wytrzymałości części broń tę przyjęto do uzbrojenia WP oraz organów porządku publicznego jako etatową broń oficerów i pracowników MSW.

Broń otrzymała oznaczenie jako pistolet wz. 1964, w skrócie P-64, i w połowie lat sześćdziesiątych przystąpiono do jej seryjnej produkcji. W porównaniu z prototypem w pistolecie wyeliminowano zewnętrzny zaczep zamka, ponadto w celu lepszego ułożenia broni w ręce denko magazynka wyposażono w kopytko.

Pistolet działał na zasadzie odrzutu zamka swobodnego dociskanego siłą sprężyny powrotnej owiniętej wokół lufy. Można było z niego strzelać z położenia kurka napiętego uprzednio lub, gdy strzał trzeba było oddać natychmiast, a kurek znajdował się w przednim położeniu, przez silne ściągnięcie spustu,

Rys.6.8. 9 mm pistolet wojskowy wz. 1964 (P-64)

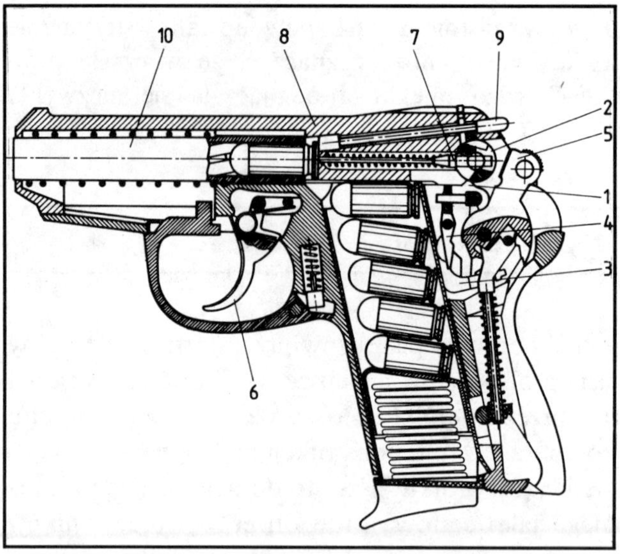

Rys. 6.9. Pistolet wz. 1964:
1 — wyłącznik,
2 — bezpiecznik,
3 — szyna spustowa,
4 — zaczep kurka,
5 — kurek,
6 — spust,
7 — iglica,
8 — zamek,
9 — wskaźnik naboju,
10 — lufa

stosując tzw. samonapinanie. Broń zaopatrzono również w obrotowy bezpiecznik skrzydełkowy powodujący zwolnienie napiętego kurka bez oddania strzału. Przyrządy celownicze pistoletu składają się ze stałej muszki oraz wymiennej dobieranej szczerbinki i są tak wyregulowane, że na odległość 25 m pocisk przelatuje lub trafia w cel średnio 3 cm ponad punktem celowania. Ogólnie broń charakteryzuje się małą masą, niewielkimi gabarytami, opływowym kształtem elementów zewnętrznych, dużą niezawodnością działania oraz dobrymi osiągami balistycznymi.

Do czyszczenia i konserwacji pistolet rozkłada się na 4 podzespoły i następuje to bez narzędzi pomocniczych.

Rys. 6.10. Podstawowe części i zespoły pistoletu wz. P-64

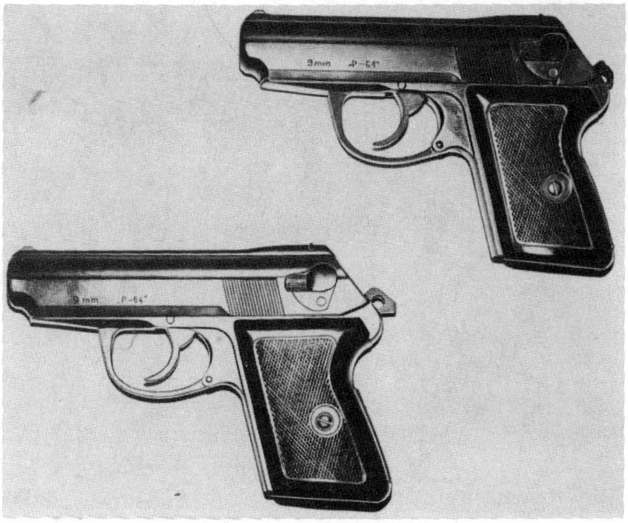

Rys. 6.11. Pistolet wz. P-64. U góry pierwsza wersja produkcyjna, u dołu broń w drugiej wersji produkcyjnej wytwarzanej od roku 1972, z kurkiem typu A

W toku produkcji pistoletów w latach siedemdziesiątych dokonano nieznacznych zmian urządzenia spustowego oraz wprowadzono zmianę kształtu główki kurka.

Pistolety wz. P-70 i P-75

Badania eksploatacyjne oraz oceny zebrane w trakcie użytkowania pistoletów wz. P-64 w jednostkach wykazały, że broń ta ma też pewne wady, do których można zaliczyć:
— silny i nieprzyjemny odrzut,
— krótki chwyt i ograniczoną pojemność magazynka,
— brak poziomej linii krawędzi przy celowniku oraz krótką linię celownika,
— wymagającą poprawy konstrukcję mechanizmu spustowo-uderzeniowego.
Jednocześnie, w końcu lat sześćdziesiątych, w wielu armiach świata zarysowała się tendencja do projektowania broni krótkiej nawiązującej do konstrukcji klasycznych pistoletów wojskowych o dużych gabarytach i zwiększonej pojemności magazynka, lecz produkowanych w oparciu o nowoczesne technologie wytwarzania. Biorąc powyższe czynniki pod uwagę, w Wojskowym Instytucie Technicznym Uzbrojenia opracowano koncepcję nowoczesnego pistoletu wojskowego. Broń otrzymała oznaczenie jako 9 mm pistolet wojskowy wz. 1970 (P-70). Jego twórcami są oficerowie WITU: inż. M. Adamczyk, J. Okraszewski i A. Kowalczyk.

Prototyp pistoletu zaprezentowano na Centralnej Wojskowej Wystawie Wynalazczości we wrześniu 1973 r., gdzie wzbudził duże zainteresowanie.

Rys. 6.12. 9 mm pistolet wz. P-70. Szkielet ze stopu aluminium

W porównaniu z pistoletem wz. 1964 charakteryzował się większymi gabarytami oraz zastosowaniem wysokowydajnych metod technologicznych w procesie produkcji. Szkielet pistoletu wykonano jako odlew ciśnieniowy ze stopu aluminium. Rozwiązanie to pozwoliło na uzyskanie małej masy broni (750 g) przy zwiększonych gabarytach oraz wyeliminowanie kłopotliwej obróbki skrawaniem. Do zasilania broni zastosowano dwurzędowy magazynek o pojemności 14 naboi, utrzymywany przez zaczep w dolnej części chwytu, mechanizm spustowo-uderzeniowy kurkowy z samonapinianiem, bezpiecznik skrzydełkowy umieszczony z lewej strony zamka. Częściowe rozkładanie pistoletu następowało przez wyjęcie opory umieszczonej w szkielecie. I chociaż opisany wyżej pistolet nie wszedł do produkcji seryjnej, to konstruktorzy w dalszym ciągu pracowali nad jego rozwojem.

W 1975 r. powstała nowa wersja pistoletu oznaczona jako wz. 1975 (P-75). Odznacza się dużą śmiałością rozwiązań technologicznych w stosunku do tradycyjnych metod wytwarzania broni. Szkielet i chwyt pistoletu wykonano w formie wypraski całkowicie z tworzywa itamidowego, w którym stalową lufę

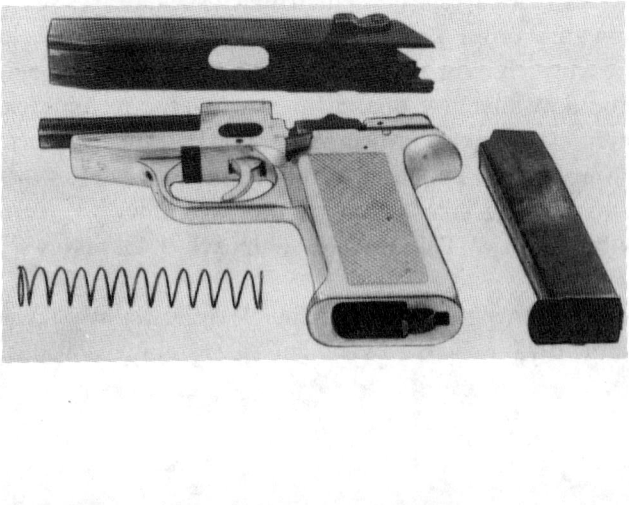

Rys. 6.13. Podstawowe części i zepoły pistoletu wz. P-70

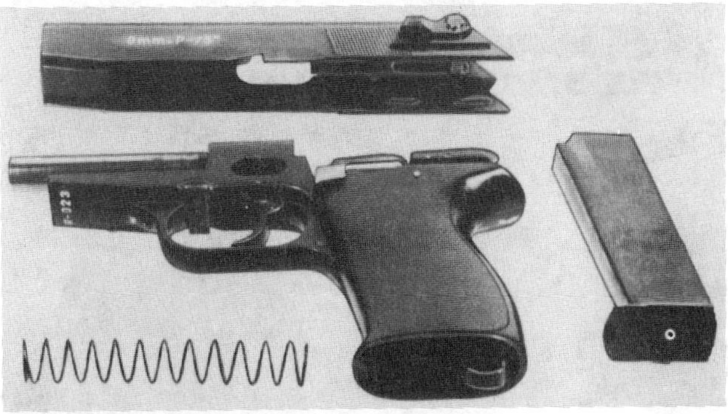

Rys. 6.14. Podstawowe części i zespoły pistoletu wz. P-75

Rys. 6.15. 9 mm pistolet wz. P-75; wersja z bezpiecznikiem skrzydełkowym umieszczonym na lewej płaszczyźnie zamka

osadzono za pomocą kołków. W boczne ścianki szkieletu wtłoczono zaś odpowiednie segmenty prowadnic zamka. W górnej części chwytu znajduje się

Rys. 6.16. 9 mm pistolet wz. P-75; wersja z bezpiecznikiem umieszczonym z lewej strony szkieletu broni

Rys. 6.17. 9 mm pistolet wz. P-75; wersja bez bezpiecznika

mechanizm spustowo-uderzeniowy podwójnego działania, w dolnej — zatrzask magazynka. Zamek wykonany metodą głębokiego tłoczenia z blachy stalowej posiada z przodu przylutowane łożysko, a w tylnej części wlutowany trzon, w którym wykonano gniazda dla pomieszczenia iglicy wraz ze sprężyną i bezpiecznika skrzydełkowego. Trzon zamka zaopatrzono w kołek ułatwiający w trakcie operacji lutowania ustawienie trzona zamkowego względem korpusu.

W ramach prac studialnych wykonano 3 wersje prototypu pistoletu P-75:
- pistolet z bezpiecznikiem skrzydełkowym umieszczonym na lewej ściance zamka, unieruchamiającym iglicę,
- pistolet z bezpiecznikiem skrzydełkowym znajdującym się z lewej strony szkieletu broni, blokującym zamek i kurkowy mechanizm odpalający,
- wersję bez bezpiecznika.

Broń mogła być również (po wymianie lufy) wykonana na 9 mm nabój krótki Browninga.

Rys. 6.18. Prototyp 9 mm pistoletu wz. P-78 model A

Szerokie wprowadzenie tworzyw sztucznych i nowoczesnych technologii produkcji pozwalało na znaczne obniżenie kosztów wytwarzania pistoletu przy jednoczesnym zachowaniu jego wysokich walorów taktyczno-technicznych. W 1978 r. twórcy pistoletu: Zbigniew Zborowski, Henryk Adamczyk, Ryszard Szydłowski i Andrzej Kowalczyk uzyskali w Urzędzie Patentowym PRL wzór użytkowy nr 60626 na wyżej opisany pistolet wojskowy.

9 mm pistolet wz. 1983

Pistolet wz. 1983 stanowi jedno z najnowszych opracowań polskich specjalistów uzbrojenia. Prace nad bronią zapoczątkowano w końcu lat siedemdziesiątych, kiedy to zostały powołane 2 odrębne zespoły konstrukcyjne z zadaniem opracowania nowego wzoru pistoletu wojskowego. W założeniach przewidywano skonstruowanie broni o lepszych parametrach od pistoletu P-64, charakteryzującej się dobrą celnością, dużą niezawodnością działania oraz

Rys. 6.19. 9 mm pistolet wojskowy wz. 1983 (P-83)

prostszą technologią wykonania. W rezultacie wykonano 2 prototypy pistoletów oznaczone wstępnie symbolami P-76A i P-78B. Oba pistolety były przystosowane do 9 mm naboju Makarowa i działały na zasadzie odrzutu zamka swobodnego. Pierwszy z nich wyposażono w samoczynny bezpiecznik oraz szkielet z tworzywa itamidowego i dwunastonabojowy magazynek o dwurzędowym ułożeniu naboi.

Po przejściu niezbędnych prób, badań i testów eksploatacyjnych, do produkcji zatwierdzono wersję oznaczoną symbolem P-78B. W porównaniu z pistoletem P-64 nowy pistolet posiadał wiele nowoczesnych rozwiązań, a ponadto odznaczał się dużą porędznością i lepszym ułożeniem w dłoni. Jednocześnie, zastosowanie technologii tłoczenia oraz zgrzewania i lutowania

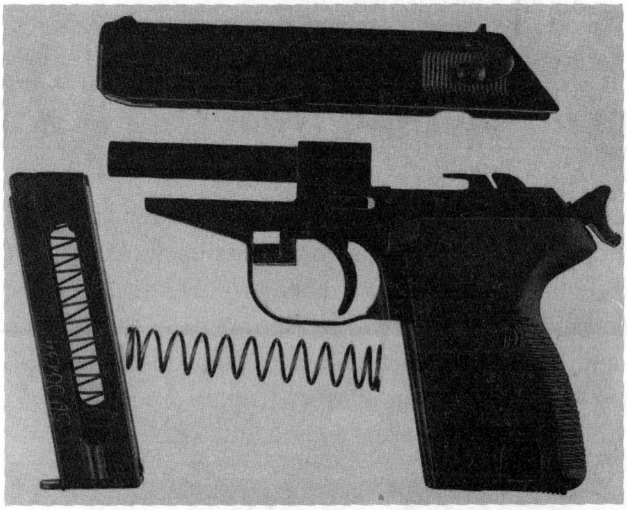

Rys. 6.20. Podstawowe zespoły pistoletu wz. P-83

twardego lutem miedzianym umożliwiało zmniejszenie kosztów produkcji i materiałochłonności wyrobu o 50% i pracochłonności o ok. 30%.

Broń w wojsku otrzymała oznaczenie jako 9 mm pistolet wz. 1983, w skrócie P-83.

Podstawowymi zespołami pistoletu są: szkielet z lufą, urządzenie spustowo-uderzeniowe typu kurkowego z samonapinaniem, zamek, sprężyna po-

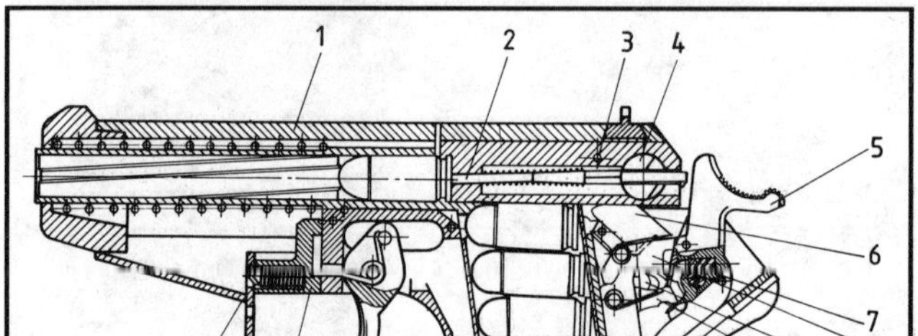

Rys. 6.21. 9 mm pistolet wz. 1983 (P-83):
1 — zamek, *2* — iglica, *3* — wskaźnik naboju, *4* — bezpiecznik, *5* — kurek, *6* — dźwignia zwalniania kurka, *7* — zapadka, *8* — dźwignia zabezpieczająca, *9* — szyna spustowa, *10* — zaczep kurka, *11* — żerdź, *12* — zaczep magazynka, *13* — zatrzask zderzaka, *14* — zderzak, *15* — spust, *16* — szkielet, *17* — nakładka, *18* — magazynek, *19* — osłona spustu

Rys. 6.22. Pistolet załadowany. Strzałką oznaczono wskaźnik obecności naboju

wrotna i magazynek. Bezpieczeństwo w obchodzeniu się z bronią zapewnia umieszczony z lewej strony zamka bezpiecznik skrzydełkowy blokujący iglicę. Pistolet można zabezpieczyć w obu położeniach kurka — napiętym i zwolnionym, przy czym w stanie zabezpieczonym broń można przeładować, wprowadzając nabój do komory nabojowej.

Przy strzelaniu z samonapinaniem siła oporu spustu wynosi ok. 50 N, podczas gdy w pistolecie P-64 siła samonapinania potrzebna do oddania strzału wynosiła 110-120 N. Broń zaopatrzono również we wskaźnik obecności naboju w postaci ruchomego sworznia wystającego z lewej strony zamka, gdy nabój

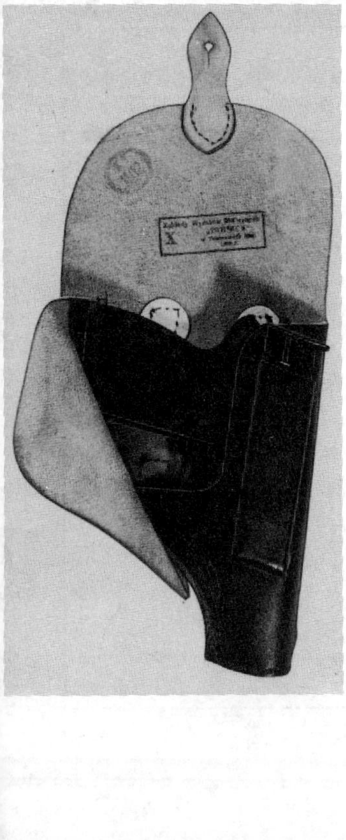

Rys. 6.23. Futerał do pistoletu wz. P-83

Tablica 6.1. Podstawowe dane techniczne polskich pistoletów wojskowych

Dane	Wzór										
	pistolet wz. 1933 (pw wz. 1933)	Czak prototyp, model M	Czak prototyp, model W	WiR wz. 1957, prototyp	pistolet wz. 1958	pistolet wz. 1964 (P-64)	pistolet wz. 1970 (P-70), prototyp	pistolet wz. 1975 (P-75), prototyp	pistolet wz. 1975 (P-75), prototyp	pistolet wz. 1978 (P-78A), prototyp	pistolet wz. 1983 (P-83)
Kaliber naboju [mm]	7,62	9	9	9*)	9	9	9	9	9	9	9
	nb wz. 1930	Browninga	Makarowa	7,65 Makarowa, Browninga	Makarowa	Makarowa	Makarowa	Makarowa	Makarowa	Makarowa	Makarowa
Długość broni [mm]	194	152	165	158	170	160	180	181	181	170	160
Długość lufy [mm]	116	81	94	—	95	84,6	101	101	101	90	90
Wysokość broni [mm]	134	104	114	105	115	117	136	138	136	126	121
Szerokość broni [mm]	—	5	23	28	28	27	32	31	31	33	30
Masa broni bez naboi [g]	854	540	590	620	720	620	750	715	720	560	730
Prędkość wylotowa pocisku [m/s]	420	290	310	315**)	—	310	305	—	—	300	318
Pojemność magazynka [szt.]	8	6	7	6	6	6	14	14	14	12	8
Uwagi	—	—	—	w wersji na 7,65 mm nabój Browninga	—	—	szkielet ze stopu aluminiowego	szkielet z tworzywa sztucznego	wersja z bezpiecznikiem	szkielet z tworzywa sztucznego	produkcyjna wersja pistoletu (P-78B)

*) W zależności od rodzaju lufy.

**) Prędkość początkowa dla 9 mm naboju Browninga — 265 m/s; dla 7,65 mm naboju — 297 m/s.

znajduje się w komorze nabojowej. Z chwilą wystrzelenia ostatniego naboju z magazynka zamek pozostaje w tylnym położeniu i jest utrzymywany poprzez dźwignię zwalniacza. Do zasilania broni służą jednorzędowe magazynki o pojemności 8 naboi. Częściowe rozkładanie broni jest proste i nie wymaga użycia dodatkowych narzędzi. W skład kompletu dodatkowego wyposażenia pistoletu wchodzi zapasowy magazynek, wycior-wkrętak oraz skórzany futerał podobny jak dla pistoletu P-64.

12.10.1983 r. minister obrony narodowej przyznał zespołowi konstruktorów w składzie: inż. Ryszard Chełmicki, mgr inż. Marian Gryszkiewicz i płk inż. Romuald Paprocki nagrodę państwową II stopnia za opracowanie 9 mm pistoletu wojskowego wz. 1983.

7
Pistolety sygnałowe

W końcu dziewiętnastego wieku do uzbrojenia wojsk wprowadzono pistolety sygnałowe przystosowane do wystrzeliwania dziennych i nocnych oraz akustycznych i świetlnych ładunków pirotechnicznych. Odpalano z nich naboje sygnałowe o budowie zbliżonej do konstrukcji naboju myśliwskiego, kal. od 25 do 40 mm. Wystrzeliwane pod kątem 45-60° pociski tych naboi osiągały wysokość 80-150 m. W czasie I wojny światowej znalazły też zastosowanie 26,5 mm karabiny sygnałowe. Do bardziej znanych konstrukcji należały karabiny: franc. z lufą łamaną i zamkiem typu Grass oraz ros. z zamkiem typu Berdan.

Niezależnie od pistoletów i karabinów sygnałowych, w wojskach — a zwłaszcza w służbie łączności — stosowano inne pirotechniczne środki sygnalizacyjne: pochodnie sygnalizacyjne (tzw. ognie Costona), rakiety drążkowe i ręczne, race oświetlające oraz świetlną amunicję strzelecką i naboje sygnalizacyjne do garłaczy. Środki te były przeznaczone do oświetlania pola walki oraz przekazywania sygnałów. Większość z nich znalazła się w wyposażeniu WP w latach 1918-1920. W wydanym w roku 1931 „Ilustrowanym słownictwie materiału uzbrojenia — część III" (stanowiącym odpowiednik dzisiejszego indeksu uzbrojenia) wymieniono dwa rodzaje pistoletów francuskich do 35 mm rakiet świetlnych, jeden 25 mm pistolet francuski oraz po jednym typie austriackim i niemieckim. Ponadto, do 1935 r. w uzbrojeniu WP występowały francuskie

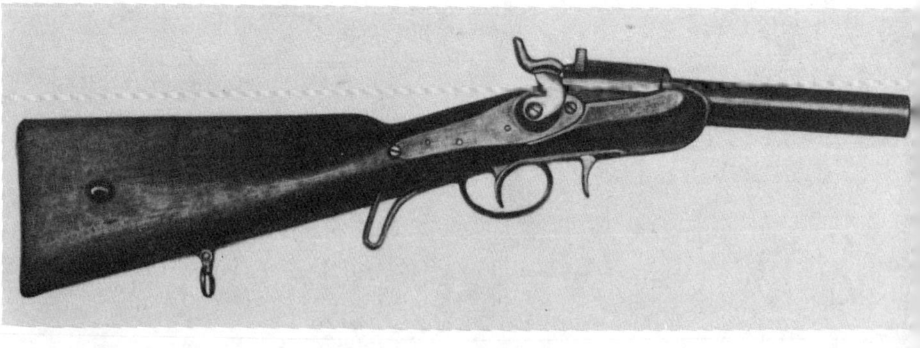

Rys. 7.1. 26 mm pistolet sygnałowy kolbowy wz. 1919 przerobiony z karabinu Werdla wz. 187[illegible] produkcji Warsztatów Broni DOG we Lwowie

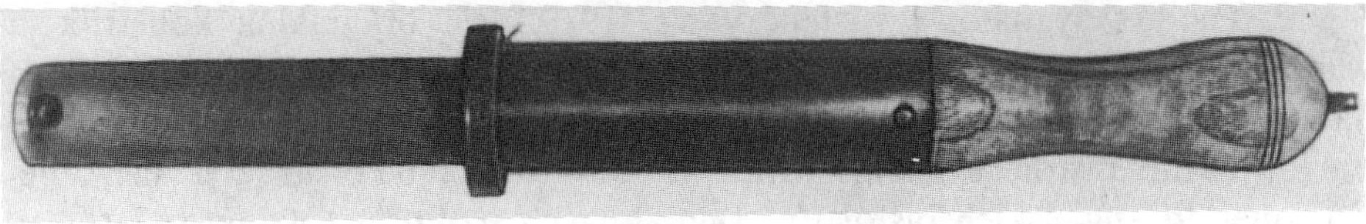

Rys. 7.2. Pistolet sygnałowy zastępczy produkcji Warsztatów Broni DOG we Lwowie wz. 1919

Rys. 7.3. 26 mm pistolet sygnałowy produkcji Warsztatów Broni DOG we Lwowie wz. 1919

garłacze VB, do których można było stosować granaty meldunkowe i oświetlające.

Już na początku lat dwudziestych rozpoczęto krajową produkcję pistoletów sygnałowych. Prosta budowa i nieskomplikowana produkcja tych pistoletów pozwalała na podjęcie tego przedsięwzięcia w utworzonych zbrojowniach i warsztatach naprawy broni. W zbiorach Muzeum Wojska Polskiego w Warszawie znajduje się kilka typów pistoletów sygnałowych produkcji Warsztatów Broni Dowództwa Okręgu Generalnego we Lwowie. Broń ta, wytwarzana w latach 1919-1922, stanowi najprawdopodobniej pierwsze polskie konstrukcje uzbrojenia, jakie powstały po odzyskaniu niepodległości. Spośród zachowanych w MWP eksponatów na uwagę zasługują:

1. 26 mm pistolet sygnałowy kolbowy wz. 1919. Broń ta z zamkiem blokująco-kranowym jest przeróbką 11 mm jednostrzałowego austriackiego karabinu Werdla wz. 1873.

Rys. 7.4. 26 mm pistolet sygnałowy produkcji Warsztatów Broni DOG we Lwowie wz. 1920

2. Pistolet sygnałowy zastępczy wz. 1919. Jest oryginalną konstrukcją warsztatów stanowiącą rodzaj wyrzutni ręcznej, umożliwiającą odpalanie 26 mm naboi sygnałowych.

3. 26 mm pistolet sygnałowy wz. 1919. Jest to broń o konstrukcji klasycznej zbliżonej do angielskich pistoletów sygnałowych z okresu I wojny światowej. Posiada stalową lufę łamaną oraz szkielet mosiężny z mechanizmem spustowo-uderzeniowym typu kurkowego.

4. 26 mm pistolet sygnałowy wz. 1920. Stanowi własne opracowanie warsztatów zarówno pod względem zespołów mechanizmów pistoletu, jak również ich ogólnego układu. Broń tę produkowano w dwu wersjach — z lufą stalową lub mosiężną.

Pistolet sygnałowy wz. 1924

Dążenie do ujednolicenia broni strzeleckiej w Wojsku Polskim spowodowało, że jako zasadniczy typ pistoletu sygnałowego wybrano polski pistolet Perkun wz. 1924. Broń ta, nawiązująca konstrukcją do modeli pistoletów sygnałowych z okresu I wojny światowej, miała masywną budowę z długą stalową lufą oraz szkielet stalowo-mosiężny. Była zaopatrzona w mechanizm spustowo-uderzeniowy typu kurkowego bez dźwigni zabezpieczającej. Okładki szkieletu — drewniane, z głębokim pojedynczym rowkiem — pozwalały na dobre ujęcie chwytu przez strzelca. Na lufie pistoletu znajduje się stempel „26,5" określający kaliber lufy broni; dokładna średnica lufy wynosiła jednak 26,65 mm.

Broń charakteryzuje się prostą konstrukcją i pewnym działaniem, a znaczna jej masa powoduje, że strzelanie z niej nie daje nieprzyjemnego odczucia odrzutu. Do przenoszenia pistoletu na pasie stosowano specjalny skórzany futerał produkowany przez firmę „Kromałowski i Synowie" w Katowicach.

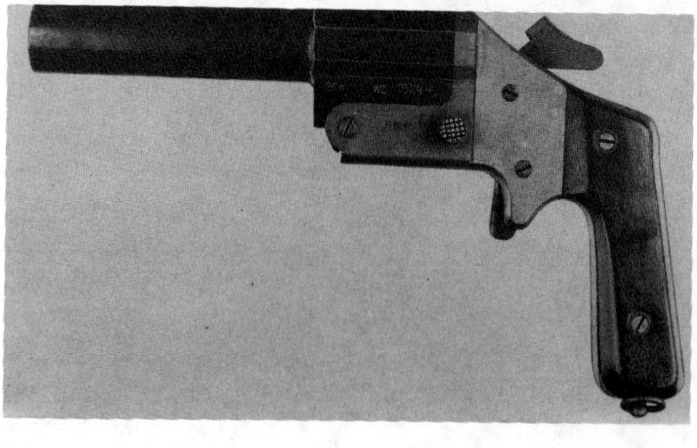

Rys. 7.5. 26,5 mm pistolet sygnałowy Perkun wz. 1924

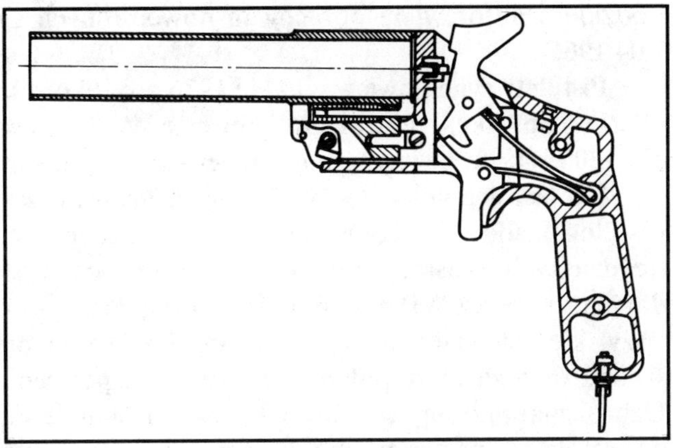

Rys. 7.6. Przekrój pistoletu sygnałowego wz. 1924

Pistolet sygnałowy wz. 1926

W mniejszej ilości w uzbrojeniu wojska znajdowały się również 35 mm pistolety sygnałowe wz. 1926. Broń ta, przeznaczona głównie dla lotnictwa (była pokładowym środkiem łączności m.in. w samolotach P-11 i PZL-37 Łoś), stanowiła modernizację pistoletu wz. 1924, w którym skrócono lufę i powiększono wyciąg łusek. Do pistoletu można było stosować wkładkę redukcyjną umożliwiającą użycie 25,5 mm amunicji sygnałowej, którą w lufie mocowano specjalnym zatrzaskiem i posiadała ona dodatkowy wyrzutnik samoczynny.

Twórcą ww. pistoletów sygnałowych był inż. Jan Werner — kierownik Biura Konstrukcyjnego Zakładów „Perkun", późniejszy profesor Politechniki

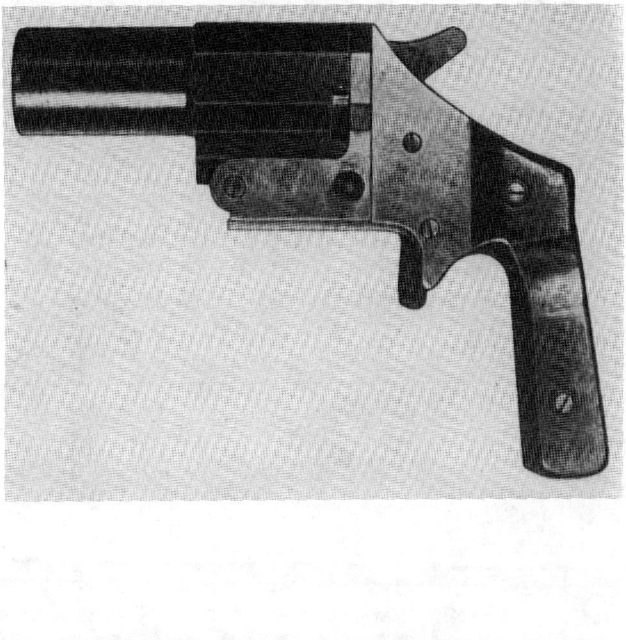

Rys. 7.7. 35 mm pistolet sygnałowy Perkun wz. 1926

Łódzkiej i autor wielu opracowań nowoczesnych silników spalinowych (zm. 7.04.1966).

Pistolety sygnałowe wz. 1924 i 1926 produkowała w Warszawie wytwórnia „Perkun Sp. Akc." przy ul. Grochowskiej 46. Miesięczną produkcję, wynoszącą ok. 1300 szt. po pewnym czasie przerwano z powodu braku zamówień.

Do pistoletów stosowano naboje sygnałowe w łusce mosiężnej — jedno- i wielogniazdowe — oraz naboje ze spadochronem. W drugiej połowie lat trzydziestych polskie czynniki wojskowe doszły do wniosku, że używane dotychczas przez WP naziemne środki sygnałowe są przestarzałe i nie spełniają wszystkich stawianych im wymagań. Zbyt mała była przede wszystkim siła światła oraz za mały pułap. Dlatego też, z polecenia Instytutu Technicznego Uzbrojenia, przystąpiono do prac nad nowymi 25 mm nabojami sygnałowymi do pistoletów sygnałowych i 46 mm nabojami wysokiego pułapu, które mogły być wystrzeliwane z granatników wz. 1936.

Na przełomie lat 1938/1939 w Centrum Badań Balistycznych w Zielonce k. Warszawy przeprowadzono próby komisyjne z nowymi naziemnymi środkami sygnałowymi. Protokół spisany po ich przeprowadzeniu zawierał stwierdzenia, że:

— 25 mm naboje sygnałowe nowego typu przewyższają pod względem siły światła dwukrotnie naboje starego typu,
— 46 mm naboje sygnałowe mają bardzo dobry pułap — wynoszący 230 m — i bardzo dobrą siłę światła, lepszą od przewidywanej.

Poddano wtedy także próbom 25 i 46 mm naboje sygnałowe wielogwiazdowe. Komisja stwierdziła jednak, że w obu przypadkach nastąpił za mały rozrzut gwiazd oraz zbytnia bladość koloru żółtego i zielonego. Polecono jednocześnie jak najszybsze usunięcie obu niedomagań.

Tablica 7.1. Podstawowe dane techniczne pistoletów sygnałowych

Dane	Wzór						
	pistolet sygnałowy kolbowy wz. 1919	rakietnica zastępowa wz. 1919	pistolet sygnałowy wz. 1919	pistolet sygnałowy wz. 1920	pistolet sygnałowy wz. 1920*)	pistolet sygnałowy wz. 1924	pistolet sygnałowy wz. 1926
Producent	Warsztaty Broni DOG we Lwowie	Warsztaty Broni DOG we Lwowie	Warsztaty Broni DOG we Lwowie	Warsztaty Broni DOG we Lwowie	Warsztaty Broni DOG we Lwowie	TFM „Perkun" w Warszawie	TFM „Perkun" w Warszawie
Kaliber [mm]	26,2	26,5	26,7	26,5	26,5	26,5	35
Długość broni [cm]	62,5	39,5	24,3	27,0	27,8	28,6	23,4
Długość lufy [cm]	22,9	23,7	13,8	17,5	18,1	18,0	12,7
Masa [kg]	2,25	0,95	1,50	1,60	1,45	1,26	1,37

*) Wersja pistoletu z lufą stalową.

8
Pistolety sygnałowe w WP

W uzbrojeniu jednostek WP tworzonych w ZSRR znalazły się pistolety sygnałowe produkcji radzieckiej, trzech wzorów. Pierwszy — produkcji Iżewskich Zakładów Zbrojeniowych — wytwarzano w ZSRR w latach 1938-1945; miał on masywną stalową konstrukcję, w której dźwignia mechanizmu zespołu lufy była umieszczona przed językiem spustowym. Drugim wzorem był wprowadzony już w czasie wojny 26 mm pistolet sygnałowy wz. 1943 — konstrukcji G.S. Szpagina. Broń posiadała szkielet tłoczony z blach stalowych oraz lufę wykonaną w postaci dwu rur wciskanych jedna w drugą. Ten sposób wykonania umożliwiał maksymalne uproszczenie produkcji. Funkcjonowanie mechanizmów pistoletu nie różniło się w niczym od broni wykonywanych tradycyjnymi metodami.

Pistolet sygnałowy wz. 1944

W końcowym okresie wojny opracowano w ZSRR nowy model pistoletu sygnałowego, który otrzymał oznaczenie jako wz. 1944 (w literaturze zachodniej występuje też pod oznaczeniem jako model 10). Broń stanowi modyfikację wz. 1943 — zmianie uległ mechanizm otwierający, którego dźwignię umieszczono w dolnej części języka spustowego. Wielu ekspertów zachodnich uważa, że jest to do tej pory jeden z najlepiej rozwiązanych i zaprojektowanych pistoletów sygnałowych.

Po zakończeniu działań wojennych pistolet wz. 1944 stał się podstawowym typem pistoletu sygnałowego używanym przez wszystkie armie państw Układu Warszawskiego. W Polsce jego produkcję uruchomiono już w 1948 r. na podstawie dokumentacji radzieckiej.

Do pistoletu stosuje się 26 mm naboje sygnałowe w łusce kartonowej (produkcji polskiej) lub aluminiowej (produkcji czeskiej) — w kolorach: białym, czerwonym, żółtym i zielonym; naboje dymne dzienne wydzielające czerwony i niebieski dym, naboje oświetlające ze spadochronem oraz naboje specjalne z gazem obezwładniającym.

W Polsce do pistoletu sygnałowego wz. 1944 opracowano specjalną nasadkę umożliwiającą wystrzeliwanie rakiet ratowniczych niosących linę. Stosuje się

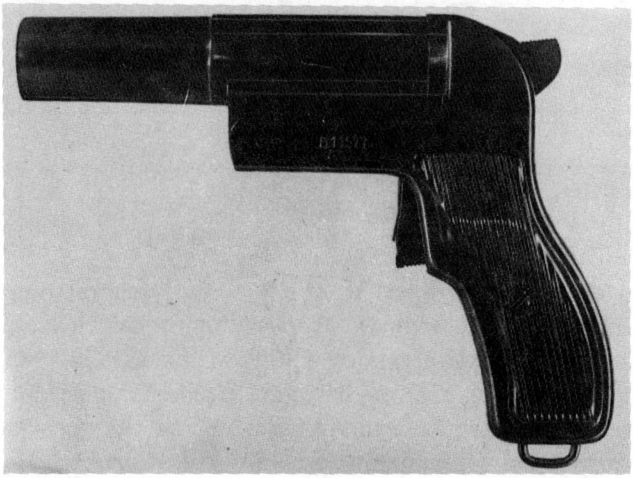

Rys. 8.1. 26 mm pistolet sygnałowy wz. 1944

wtedy specjalny nabój wypełniony prochem czarnym, którego odpalenie powoduje zapalenie silnika rakiety ratowniczej. Urządzenie ma zastosowanie w ratownictwie wodnym i górskim.

Inną ciekawą modyfikacją tego pistoletu jest opracowane przez zespół naukowców z Wojskowej Akademii Technicznej w Warszawie urządzenie do miotania i rozwijania elementów powierzchniowych. Urządzenie to w formie lejkowatej nasadki przytwierdzonej do lufy pistoletu sygnałowego umożliwia

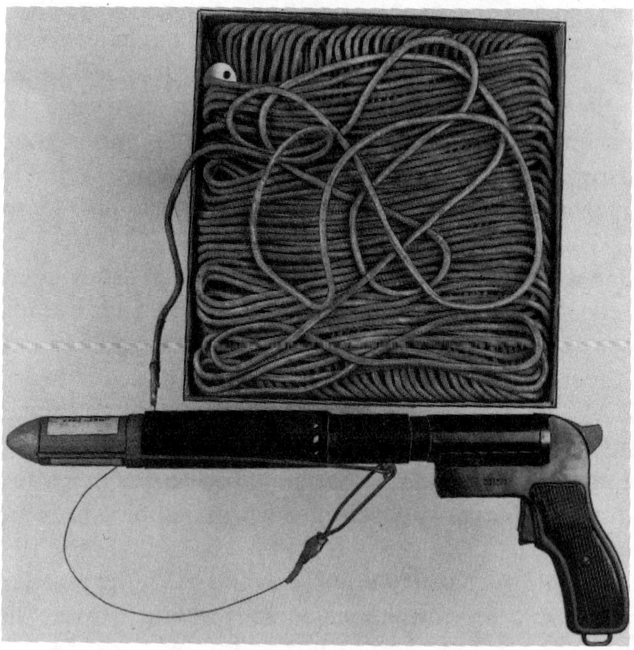

Rys. 8.2. Pistolet sygnałowy wz. 1944 z nasadką do wystrzeliwania rakiet ratowniczych

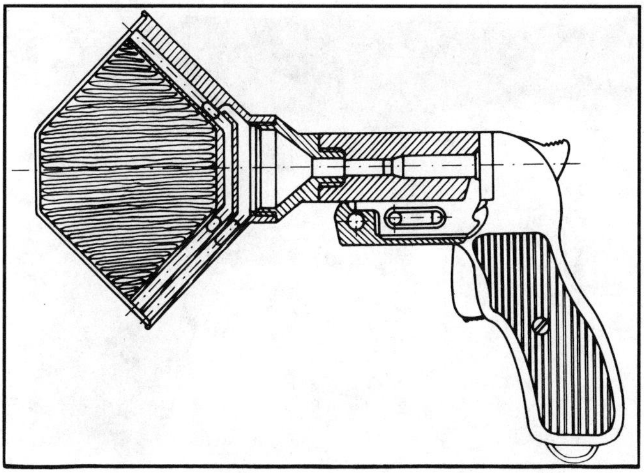

Rys. 8.3. Przekrój pistoletu sygnałowego wz. 1944 z siatkowym urządzeniem obezwładniającym

wystrzeliwanie tkaninowych siatek obezwładniających. Nabojem miotającym jest tu 7,62 mm nabój ślepy wz. 1943, którego gazy prochowe przechodząc przez zespół kanałów rozmieszczonych skośnie na obwodzie nasadki, powodują wyrzucenie ciężarków, te zaś rozlatując się rozciągają sieć, która spadając na atakowaną osobę, znacznie ogranicza swobodę jej ruchów. Skonstruowany w kraju siatkowy zestaw obezwładniający (SZO) umożliwia wystrzeliwanie na odległość do 5 m siatek o średnicy 1,5 m, motających napastnika tym skuteczniej, im jest on bardziej agresywny.

Pistolet sygnałowy wz. 1978

Na początku lat siedemdziesiątych polscy konstruktorzy opracowali nowy wzór pistoletu sygnałowego. Pistolet ten, oznaczony w wojsku jako wz. 1978, jest przeznaczony do nadawania sygnałów świetlnych i dymnych w ratownictwie morskim i lądowym, lotnictwie i działaniach wojskowych. Broń ta zastępuje sukcesywnie używane dotychczas pistolety wz. 1944.

Nowy pistolet sygnałowy wyróżnia się małą masą oraz nowoczesną technologią wykonania, z szerokim zastosowaniem tworzyw sztucznych. Składa się z następujących zasadniczych zespołów:
- zespołu lufy z elementami do jej otwierania i zamykania oraz wyrzucania łusek,
- mechanizmu spustowo-uderzeniowego,
- szkieletu.

Mechanizm uderzeniowo-spustowy jest typu kurkowego, ze stałą iglicą osadzoną na stałe w kurku. Naciśnięcie na spust powoduje zwolnienie kurka

Rys. 8.4. 26 mm pistolet sygnałowy wz. 1978

z zaczepu, który pod wpływem swej sprężyny uderza w spłonkę naboju. Lufa o przewodzie gładkim, osadzona obrotowo w szkielecie za pomocą kółka, jest utrzymywana w położeniu gotowym do strzału przez zwalniacz lufy. Odciągnięcie zwalniacza powoduje „złamanie" lufy i umożliwia wprowadzenie naboju do przewodu lufy.

Podczas opracowywania pistoletu konstruktorzy — inż. Bohdan Szpaderski i inż. Krzysztof Styczyński — położyli duży nacisk na warunki bezpieczeństwa użytkowania broni. Temu celowi ma służyć osłonięcie spustu kabłąkiem oraz wprowadzenie zabezpieczenia przed otwarciem i zamknięciem lufy przy napiętym kurku. Jest to konieczne, aby uniemożliwić oddanie przypadkowego strzału podczas ładowania broni. Rozwiązanie takie uzyskano poprzez nową konstrukcję żerdzi urządzenia spustowego — jest to przedmiot polskiego patentu nr 124305.

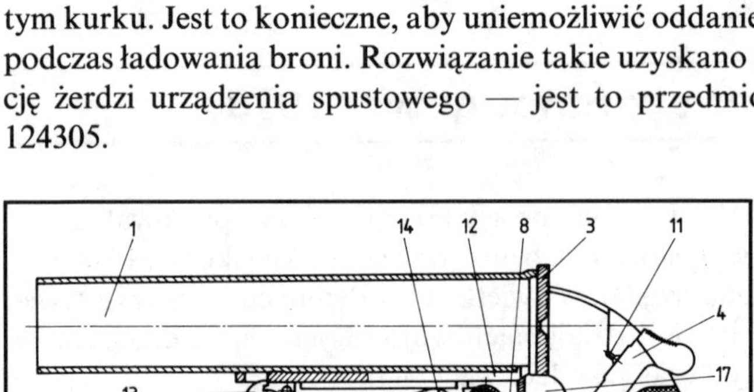

Rys. 8.5. 26 mm pistolet sygnałowy wz. 1978: *1* — lufa, *2* — szkielet (chwyt), *3* — czółko, *4* — kurek, *5* — zaczep, *6* — oś kurka, *7* — spust, *8* — zaczep lufy, *9* — żerdź sprężyny kurka, *10* — sprężyna kurka, *11* — iglica, *12* — wyrzutnik, *13* — popychacz wyrzutnika, *14* — oś spustu, *15* — sprężyna lufy, *16* — oś stopki lufy, *17* — zwalniacz lufy

9
Pistolety maszynowe

Pistolet maszynowy jest to broń samoczynna do strzelania nabojami pistoletowymi ogniem pojedynczym, ciągłym i seriami na odległość 200-300 m. Posiada on cechy karabinu samopowtarzalnego i pistoletu.

Pierwszą próbę skonstruowania pm podjęli Niemcy w 1908 r. Polegała ona na przystosowaniu pistoletu Parabellum do strzelania ogniem ciągłym.

Wybuch I wojny światowej spowodował wzrost zainteresowania lekką, poręczną bronią samoczynną. Pierwszym pm zastosowanym na polu walki był włoski Villar Perosa wz. 1915 użyty w końcu 1916 r. Ze względu na swoją masę i wielką szybkostrzelność nie spełnił jednak pokładnych w nim nadziei. Pod koniec I wojny światowej pojawiły się jeszcze dwa typy pm użytych w niewielkiej ilości. Był to włoski pm Beretta wz. 1918 i niemiecki pm Bergmanna wz. 1918.

W okresie międzywojennym powstało szereg konstrukcji pm. Do najlepszych zaliczano amerykański pm Thompsona i fiński Suomi wz. 1931.

Pistolety maszynowe zdobywały sobie w tym okresie coraz więcej zwolenników. Interwencja amerykańska w Nikaragui, wojna paragwajsko-boliwijska i wojna domowa w Hiszpanii jednoznacznie wykazała wielkie zalety broni tego typu, zwłaszcza w terenie zakrytym i na niewielkiej odległości.

W WP zainteresowano się pm, wbrew powszechnym przypuszczeniom, już w pierwszych latach niepodległości. W fachowej prasie wojskowej pilnie śledzono wszelkie osiągnięcia w tej dziedzinie w innych krajach i zapoznawano kadrę oficerską z pojawiającymi się konstrukcjami.

Jako jeden z pierwszych zwrócił uwagę na konieczność posiadania przez armię polską pm znany fachowiec, Tadeusz Felsztyn. Już w 1923 r. podkreślał on zalety tej broni w walce piechoty. O zaletach pm pisał także kpt. L. Możdżeński na łamach „Przeglądu Artyleryjskiego". W 1928 r. ppłk Aleksander Kiek skrytykował postawę większości oficerów za brak ich zainteresowania problematyką pm. Stwierdził, że strona posiadająca te pistolety może dzięki nim stawić skuteczniejszy opór silniejszemu przeciwnikowi.

Najpełniejszą analizę ich przydatności dał płk inż. Paweł Niewiadomski. Autor podkreślił takie zalety broni, jak małe wymiary, niedużą masę, prostą konstrukcję, niezawodność działania, dużą skuteczność pocisku przeciwko celom żywym, poręczność, zdolność do natychmiastowego otwarcia ognia, łatwość wyszkolenia, niską cenę broni i amunicji. Z wad autor wymieniał małą zdolność przebicia pocisku, stromy tor lotu pocisku i spory rozrzut, przez co skuteczne działanie ograniczało się do odległości 200-300 m. W całym swoim rozumowaniu autor popełnił jednak podstawowy błąd. Widział on mianowicie w pm broń, która mogłaby zastąpić rkm i ckm, a nie element wzmacniający siłę ognia piechoty. Pułkownik P. Niewiadomski uważał za celowe uzbrojenie w pm dowódców działonów w bateriach artylerii, kawalerzystów, żołnierzy oddziałów technicznych, żandarmerię, podoficerów oddziałów taborowych i wartowniczych. Autor postulował jak najszybsze wprowadzenie tej broni w armii polskiej.

Także płk dypl. Stefan Rowecki zwracał uwagę na pm jako znakomity środek walki w mieście oraz dla grup szturmowych.

Głosy te i wiele innych spowodowały wzrost zainteresowania bronią tego typu wśród wyższych oficerów WP. W 1931 r. Finowie zaprezentowali polskim attachés wojskowym w Rydze i Helsinkach swój pm Suomi wz. 1931 zaliczany do najlepszych konstrukcji tego typu na świecie. Jednak, dopiero w czerwcu 1936 r. MSWojsk. zakupiło 20 pistoletów. Z liczby tej połowę przydzielono 1 Dywizjonowi Żandarmerii w Warszawie, pozostałe zaś przekazano do Instytutu Technicznego Uzbrojenia, Centrum Badań Balistycznych i innych placówek naukowych. Ponadto 50 pm Suomi zakupiła dla swoich potrzeb Komenda Policji Państwowej.

W tym samym roku zakupiono około 30 pm Thompsona wz. 1928, z czego 16 przekazano KOP, a pozostałych kilkanaście otrzymała Policja Państwowa.

O wzroście zainteresowania czynników wojskowych w Polsce pm świadczą m.in. kwoty przeznaczone na studia nad bronią tego typu. Gdy w 1934 r. wydano na ten cel 9354 zł, to w 1935 r. już 18 000 zł.

Dalszym krokiem w kierunku podjęcia prac nad własnym modelem było rozpoczęcie wstępnych studiów nad warunkami technicznymi, którym musiała odpowiadać broń tego typu. W tym celu zakupiono i zbadano do połowy 1937 r. szereg zagranicznych pm, m.in. amerykańskiego Thompsona, belgijską Ermę, szwajcarskiego Neuhausena i fińskiego Suomi.

Latem 1937 r. z polecenia pierwszego wiceministra spraw wojskowych gen. bryg. Janusza Głuchowskiego rozesłano wśród inspektorów armii i generałów do prac przy GISZ ankietę z pytaniem na temat przydatności pm w WP. Spośród 12 generałów, którzy przysłali swoje opinie, jedynie gen. bryg. Stanisław Miller wypowiedział się przeciwko. Pozostali wypowiedzieli się za wprowadzeniem — jednak w różnym zakresie i w różnych formacjach.

29.11.1937 r. przeprowadzono w Centrum Wyszkolenia Piechoty w Rembertowie strzelanie pokazowe z zagranicznych modeli pm dla grupy wyższych oficerów. W opracowanym po zakończeniu pokazu referacie stwierdzono ich wysoką przydatność dla wojska. Podkreślono w nim, że pm wzmocniłyby wydatnie siłę ogniową naszej piechoty zarówno w działaniach zaczepnych, jak i obronnych. W referacie zwrócono uwagę na niską cenę broni tego typu, która przy produkcji masowej wyniosłaby ok. 400 zł za szt., co byłoby niezwykle korzystne. Postulowano także, aby w pm zostali wyposażeni jak najszybciej i w pierwszej kolejności dowódcy drużyn w kompaniach zwiadowczych, a następnie dowódcy drużyn i działonów w kompaniach strzeleckich, przeciwpancernych, plutonach broni towarzyszącej i w plutonach artylerii piechoty, licząc po 1 pm na drużynę lub działon.

Pistolet maszynowy Mors

Historia pistoletu maszynowego Mors sięga pierwszej połowy lat trzydziestych, kiedy to inż. Piotr Wilniewczyc i dyrektor Fabryki Karabinów w Warszawie Jan Skrzypiński wyprzedzając decyzje władz wojskowych, opracowali wspólnie projekt broni tego typu. Pod względem funkcjonalnym pistolet ten oceniono dość wysoko, miał jednak bardzo dużą szybkostrzelność wynoszącą ok. 1200 strz./min, co uniemożliwiało celne strzelanie seriami. Występowały także kłopoty z podawaniem naboi z magazynka.

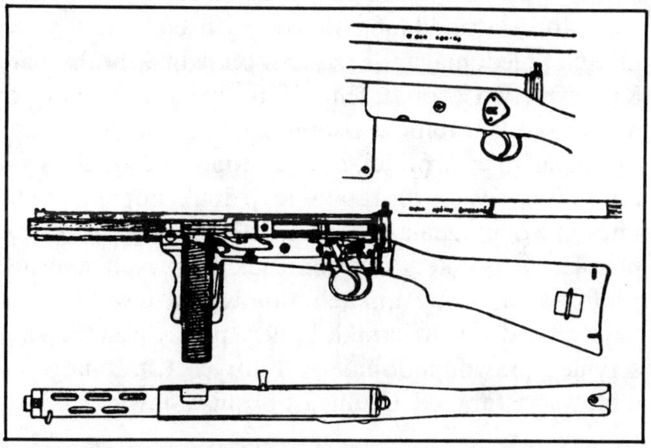

Rys. 9.1. Wczesna wersja pistoletu maszynowego Mors

W celu usunięcia niedomagań konstruktorzy, przy współpracy inż. inż.: Modzelewskiego, Podsędkowskiego, Dworzyńskiego i Potyńskiego opracowali nowy pm, przy którego projektowaniu uwzględnili wyniki badań z bronią zagraniczną oraz założenia taktyczno-techniczne opracowane przez Instytut Techniczny Uzbrojenia. Konstrukcję polskiego pm oparto na rozwiązaniach fińskiego pm Suomi, a dane balistyczne były zbliżone do belgijskiej Ermy.

Prototyp pistoletu, który otrzymał nazwę Mors (łac. *śmierć*), wykonała na początku 1938 r. narzędziownia Fabryki Karabinów w Warszawie. W kwietniu 1938 r. przeprowadzono badania porównawcze Morsa i pm Erma. Wykazały one dobre działanie broni, lecz dużo gorszą celność i większy rozrzut pocisków niż w Ermie. Stwierdzono ponadto, że szybkostrzelność wynosząca 750 strz./min oraz energia odrzutu przy strzelaniu ogniem ciągłym są zbyt duże. Mimo to, dyrekcja Państwowych Wytwórni Uzbrojenia podpisała 13.05.1938 r. umowę z obu konstruktorami na odstąpienie prawa własności za sumę 120 000 zł. Jeszcze przed podpisaniem tej umowy zapadła decyzja zamówienia 36 modelowych pm Mors, w związku z czym przystąpiono do opracowywania rysunków konstrukcyjnych. Tymczasem, konstruktorzy nie skapitulowali przed trudnościami i wprowadzili szereg zmian w konstrukcji pistoletu. Na ich podstawie Fabryka Karabinów wykonała poprawioną wersję broni określoną jako Mors 2. W modelu tym wydłużono lufę i drogę zamka, zmieniono sprężynę powrotną, muszkę i szczerbinkę, celownik cofnięto, zmieniono kolbę i łoże; chwyt broni przesunięto bliżej kolby i umieszczono w nim teleskopową podpórkę. Wskutek zastosowania tych zmian celność broni poprawiła się, była jednak w dalszym ciągu gorsza niż w pm Erma. Dlatego też, w celu ponownego zmniejszenia szybkostrzelności zastosowano w trzecim prototypie pm Mors opóźniacz pneumatyczny oparty na wytwarzaniu próżni za trzonem zamkowym na pierwszych milimetrach jego ruchu powrotnego. W celu sprawdzenia obliczeń teoretycznych w praktyce zamówiono w Fabryce Karabinów 3 egzemplarze Morsa 3 oraz 24 magazynki. Z tego 1 pistolet i 8 magazynków miały być gotowe do 10.01.1939 r.

Morsa 3 poddano intensywnym badaniom w celu wychwycenia nowych usterek i niedomagań. Przeszedł on jednak próby bardzo dobrze, dzięki czemu Kierownictwo Zaopatrzenia Uzbrojenia zamówiło z opóźnieniem, 7.03.1939 r., w Fabryce Karabinów wspomnianych już 36 szt. modelowych. Koszt jednego egzemplarza tej krótkiej serii oceniono na 2500 zł. Wykonanie ich przewidywano do 15.04.1939 r.; nastąpiło to jednak dopiero 3.06.1939 r. Broń otrzymała oficjalnie oznaczenie Mors wz. 1939. Następnie, Departament Uzbrojenia miał przesłać te pistolety do jednostek liniowych w celu ich zaopiniowania i wypróbowania w warunkach polowych. Uwagi na ich temat miały nadejść najpóźniej do października 1939 r., po czym zamierzano przystąpić do produkcji seryjnej, prawdopodobnie w Fabryce Karabinów w Warszawie lub w nowo budowanej fabryce amunicji i broni w Jawidzu.

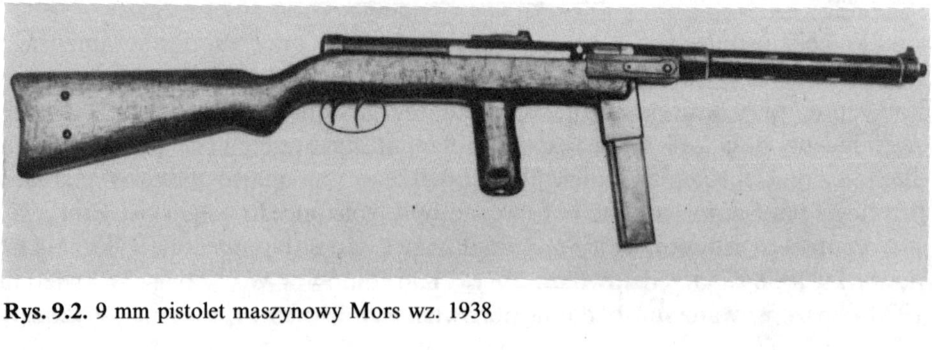

Rys. 9.2. 9 mm pistolet maszynowy Mors wz. 1938

Losy pm wz. 1939 Mors w czasie wojny obronnej były różne. Tuż przed wybuchem wojny w 1939r. pm otrzymała Komisja Doświadczalna przy Centrum Wyszkolenia Piechoty w Rembertowie. Przed ogłoszeniem mobilizacji, na rozkaz komendanta CWPiech. gen. B. Olbrychta, część Morsów wydano 3. Samodzielnemu Baonowi Piechoty z Rembertowa, a część otrzymała kompania sztabowa 39. DPrez. Każdy z żołnierzy otrzymujący Morsa dostał także po 2 specjalne parciane ładownice — każdą na 4 magazynki.

3. SBP. pod dowództwem ppłk. M. Wiereńskiego, wchodzący w skład Mazowieckiej BK, znajdował się od 28.08.1939r. na granicy z Prusami Wschodnimi w rejonie Chorzeli, gdzie stoczył pierwszą walkę. Dalej szlak bojowy 3. SBP prowadził przez Przasnysz, walki nad Narwią, prawobrzeżne Mazowsze i obronę Warszawy.

39. DPrez. pod dowództwem gen. bryg. B. Olbrychta została zmobilizowana w dniach 8-11 września w rejonie Siedlec, Białej Podlaskiej, Radomia i Zamościa. Dywizja walczyła w rejonie Krasnegostawu, Zamościa, Cześnik, Barchaczowa i Krasnobrodu. 27 września po nieudanych próbach wyjścia z okrążenia 39. DPrez. złożyła broń w rejonie Szopowego.

Dwa pm Mors znajdowały się od maja 1939 r. na stanie nowo utworzonego w Bydgoszczy Wojskowego Ośrodka Spadochronowego. Były użyte m.in. 2 sierpnia podczas ćwiczebnego desantu w rejonie Zielonki.

Po wybuchu wojny WOS przeniesiono do Małaszewicz k. Brześcia n. Bugiem, gdzie znalazły się prawdopodobnie oba Morsy. Kilka Morsów zostało w pierwszych dniach września wywiezionych z Fabryki Karabinów w Warszawie na Wołyń i ślad po nich zaginął. Podobno w okresie okupacji jeden Mors znajdował się na wyposażeniu partyzanckiego oddziału AK ppor. Nerwy.

Przydzielone wojsku w 1939 r. pm miały spełniać określone zadania. Przeznaczenie ich i moment użycia określono jako „... wsparcie ogniem maszynowym po komendzie: Bagnet na broń, gdy co drugi żołnierz musiał na kilkanaście sekund przerwać strzelanie...”.

Morsy były otoczone ścisłą tajemnicą wojskową. Podczas wręczania broni żołnierzom instruowano ich, że żaden pistolet nie może wpaść w ręce wroga. Warto podkreślić, iż otoczenie Morsa ścisłą tajemnicą wojskową uniemożliwiało Fabryce Karabinów przystąpienie do ogłoszonego przez Rumunię w 1939 r. konkursu na pistolet maszynowy. Dyrekcja FK chciała zdemonstrować Rumunom Morsa 3, lecz MSWojsk. wyraziło zgodę na pokazanie najstarszej wersji.

Na skutek starannego ukrycia pm przez posiadających je żołnierzy przez wiele lat nie udało się odnaleźć w Polsce żadnego egzemplarza Morsa. Brak sukcesów podczas poszukiwań w kraju spowodował ich podjęcie poza granicami Polski. Zakończyły się sukcesem, gdyż okazało się, że dwa Morsy znajdują się w Centralnym Muzeum Sił Zbrojnych ZSRR w Moskwie. Dzięki wymianie międzymuzealnej jeden egzemplarz o numerze 38 przekazano w sierpniu 1983 r. do Muzeum Wojska Polskiego w Warszawie.

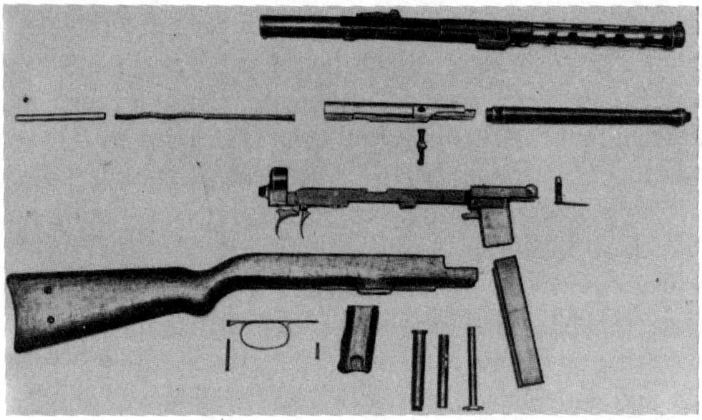

Rys. 9.3. Podstawowe części i zespoły pistoletu maszynowego Mors

Pistolet maszynowy Mors był bronią automatyczną, chłodzoną powietrzem, o odrzucie swobodnego zamka. Lufa w czasie strzału była nieruchoma. Masa lufy została tak dobrana, aby nawet przy bardzo intensywnym ogniu rozgrzewanie się jej nie wpływało ujemnie na zużycie, dlatego była stosunkowo ciężka. Osłona lufy zabezpieczała strzelca przed poparzeniem. W warunkach polowych istniała możliwość szybkiej wymiany lufy. W tym celu wystarczyło obrócić ramię łącznika po prawej stronie pistoletu o 180°.

Możliwość wymiany lufy w warunkach polowych stawiała Morsa wyżej od większości zagranicznym pm, w których lufy można było wymieniać tylko w warsztacie. Ta właściwość Morsa umożliwiała, przy jednej lufie zapasowej, prowadzenie ognia przez czas teoretycznie nieograniczony. Według Wilniewczyca Mors posiadał hamulec wylotowy. Inną jego zaletą było to, że chwyt przedni, długość kolby i położenie środka ciężkości broni, tak dobrano, po specjalnych studiach, aby zapewnić jak najlepszą celność. W celu uzyskania lepszej celności z pozycji leżącej broń zaopatrzono w teleskopową podpórkę chowaną w uchwycie.

Pistolet można było w bardzo prosty sposób rozłożyć na 7 podstawowych zespołów przez obrócenie dźwigni znajdującej się po prawej stronie pm ku dołowi i wyciągnięcie jej. Pistolet posiadał 2 języki spustowe, z których przedni służył do ognia ciągłego, tylny zaś do pojedynczego. Pozwalało to na uniknięcie błędów przy operowaniu zmieniaczem ognia.

Broń zabezpieczało się przez wprowadzenie rączki zamka w wycięcia znajdujące się w tylnej części komory zamkowej. Mors posiadał urządzenie zwalniające automatycznie magazynek po wystrzeleniu ostatniego naboju. Trzon pozostawał w tylnym położeniu i naciskał dźwignię powodującą wypadanie magazynka. Włożenie nowego magazynka osadzało trzon na zębie zaczepu spustowego, czyniąc tym samym broń gotową do strzału. Jak podaje Wilniewczyc, jedna z wersji Morsa (przedstawiona na szkicu) posiadała specjalną dźwignię na uchwycie, która po odpowiednim nastawieniu powodowała tylko częściowe wysuwanie się magazynka. Można go było wtedy usunąć jednym szarpnięciem.

Broń charakteryzowała się dużą odpornością na zanieczyszczenia. Pociski cechowała duża siła przebicia. W zachowanym w Centralnym Archiwum Wojskowym w Rembertowie dokumencie podano, że pocisk przebijał z odległości 300 m drzewo o grubości 13 cm, a z odległości 600 m — 7 cm. Według Wilniewczyca Mors był pod względem manipulacji i niezawodności lepszy od znanych zagranicznych pistoletów maszynowych.

Obecnie posiadamy 4 różniące się znacznie od siebie dane techniczne Morsa. Aby umożliwić Czytelnikom porównanie, podajemy je wszystkie.

Tablica 9.1. Dane techniczne pistoletu maszynowego Mors

Dane	Wg P. Wilniewczyca	Wg „The Worlds Submachine Guns"	Wg oryginalnego opisu archiwalnego	Egzemplarza nr 38
Kaliber [mm]	9	9	9	9
Nabój	Parabellum polski	Parabellum polski	Parabellum polski	Parabellum polski
Długość broni [mm]	840	828	930	970
Długość lufy [mm]	ok. 250	245	295	300
Masa broni z pełnym magazynkiem [g]	4410	4350	4665	—
Masa broni bez magazynka [g]	ok. 3900	3870	4200	4250
Masa magazynka bez naboi [g]	ok. 135	—	165	—
Szybkość początkowa pocisku [m/s]	395	—	400	—
Energia wylotowa [kGm]	ok. 60	—	65	—
Szybkostrzelność [strz./min]	400	—	500-550	—
Nastawy celownika [m]	100 i 200	—	50-600	—
Pojemność magazynka [szt.]	25	25	25	—

Inne konstrukcje pistoletów maszynowych

Niezależnie od pm Mors istniał również prawdopodobnie prototyp innego pm — świadczą o tym wspomnienia płk. dr. Tadeusza Felsztyna zamieszczone na łamach londyńskiej „Bellony". Autor pisze tam: „Sprawa pistoletu maszynowego, choć w zasadzie nietrudna (mieliśmy kilka zupełnie dobrych modeli, m.in. jeden projektu ppłk. Władysława Ostrowskiego), nigdy nie doczekała się rozwiązania. Po prostu w ówczesnej koncepcji walki była to raczej broń pomocnicza, uzbrojenie gońców, żołnierzy łączności, którzy mogli nagle spotkać się z jakimś silnym patrolem nieprzyjacielskim. Wobec wielu ważniejszych zagadnień sprawę tę nieustannie odkładano. Jednak, wojna okazała — niesłusznie". Należy tu dodać, że ppłk Władysław Ostrowski był wybitnym znawcą broni maszynowej, zaś w 1930 r. ukazała się jego książka pt. „Karabiny maszynowe". Praca ta do dziś stanowi jedno z najbardziej kompetentnych i wyczerpujących źródeł informacji dotyczących broni samoczynnych tamtego okresu.

Jeszcze innym ciekawym rozwiązaniem, które jednak do wybuchu wojny nie doczekało się praktycznej realizacji, był pm do działań specjalnych oznaczony skrótem pmd (pistolet maszynowy dywersyjny). Powstanie koncepcji tej broni sięga przełomu lat 1938/1939; wtedy to właśnie w Sztabie Głównym w ramach przygotowywania planu operacyjnego wojny z Niemcami zapadła decyzja użycia na zapleczu wroga dobrze wyszkolonych i odpowiednio wyposażonych grup dywersyjnych. W tym też celu zainicjowano odpowiednie prace konstrukcyjne nad stworzeniem specjalnego wyposażenia tych grup. Obejmowały one budowę małogabarytowego sprzętu łączności, różnego typu materiałów i środków minerskich oraz przygotowanie niezbędnego uzbrojenia. W Centralnym Archiwum Wojskowym zachował się dokument z 24.02.1939 r. opracowany w Instytucie Techniki Uzbrojenia, zawierający założenia konstrukcyjne pm przeznaczonego dla dywersji pozafrontowej. Zakładano, że broń powinna się charakteryzować następującymi cechami:

— łatwością przenoszenia w ukryciu pod ubraniem,
— znaczną niezawodnością działania,
— dużą celnością,
— możliwie największym zasięgiem strzału.

Ponadto, w piśmie wymieniono 18 punktów szczegółowych wytycznych konstrukcyjnych. Brak zachowanych materiałów archiwalnych nie pozwala na ustalenie, jak daleko były zaawansowane prace nad prototypem. Można jedna przypuszczać, że były one prowadzone, bowiem w piśmie Biura Badań Technicznych Broni Pancernej z 21.07.1939 r. skierowanym do dowódcy broni pancernej w związku z żądaniem wyposażenia czołgów w dodatkową broń maszynową (chodziło o pm) można znaleźć taki akapit: „Obecnie jest w opracowaniu inny model pistoletu maszynowego, ale sztuka modelowa będzie wykonana za około 4 miesiące". W 40 dni później wybuchła wojna.

10
Powojenne konstrukcje pistoletów maszynowych

Niemal bezpośrednio po zakończeniu działań wojennych w Polsce przystąpiono do tworzenia podwalin przemysłu zbrojeniowego oraz niezbędnej bazy dla remontu sprzętu uzbrojenia znajdującego się w jednostkach. Organizując przemysł krajowy, oparto się na doświadczeniach przemysłu radzieckiego i uruchomiono produkcję broni na podstawie dokumentacji licencyjnej. Uzyskano w ten sposób niezbędny zasób doświadczeń oraz stworzono warunki do rozwoju kadry specjalistów zdolnej do podjęcia produkcji wielkoseryjnej. Przedsięwzięcia te pozwoliły na rozpoczęcie w kraju licencyjnej produkcji radzieckich pm systemu PPS wz. 1943.

Broń tę, skonstruowaną przez A.J. Sudajewa, wprowadzono do uzbrojenia armii radzieckiej w 1943 r. Cały pistolet składał się z następujących głównych części i zespołów: lufy, osłony, sprężyny powrotnej, komory spustowej, kolby i magazynka. Ponadto do każdego pistoletu należały 2 ładownice z 6 magazynkami (po 3 magazynki w każdej), olejarka i składany wycior.

Samoczynne działanie broni polegało na odrzucie zamka swobodnego. Zasilanie następowało z dwurzędowego magazynka łukowego o pojemności 35 naboi. Strzelanie prowadzono z zamka otwartego, gdyż broń nie posiadała przełącznika rodzaju ognia. Ogień pojedynczy można było uzyskać tylko przez krótkie ściąganie języka spustowego. Przyrządy celownicze składały się ze słupkowej muszki umieszczonej w osłonie i celownika przerzutowego. Bezpiecznik unieruchamiał zamek zarówno w przednim, jak i w tylnym położeniu. Ruch zamka w tylnym położeniu był amortyzowany przez zderzak. Sprężyna powrot-

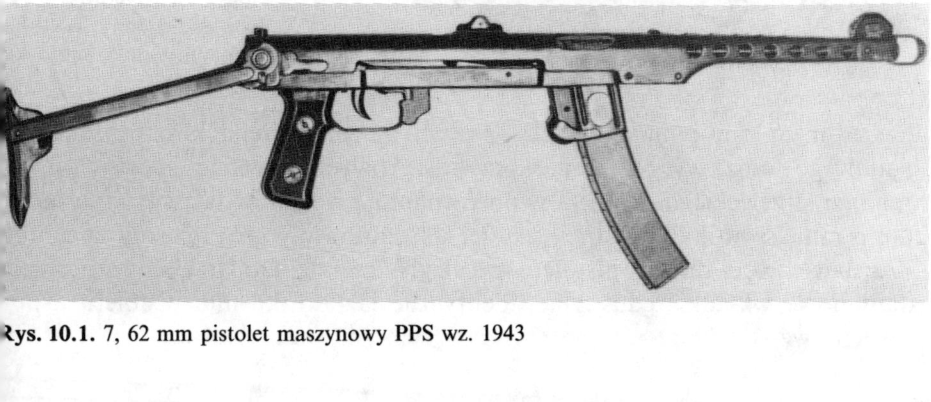

Rys. 10.1. 7, 62 mm pistolet maszynowy PPS wz. 1943

na umieszczona niesymetrycznie względem osi zamka posiadała żerdź, które przedni koniec służył jako wyrzutnik. Pokrywa komory zamkowej tworzyła całość z osłoną lufy i była zakończona osłabiaczem odrzutu i podrzutu, co znacznie zwiększało skupienie pocisków przy ogniu seryjnym. Broń wyposażono w metalową kolbę składaną na komorze zamkowej. Pistolet był prosty i niezawodny, a pod względem technologii wykonania stanowił wzór umiejętnego projektowania broni.

Pierwsze pm PPS wz. 1943 opuściły zakłady produkcyjne w 1948 r., jednak pełny rozruch produkcji w kilku zakładach nastąpił dopiero w 1951 r. Oprócz wersji bojowej 7,62 mm pistoletu PPS w mniejszej ilości produkowano również w Polsce jego treningową odmianę — kal. 5,6 mm. Użycie amunicji sportowej

Rys. 10.2. Wylot lufy pistoletu maszynowego PP wz. 1943. U góry wersja ka 5,6 mm, u dołu wersja ka 7,62 mm

bocznego zapłonu typu *long rifle* pozwalało na zmniejszenie kosztów szkoleni ogniowego oraz wykorzystanie przykoszarowych strzelnic sportowych d treningu strzeleckiego. Broń ta w porównaniu z wersją podstawową posiadał lufę o mniejszym kalibrze oraz inaczej ukształtowany grot igliczny w zamku pozostałe części i zespoły pistoletu nie uległy zmianie. Do strzelania stosowan aluminiowe wkładki redukcyjne, identyczne jak do 5,6 mm pistoletu „spor towego” wz. 1933.

Rys. 10.3. 7,62 mm pistolet maszynowy PPS wz. 1943/52

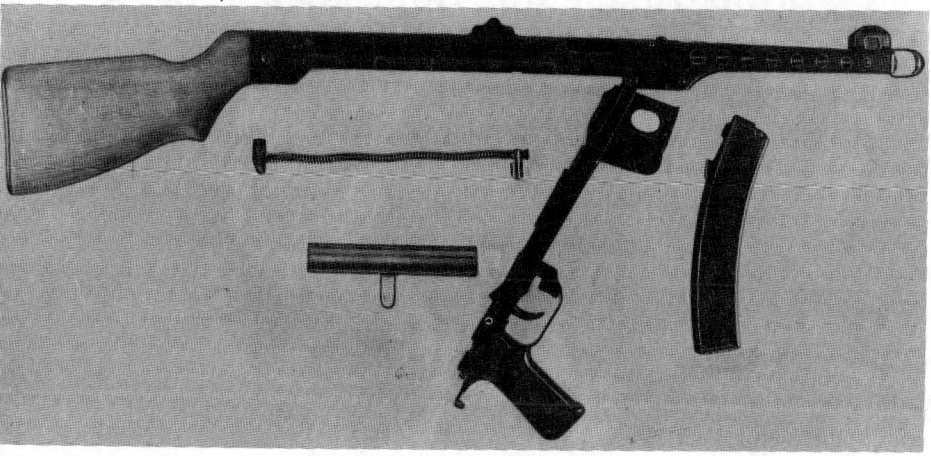

Rys. 10.4. Podstawowe zespoły pistoletu PPS wz. 1943/52

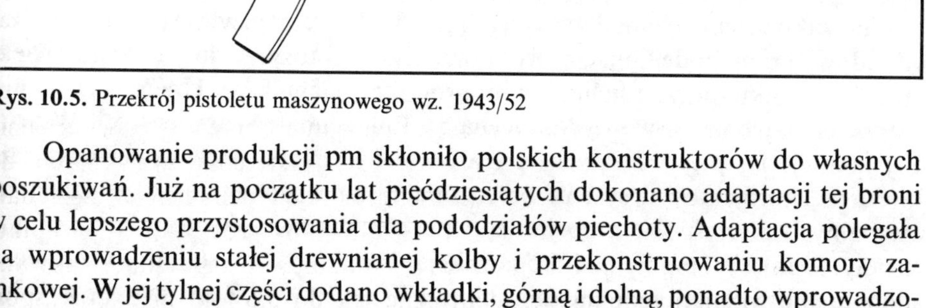

Rys. 10.5. Przekrój pistoletu maszynowego wz. 1943/52

Opanowanie produkcji pm skłoniło polskich konstruktorów do własnych poszukiwań. Już na początku lat pięćdziesiątych dokonano adaptacji tej broni w celu lepszego przystosowania dla pododziałów piechoty. Adaptacja polegała na wprowadzeniu stałej drewnianej kolby i przekonstruowaniu komory zamkowej. W jej tylnej części dodano wkładki, górną i dolną, ponadto wprowadzono dwa otwory dla kołka mocującego komorę zamkową oraz otwór do wkręcania kolby. Zmieniono również zaczep otwierania komory zamkowej, którego zgięcie zwrócono do dołu.

W pistolecie zastosowano drewnianą kolbę z wycięciem na tylne ucho pasa nośnego, zakończoną metalowym trzewikiem z pokrywą. W kolbie znajduje się gniazdo na przybory do czyszczenia i konserwacji broni. W 1952 r. broń weszła do produkcji seryjnej, otrzymując oznaczenie w wojsku jako 7,62 mm pm wz. 1943/52.

Konstrukcje inż. Bolesława Jurka

Inżynier Bolesław Jurek (ur. 14.01.1904 r. — zm. 27.09.1971 r.) należał do czołowych polskich konstruktorów broni strzeleckiej. Po ukończeniu w 1923 r. gimnazjum w Końskich rozpoczął studia w Wyższej Szkole Budowy Maszyn M. Wawelberga w Warszawie. W 1928 r. podjął pracę w Warszawskiej Fabryce Karabinów, w której początkowo pracował jako konstruktor, później zaś objął stanowisko starszego konstruktora. Z tego też okresu datują się jego pierwsze samodzielne konstrukcje, jak: lotniczy karabin maszynowy PWU wz. 1933 oraz synchronizator pozwalający na prowadzenie ognia uzgodnionego z obrotami łopat śmigła. Jednocześnie uzupełniał swą wiedzę w czasie stażów i praktyk odbywanych we francuskich fabrykach broni oraz uczęszczając na wykłady sekcji uzbrojenia Politechniki Warszawskiej. W 1935 r. B. Jurek został kierownikiem działu konstrukcji broni małokalibrowej w fabryce karabinów, kontynuując prace nad lotniczą bronią pokładową. W latach 1936-1939 konstruktor przystąpił do prac nad najcięższymi karabinami maszynowymi. Opracowany przez niego 20 mm nkm FK wz. 1938 (model A), omówiony w dalszej części książki, charakteryzował się prostą budową oraz przewyższał swymi walorami i skutecznością karabiny tak renomowanych firm, jak: „Oerlikon" czy „Madsen". Wybuch wojny nie pozwolił jednak na szersze wprowadzenie tego typu broni do wyposażenia armii.

Po zakończeniu działań wojennych inż. B. Jurek włączył się czynnie w nurt odbudowy kraju, podejmując pracę w przemyśle motoryzacyjnym. Wniósł wiele pracy i wysiłku przy uruchomieniu produkcji ciągników Ursus. Następnie rozpoczął pracę naukowo-dydaktyczną na Politechnice Warszawskiej. W drugiej połowie lat pięćdziesiątych w Katedrze Mechaniki Stosowanej doc. inż B. Jurek zaprojektował system broni oparty na wspólnej zasadzie działania i wspólnych podzespołach, obejmujący pistolet maszynowy i karabinek samoczynny (lkm). W pracy nad konstrukcją broni wykorzystał doświadczenia zdobyte przy konstrukcji 20 mm nkm FK wz. 1938. Zastosowane w nim oryginalne rozwiązania są szczególnie interesujące w stosunku do konstrukcji pm, w której zasada krótkiego odrzutu lufy i zamka zaryglowanego praktycznie nie jest stosowana.

Brak zachowanych materiałów archiwalnych nie pozwala na pełne odtworzenie historii powstania broni. Tak więc rozdział ograniczono jedynie do opisu zachowanych prototypów. Prototyp pm oznaczony symbolem AJ-56

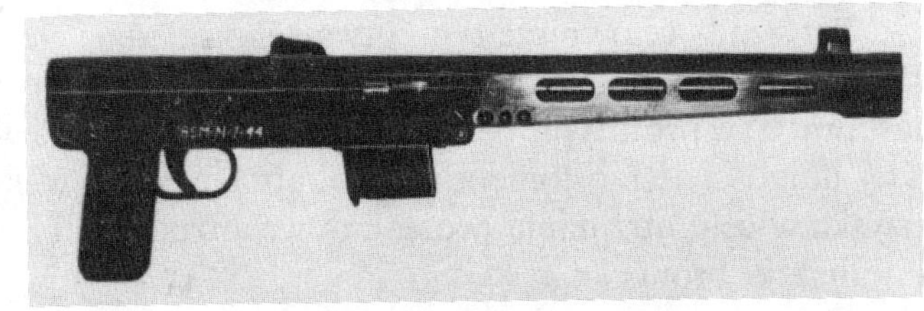

Rys. 10.6. Prototyp pistoletu maszynowego wz. AJ-56 (w zachowanym egzemplarzu brak drewnianej kolby)

działał na zasadzie krótkiego odrzutu lufy. Układ lufa z komorą zamkową-zamek jest ryglowany za pomocą rygla wahliwego poruszającego się w płaszczyźnie pionowej. Odryglowanie układu następuje przez cofnięcie suwadła, co powoduje podniesienie rygla. Ruch suwadła w stosunku do układu lufa-zamek jest wymuszony przez dźwignię cofającą suwadło podczas całego ruchu wstecznego układu. W końcowej fazie ruchu, tuż przed zatrzymaniem lufy następuje rozryglowanie układu (przesunięcie go o ok. 9 mm). Dalszy ruch wsteczny wykonuje już tylko zamek i suwadło. Suwadło pełni tu rolę dodatkowej masy rozłącznej pozwalającej na rozryglowanie układu lufa-zamek. Ruch powrotny powoduje sprężyna działająca na suwadło. Lufa pistoletu jest zaopatrzona we własną dodatkową sprężynę powrotną. Mechanizm uderzeniowy — typu iglicznego — pracuje od energii sprężyny powrotnej. Iglica

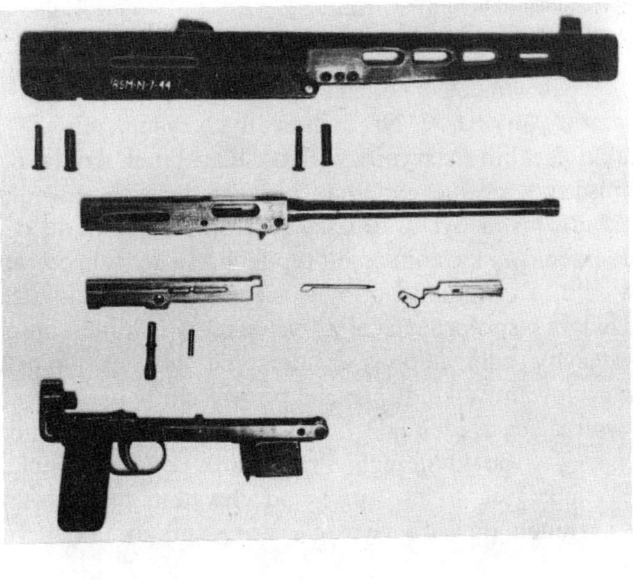

Rys. 10.7. Podstawowe części i zespoły pistoletu wz. AJ-56

umieszczona w zamku jest sztywno połączona z suwadłem. Uderzenie iglicy w spłonkę naboju jest możliwe tylko przy zaryglowanym układzie, po dojściu suwadła wraz z zamkiem w przednie skrajne położenie. Mechanizm spustowy posiada zabezpieczenie przed strzałem przedwczesnym. Skrzydełkowy przełącznik rodzaju ognia służy jednocześnie do zabezpieczania broni i jest umieszczony nad uchwytem z lewej strony pistoletu.

Przyrządy celownicze typu otwartego składają się ze stałej muszki umieszczonej w osłonie i szczerbinkowego celownika przerzutowego o czterech nastawach (w prototypie bez liczbowych oznaczeń odległości). Lufa pistoletu na całej długości jest osłonięta prostokątną osłoną, w której znajdują się dwa łożyska w celu utrzmania prostoliniowego ruchu lufy w czasie działania cyklu automatyki broni.

Broń zaprojektowano i wykonano w 2 wersjach. W pierwszej wersji jest dostosowana do 7,62 mm naboju radzieckiego TT wz. 1930 (7,62 mm × 25), w wersji drugiej natomiast jest możliwe stosowanie 9 mm naboi typu Parabellum (9 mm × 19). Zmiana wersji następuje poprzez wymianę lufy. Pistolet jest zasilany z magazynka pudełkowego o dwustronnym ułożeniu naboi. W wersji kal. 7,62 mm istnieje pełna zamienność magazynków z radzieckim pistoletem maszynowym PPS wz. 1943.

Zachowany prototyp nie posiada kolby, jednak budowa pistoletu wskazuje, że do broni przewidziano stałą kolbę drewnianą.

Dane techniczne:

kaliber	7,62 lub 9 mm	obie lufy wymienne o długości	256 mm
masa broni (bez kolby i magazynka)	2,6 kg	pojemność magazynka	35 naboi
długość broni (bez kolby	525 mm	długość linii celowniczej	340 mm

Rozwinięciem konstrukcji pm był opracowany w 1957 r. 7,62 mm karabinek samoczynny SJ-57. Na zachowanych rysunkach występuje on pod nazwą jako lekki karabin maszynowy (lkm). Karabinek działał na identycznej zasadzie jak opisany wcześniej pm, z tą różnicą, że ruch suwadła w czasie rozryglowania układu broni był tu dłuższy (przesunięcie układu o ok. 11 mm). Mechanizm uderzeniowy karabinka jest typu iglicznego. Iglicę wraz ze sprężyną umieszczono w zamku. Napinanie odbywa się w czasie ruchu wstecznego zamka za pomocą dźwigni współpracującej z występem w osłonie komory zamkowej. Zwolnienie sprężyny uderzeniowej i uderzenie iglicy w spłonkę naboju następuje po zaryglowaniu układu. Rygiel po wejściu w oporę ryglową uruchamia dźwignię zwalniającą zaczep iglicy. Mechanizm spustowy umożliwia prowadzenie ognia ciągłego i pojedynczego. Przełącznik rodzaju ognia, stanowiący również bezpiecznik, jest umieszczony nad chwytem pistoletowym z lewej strony broni. Karabinek posiada wyciąg i wyrzutnik o takiej samej konstrukcji jak pm.

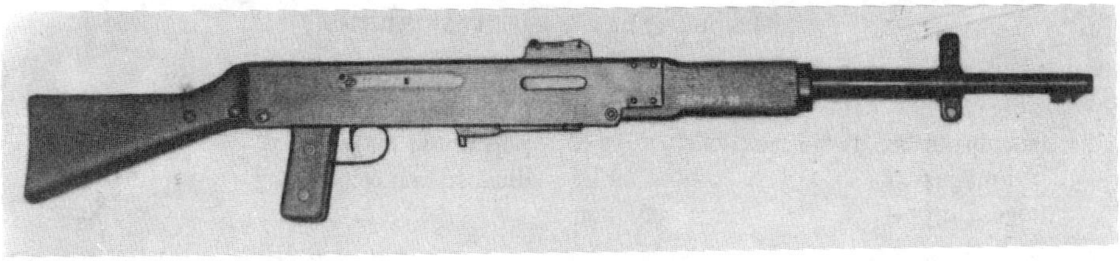

Rys. 10.8. 7,62 mm karabinek samoczynny wz. SJ-57 (w zachowanym prototypie brak magazynka i dwójnogu)

Urządzenie celownicze składa się ze stałej muszki zabezpieczonej bocznymi osłonami i celownika ramkowo-krzywkowego o 9 nastawach (S, 100, 200, 300, 400, 500, 600, 700, 800 m).

Do zasilania broni przewidziano magazynek łukowy dwurzędowy z możliwością zamiany magazynków z radzieckim karabinkiem AK-47. Stała kolba drewniana i chwyt pistoletowy oraz rączka zamkowa połączona z suwadłem są identyczne jak w pm. W celu zachowania lepszej stabilności broni w czasie strzelania przewidziano do karabinka dwójnóg. Opracowany prototyp był dostosowany do 7,62 mm naboi pośrednich wz. 1943.

Broń posiadała szereg wspólnych części i podzespołów z opracowanym wcześniej pm. Rozwiązanie to miało na celu uproszczenie wytwarzania. Opracowanie systemu broni opartego na wspólnej zasadzie działania i wykorzystywania wspólnych podzespołów wybiegało swą ideą w przyszłość, gdyż w następnych latach opracowano za granicą podobne systemy (m.in. Stoner 63 w USA czy karabinek AK i rkm RPK w ZSRR).

Mimo iż opisane wyżej prototypy nie znalazły się w produkcji seryjnej, to z technicznego punktu widzenia stanowią bardzo interesujące rozwiązania.

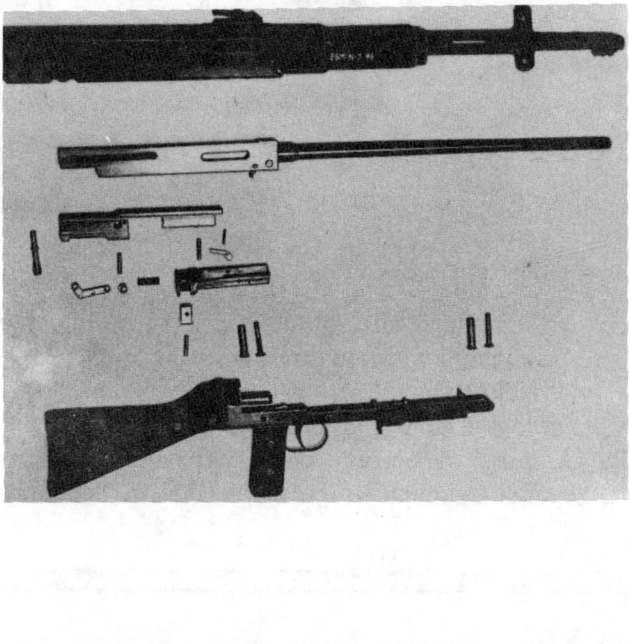

Rys. 10.9. Podstawowe części i zespoły karabinka wz. SJ-57

Dane techniczne karabinka SJ-57:

kaliber	7,62 mm	długość lufy	440 mm
masa broni bez dwójnogu i magazynka	4,69 kg	pojemność magazynka	30 naboi
długość broni	965 mm	długość linii celowniczej	379 mm

9 mm pistolet maszynowy RAK

Przezbrojenie wojsk w karabinki samoczynne na naboje o mocy pośredniej spowodowało, że rola klasycznych pm została znacznie ograniczona. Z drugiej zaś strony zapoczątkowany w połowie lat pięćdziesiątych proces technicyzacji sił zbrojnych wymagał wyposażenia pewnej liczby żołnierzy w broń o małych gabarytach, lecz skuteczności nie ustępującej dotychczas stosowanym pm. Również Ministerstwo Spraw Wewnętrznych zgłaszało potrzebę posiadania lekkiego pm niezbędnego dla służb specjalnych. Wobec braku konstrukcji krajowej MSW zakupiło w b. Czechosłowacji niewielką liczbę pm wz. 26, które znalazły się m.in. w wyposażeniu Biura Ochrony Rządu. Dodatkowym czyn-

Rys. 10.10. 7,62 mm czeski pistolet maszynowy wz. 26

nikiem stymulującym podjęcie prac nad nowym pm były zapoczątkowane prace nad pistoletami wojskowymi przystosowanymi do 9 mm naboju Makarowa.

Projekt wstępny małogabarytowego pm został opracowany w Zakładzie Technologii Ogólnej Politechniki Warszawskiej przez prof. Piotra Wilniewczyca, przy współpracy prof. mgr. inż. Mariana Wakalskiego, mgr. inż. Grzegorza Czubaka i mgr. inż. Tadeusza Bednarskiego. Studium techniczne projektu zawierało analizę parametrów istniejących pm tej klasy, jak również opis tendencji rozwojowych dla tego rodzaju broni na świecie.

W wyniku prac konstrukcyjnych powstał pistolet o wielu śmiałych i niekonwencjonalnych rozwiązaniach technicznych, do których można zaliczyć:

1. Konstrukcję zamka — w przedniej części zakończonego napinaczem spełniającym jednocześnie funcję osłabiacza podrzutu. Rozwiązanie to umożliwiło obsługę broni jedną ręką.

2. Konstrukcję mechanizmu spustowego pozwalającą na zmienianie rodzaju ognia bez stosowania przełącznika zmieniacza.

3. Bardzo łatwą wymianę lufy poprzez zastosowanie grzebieniowego połączenia z chwytem.

4. Małą masę i bardzo małe gabaryty.

Pistolet zaprojektowano na 9 mm nabój Makarowa lub nabój czeski wz. 22 Strakonice (o charakterystyce zbliżonej do naboju Makarowa). Zasada działania

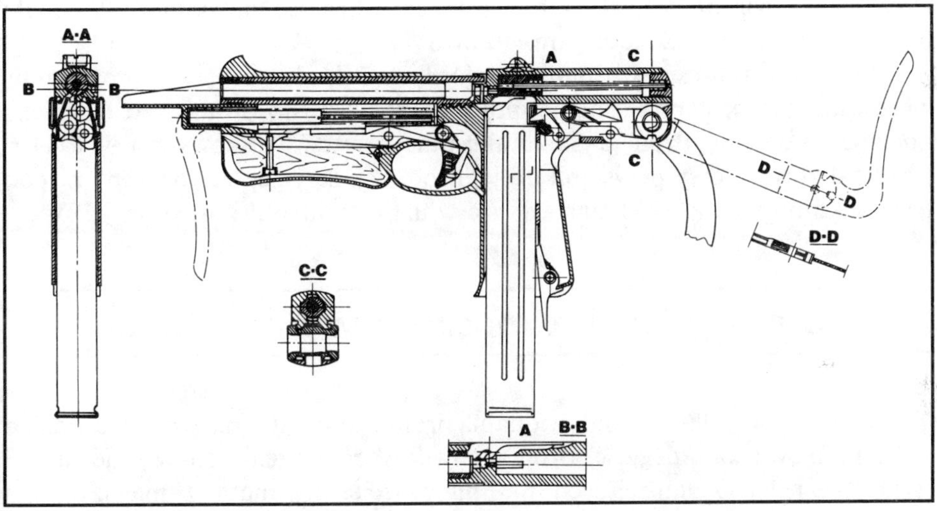

Rys. 10.11. Projekt pistoletu maszynowego RAK, według założeń patentowych

pistoletu polegała na swobodnym odrzucie zamka z opóźnionym ruchem powrotnym. Do zasilania broni przewidywano pudełkowy magazynek o pojemności 25 naboi umieszczony w rękojeści uchwytu. Lewa szczęka magazynka służyła jednocześnie jako wyrzutnik łusek. Broń oprócz rękojeści posiadała chwyt przedni (drewniany) służący równocześnie do podtrzymywania pistoletu ręką przy strzale. Metalowa kolba składana była połączona za pomocą rozciętej tulei. Kolba mogła być ustawiona w 3 położeniach: całkowicie złożona, złożona z odchylonym trzewikiem służącym jako przedni chwyt broni, rozłożona do strzelania z ramienia. Pistolet miał być przenoszony w futerale lub luzem na pasku przewleczonym przez rozciętą tuleję kolby.

Rys. 10.12. 9 mm pistolet maszynowy RAK nr seryjny 008 (zamek w tylnym położeniu)

Po śmierci prof. Wilniewczyca w 1960 r. prace nad prototypem kontynuowano. Broń na etapie prototypu otrzymała roboczą nazwę RAK (Ręczny Automat Komandosów) i uzyskała patent polski nr 53724 udzielony twórcom 20.10.1967 r. Jednocześnie, w prototypie przekonstruowano kolbę, zastępując mało praktyczną kolbę obrotową przez kolbę wysuwaną oraz wyposażono pistolet w składany uchwyt przedni z tworzywa sztucznego. Autorami tego rozwiązania byli inż. inż.: Ryszard Chełmicki i Ernest Durasiewicz. Stanowiło ono przedmiot patentu dodatkowego nr 65722.

Po przeprowadzeniu badań technicznych i eksploatacyjnych prototypów wprowadzono następną zmianę polegającą na zastosowaniu rozdzielnego opóźniacza zamka. Broń uzyskała akceptację władz wojskowych i w 1964 r. przemysł zbrojeniowy przystąpił do jej produkcji seryjnej, zaś od 1965 r., pod nazwą 9 mm pm wz. 1963, znalazła się w uzbrojeniu WP i organów MSW.

9 mm pistolet maszynowy wz. 1963

9 mm pm wz. 1963 jest indywidualną bronią automatyczną przeznaczoną do walki na niewielką odległość. Broń w chwili wprowadzenia do uzbrojenia WP stanowiła jeden z najlżejszych pm na świecie. Jej masa z magazynkiem załadowanym 25 nabojami wynosiła niespełna 2 kg. Działanie pistoletu polega na zasadzie odrzutu zamka swobodnego (ryglowanie masą zamka), lecz w odróżnieniu od klasycznych pm nie posiada on typowej komory zamkowej. Zamek stanowiący zewnętrzną część broni wykonuje w czasie cyklu strzału ruch do przodu i do tyłu.

Broń posiada przyrządy celownicze typu otwartego składające się ze stałej muszki i celownika przerzutowego z nastawą 75 i 150 m. Do zasilania używa się magazynków pudełkowych dwurzędowych o pojemności 25 naboi — magazynek długi i 15 naboi — magazynek krótki.

Konstrukcja umożliwia prowadzenie ognia z jednej ręki lub oburącz z wykorzystaniem wysuwanej metalowej kolby. Również napinanie broni w szczególnych warunkach można wykonać jedną ręką przez oparcie pistoletu

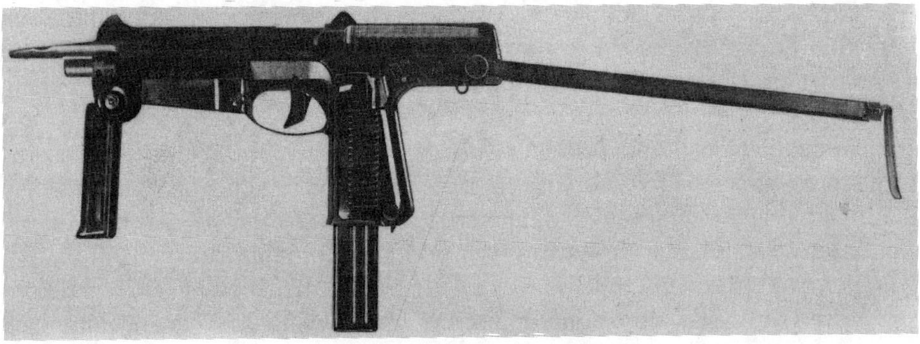

Rys. 10.13. 9 mm pistolet maszynowy wz. 1963 z magazynkiem na 25 naboi, kolba wysunięta, uchwyt przedni otwarty

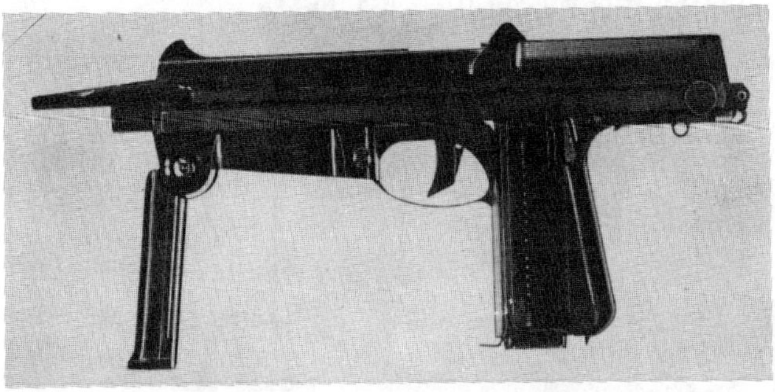

Rys. 10.14. 9 mm pistolet maszynowy wz. 1963 (uchwyt przedni rozłożony)

trzymanego za rękojeść chwytu osłabiaczem podrzutu o oporę, np. ścianę, drzewo lub inny przedmiot i energiczne naciśnięcie do przodu, aż do zatrzymania się zamka na zaczepie dźwigni spustowej. Broń charakteryzuje się zwartością konstrukcji i prostotą obsługi oraz dużą skutecznością, zwłaszcza przy strzelaniu ogniem ciągłym.

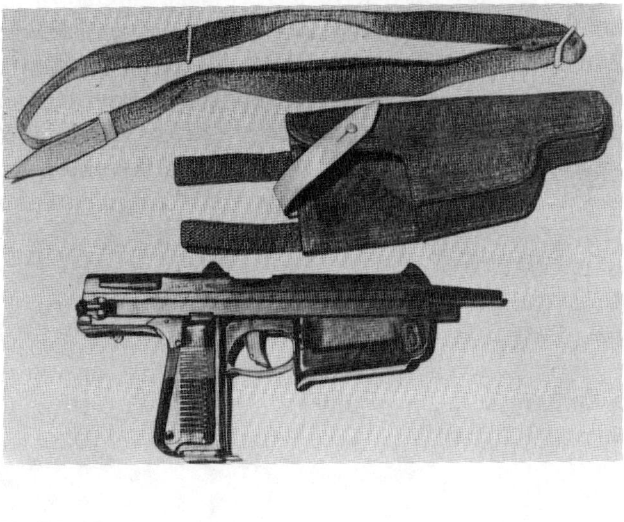

Rys. 10.15. Futerał do pistoletu maszynowego wz. 1963

Częściowe jej rozkładanie trwa około 3 s i nie wymaga użycia dodatkowych narzędzi. Do czyszczenia i konserwacji rozkłada się ją na 5 podstawowych zespołów: zamek, sprężynę powrotną z żerdzią, lufę, szkielet z kolbą i chwytem, magazynek.

W skład wyposażenia pistoletu wchodzi pas nośny, brezentowy futerał oraz torba na magazynki i przybory do czyszczenia i konserwacji. Dla potrzeb MSW i żołnierzy wykonujących zadania specjalne może być stosowany futerał zawieszany na szelkach umieszczonych pod kurtką munduru.

W toku produkcji zmieniono kształt zaczepu magazynka oraz przekonstruowano zatrzask kolby, ponadto broń przystosowano do strzelania amunicją ślepą poprzez wymianę lufy. (Urządzenie do strzelania nabojami ślepymi — patent polski nr 118943 opublikowany 15.06.1983 r. — twórcy Marian Gryszkiewicz i Ryszard Chełmicki).

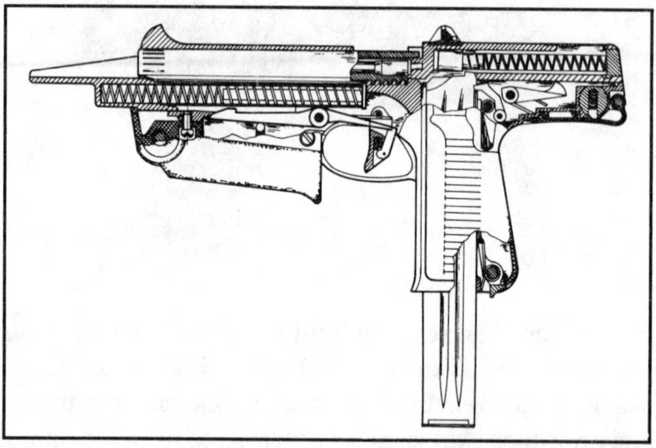

Rys. 10.16. 9 mm pistolet maszynowy wz. 1963

W celu wyeliminowania kłopotliwego ręcznego ładowania naboi w magazynki w Wojskowym Instytucie Technicznym Uzbrojenia skonstruowano specjalną ładowarkę umożliwiającą mechaniczne ładowanie naboi pistoletowych. Zaletą rozwiązania jest znaczne skrócenie procesu ładowania oraz usunięcie niedogodności występujących podczas niskiej temperatury. (Rozwiązanie jest przedmiotem patentu polskiego nr 105659 — twórcy Wawrzyniec Polak i Antoni Słonka). Dużym sukcesem polskich konstruktorów było też przystosowanie w 1971 r. pistoletu wz. 1963 do 9 mm amunicji Parabellum.

9 mm pistolet maszynowy wz. 1984

Na przełomie lat sześćdziesiątych i siedemdziesiątych większość klasycznych pistoletów maszynowych zastąpiono w wielu państwach nowoczesnymi małogabarytowymi pistoletami o dużej skuteczności działania i niewielkiej masie. Nowe konstrukcje charakteryzowały się znacznym uproszczeniem budowy oraz technologii wykonania. Postęp techniczny szeroko wkraczający w sferę uzbrojenia powodował, że do produkcji broni na masową skalę zaczęto stosować stopy lekkie, proszki spiekane oraz tworzywa sztuczne. Czynniki te spowodowały, że pm wz. 1963 wytwarzany tradycyjnymi metodami należało zastąpić bronią bardziej nowoczesną i tańszą. Ponadto, analizując dane eksploatacyjne zebrane w jednostkach wojskowych, stwierdzono, że ruchomy zamek sprawiał trudności w celowaniu, zwłaszcza żołnierzom o niewielkim doświadczeniu strzeleckim. Nie bez znaczenia był fakt, iż miało to pewien wpływ na bezpieczeństwo strzelającego w indywidualnych środkach ochrony przed skażeniami. Bowiem, jak wykazała praktyka, żołnierze ci mieli tendencję do przybliżania twarzy do przyrządów celowniczych, co w konsekwencji mogło się skończyć zbiciem szkła okularu maski przeciwgazowej. Stąd też, w założeniach opracowanych przez Szefostwo Badań i Rozwoju Techniki Wojskowej znalazło się m.in. zalecenie, aby nowy pm posiadał zamek zakryty, tzn. umieszczony wewnątrz broni.

W 1974 r. powołano dwa niezależne zespoły konstrukcyjne, które przystąpiły do realizacji projektu oznaczonego godłem Glauberyt. Zespół pierwszy — konstruktorów Wojskowego Instytutu Technicznego Uzbrojenia — w skła-

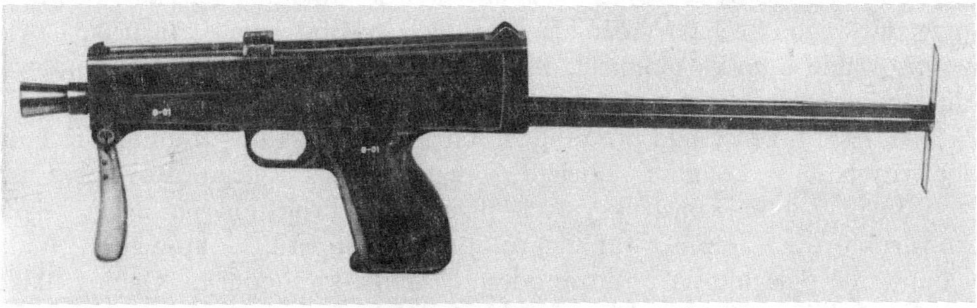

Rys. 10.17. Prototyp 9 mm pistoletu maszynowego Glauberyt

dzie: ppłk Henryk Adamczyk, ppłk Jerzy Okraszewski, ppłk Ryszard Szydłowski, opracował koncepcję 9 mm małogabarytowego pm o oryginalnej konstrukcji. Broń działała na zasadzie wykorzystania odrzutu zamka swobodnego zachodzącego na lufę, przy czym podstawową innowacją było zastosowanie pneumatycznego opóźniacza ruchu zamka. Przewidywano również, że łoże stanowiące całość wraz z chwytem i komorą mechanizmu spustowego będzie wykonane z tworzywa sztucznego — podobnie jak w austriackim pm Steyr

MPi 69. Po wykonaniu prototypów pistoletu w metalu i przeprowadzeniu strzelań próbnych okazało się, że koncepcja i założenia twórców broni zostały w pełni zrealizowane. Zaprojektowany w WITU opóźniacz zamka, działający na zasadzie podciśnienia, pozwalał na zwolnienie zaczepu trzonka zamkowego po przejściu określonej drogi. Pistolet posiadał szybkostrzelność ok. 700 strz./min, przy małej masie części ruchomych. Było to pierwsze tego typu rozwiązanie zaprojektowane w kraju, zapewniające zmniejszenie szybkostrzelności broni o ok. 40%. Do zasilania broni służył prosty magazynek pudełkowy o dwu-

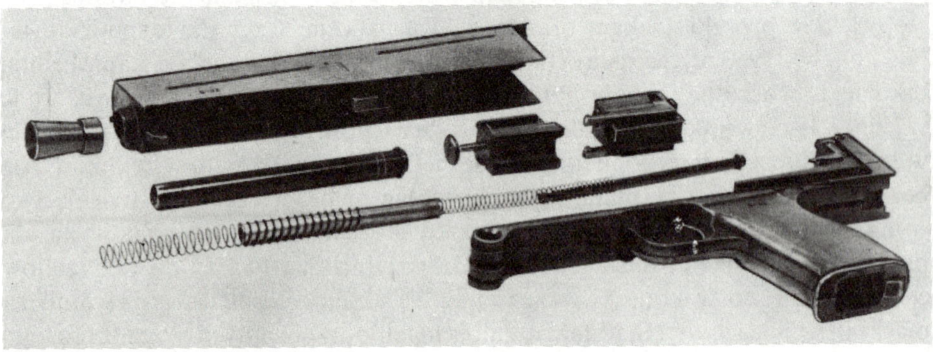

Rys. 10.18. Podstawowe zespoły pistoletu maszynowego Glauberyt

rzędowym ułożeniu naboi, utrzymywany przez zaczep umieszczony w dolnej części chwytu. Z broni, podobnie jak z pm wz. 1963, można było strzelać z jednej ręki lub oburącz z wykorzystaniem rozkładanego przedniego uchwytu i wysuwanej kolby. Przyrządy celownicze składały się z prostokątnej muszki i celownika przerzutowego. Cechą wyróżniającą pistolet spośród innch konstrukcji było zastosowanie tłumika płomieni. Broń charakteryzowała się zwartą budową, dużą poręcznością oraz małą wrażliwością na zanieczyszczenia.

W 1976 r. prace nad prototypem wstrzymano wskutek trudności technologicznych w wykonaniu szkieletu z tworzywa sztucznego. Równocześnie, w jednym z biur konstrukcyjnych przemysłu zbrojeniowego drugi zespół konstruktorów opracował prototyp pistoletu, którego funkcjonowanie polegało na zasadzie odrzutu zamka swobodnego. Ogólny układ broni był zbliżony do izraelskiego pm UZI zaliczanego do najlepszych wzorów uzbrojenia w swojej klasie. W porównaniu z pm wz. 1963 w broni zastosowano zamek zakryty nachodzący na lufę z oknem do wyrzucania łusek, umieszczony wewnątrz komory zamkowej. Rozmieszczenie środka masy zamka nad osią lufy pozwalało na skrócenie długości broni oraz znacznie polepszyło jej stateczność przy strzelaniu ogniem ciągłym. Rozwiązanie takie chroniło również użytkownika broni przed skutkami rozerwania się łuski w przypadku nieprawidłowego odpalenia naboju. Ponadto, w celu usprawnienia technologii produkcji większość elementów wykonano metodą tłoczenia z blach stalowych.

Rys. 10.19. 9 mm pistolet maszynowy wz. 1984

Broń zaprojektowano na 9 mm naboje Makarowa, lecz w razie potrzeby istnieje możliwość jej adaptacji do 9 mm × 19 naboi typu Parabellum. Mechanizm spustowy ma skrzydełkowy przełącznik rodzaju ognia, pełniący również rolę bezpiecznika. Zasilanie w amunicję odbywa się z wymiennych magazynków pudełkowych o pojemności 15 lub 25 naboi. Przyrządy celownicze rozmieszczone na pokrywie komory zamkowej składają się z muszki wraz z jej osłoną oraz celownika przerzutowego z nastawą na 75 i 150 m. Broń wyposażono w metalową wysuwaną kolbę oraz nakładkę z tworzywa umieszczoną w przedniej części komory zamkowej. Można do niej stosować tłumik wystrzałów umożliwiający użycie w działaniach specjalnych.

W wyniku intensywnych i wszechstronnych prób prototypu, oznaczonego początkowo jako wz. 1981, przekonstruowano uchwyt do napinania zamka, zaś w miejsce nakładki wprowadzono składany uchwyt przedni. Broń w tej formie zatwierdzono do produkcji, oznaczając ją jako 9 mm pm wz. 1984.

Tablica 10.1. Dane techniczne powojennych pistoletów maszynowych

Dane	Wzór			
	PPS wz. 1943/52	P-63 RAK	Glauberyt wz. 1973	P-84
Kaliber [mm]	7,62	9	9	9
Długość broni*) [mm]	820	333/583	304,5/539	354/555
Masa broni bez naboi [kg]	3,400	1,600	·	1,810
Prędkość wylotowa pocisku [m/s]	500	320	320	338
Pojemnośc magazynka**) [szt.]	35	15/25	15/25	15/25

*) Długość z kolbą złożoną i rozłożoną.
**) Pojemność magazynka krótkiego i długiego.

11
Karabiny i karabinki

Wojsko Polskie było uzbrojone w 1918 r. w cały szereg typów karabinów pochodzących z magazynów pozostawionych przez zaborców, jak również sprowadzonych do kraju przez oddziały WP przybyłe z zagranicy. Bilans stanu majątkowego na dzień 26.01.1919 r. wykazał, że w armii znajduje się ok. 100 000 kb i 1200 km. Stan ten nie pozwalał na zaspokojenie potrzeb rozbudowujących się sił zbrojnych, a wobec braku własnego przemysłu zbrojeniowego oraz zaistniałej sytuacji politycznej władze wojskowe usilnie poszukiwały źródeł pozysku broni poza granicami kraju. W wyniku podjętych działań utworzono Polską Misję Wojskowych Zakupów w Paryżu. Misja ta w latach 1919-1920 pośredniczyła w zakupie i dostawach ok. 750 000 kb i kbk, 12 000 km oraz kilkudziesięciu tysięcy kb i km nie w pełni sprawnych, a nabytych po cenie złomu. Czynniki te spowodowały, że z chwilą zakończenia działań wojennych w 1921 r., w WP znajdowało się ok. 24 typów kb i 22 typy kbk, co w znacznym stopniu utrudniało proces szkolenia, zaopatrzenia w amunicję, jak rówineż remonty i naprawę broni. Pilnego znaczenia nabrała więc sprawa uporządkowania i ujednolicenia uzbrojenia piechoty.

W czerwcu 1921 r. Rada Wojenna przy Ministrze Spraw Wojskowych przyjęła jako standardowe wyposażenie 7,92 mm kb Mausera wz. 1898. Duży wpływ na tę decyzję miało przyznanie Polsce na mocy traktatu wersalskiego wyposażenia niemieckiej fabryki broni w Gdańsku. Wybrany typ karabinu stanowił jedno z ostatnich opracowań niemieckiego konstruktora broni Paula Mausera (1838-1914). Broń była jak na owe czasy nowoczesna, lecz dość skomplikowana, droga w produkcji i trudna do masowego wytwarzania.

Produkcję kb wz. 1898 uruchomiono w Warszawie w połowie 1922 r. Brak pełnej dokumentacji technicznej, doświadczenia w produkcji broni i odpowiednich kadr specjalistów spowodował, że produkcja w początkowym okresie

Rys. 11.1. 7, 92 mm karabin Mausera wz. 1898

napotkała duże trudności. Jednak do końca roku wyprodukowano 9600 kb, a w następnym roku osiągnięto już zdolność produkcyjną 12 400 kb. Karabiny produkcji polskiej różniły się od niemieckich tym, że łoże było wykonane z drewna bukowego, jednak ustępowały niemieckim pod względem precyzji i jakości wykonania.

Wobec zmiany poglądów taktycznych w wojsku, w marcu 1924 r. Komitet ds. Uzbrojenia i Sprzętu podjął decyzję o zastąpieniu karabina karabinkiem jako bronią lżejszą i bardziej uniwersalną. W tym też roku Państwowa Fabryka Karabinów w Warszawie opracowała model kbk wzorowy na konstrukcji niemieckiego kbk kawalerii typu Mauser wz. 1898a.

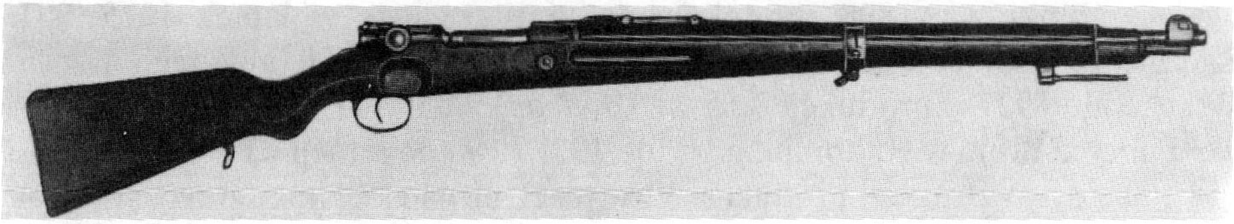

Rys. 11.2. 7,92 karabinek wz. 1898 produkcji Fabryki Karabinów w Warszawie

Między pierwowzorem niemieckim a bronią produkcji polskiej były następujące różnice:

kbk wz. 1898a produkcji niemieckiej	**kbk wz. 1898 produkcji PFK w Warszawie**
koźlik stanowi całość	koźlik z wkręcanym prętem
bączek tylny posiada tylko strzemię boczne stałe	bączek tylny posiada strzemię boczne stałe i strzemię dolne ruchome
ramię celownika zabezpieczone od wypadnięcia 2 śrubami	brak śrub
kabłąk i język spustowy mniejszy	kabłąk i język spustowy jak w kb
śruba przednia główna i tylna posiadają jednakowe główki	główki śrub o odmiennym kształcie
śruby przytrzymujące przednia i tylna jednakowe	śruba tylna większa
rączka zamkowa zgięta w dół o 90° tylny koniec pasa przewleka się przez otwór w kolbie	w ostatnich seriach rączka prosta
brak strzemienia tylnego trzewik o odmiennym kształcie niektóre kbk produkcji wojennej posiadały podstawę do rozbierania zamka	brak otworu, w tym miejscu wgłębienie i przetyczka strzemię tylne ruchome trzewik kolby o innym kształcie

Ponadto, w czasie napraw i remontów posiadane niemieckie kbk wz. 1898a upodabniano do kbk produkcji polskiej. Zmiany polegały na:
— zaklejeniu otworu w kolbie do przeciągania pasa,
— wykonaniu wyżłobienia w kolbie i dodaniu poprzeczki,
— dodaniu strzemienia tylnego,
— wymianie koźlika, w wypadku uszkodzenia, na koźlik produkcji polskiej,
— wymianie trzewika kolby, jeśli stary był zniszczony,
— wymianie bączka tylnego na bączek produkcji polskiej,
— wymianie łoża, jeśli było zniszczone, na łoże produkcji polskiej.

Dlatego też zdarza się, że w zbiorach muzealnych występują kbk produkcji niemieckiej ze znakami lub cechami kbk produkcji polskiej.

Karabinki wz. 1898 produkowano w Warszawie w latach 1925-1931. Łącznie w Fabryce Karabinów wyprodukowano 189 600 kbk tego wzoru. W kwietniu 1927 r. produkcję kbk wz. 1898 uruchomiono również w Państwowej Fabryce Broni w Radomiu, gdzie do 1931 r. w kooperacji z PFK wykonano 158 100 szt. W trakcie produkcji kbk uległ niewielkiej modernizacji. Broń w pierwszych seriach miała:
— oddzielne pierścienie nakładki,
— łoże i nakładkę nie impregnowane, jak również nie wzmacniane kołkami,
— rączki trzonków zamkowych zgięte w dół o 90^0, ścięte od wewnątrz i moletowane.

W późniejszych seriach wprowadzono:
— zamiast pierścienia nakładki — przetoczenie górnej części komory zamkowej,
— wzmocnienie kołkami oraz nasycenie płynem impregnacyjnym łoża i nakładki,
— proste rączki trzonów zamkowych — w ostatnich seriach kbk.

Karabin wz. 1898a

Na przełomie lat 1931/1932 nastąpiła w wojsku ponownie zmiana założeń taktycznych polegająca na tendencji do wydłużenia celowniczego ognia karabinowego na odległość 1200-1500 m. Można to było zrealizować tylko przez ponowne przezbrojenie jednostek piechoty w karabiny długie. Ponieważ produkcji karabinów w Polsce zaniechano w 1924 r., do realizacji tego zamierzenia przystąpiono dopiero w 1936 r. Opóźnienie było spowodowane koniecznością sezonowania drewna przeznaczonego na łoża karabinów, które wynosiło około 3-4 lat.

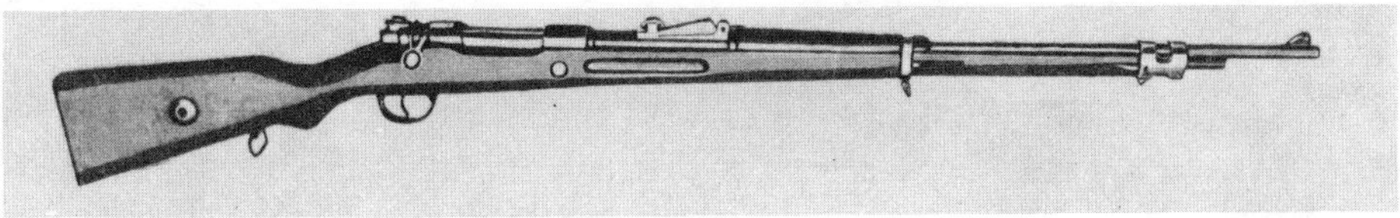

Rys. 11.3. 7,92 mm karabin Mausera wz. 1898a

Nowo produkowany karabin otrzymał oznaczenie kb wz. 1898a; był to w zasadzie kb Mausera wz. 1898, w którym zastosowano zmodyfikowany celownik oraz niektóre ulepszenia identyczne jak w kbk wz. 1929.

Łącznie od 1936 do 1939 r. Państwowa Fabryka Broni w Radomiu wykonała 44 500 kb wz. 1898a.

Adaptacja karabinów Mannlichera wz. 1895 i karabinów Werndla wz. 1873

Z dość znacznej liczby kb Mannlichera wz. 1895 będących w wyposażeniu WP część przerobiono na kbk. Broń ta, przeznaczona dla potrzeb kawalerii i Policji Państwowej, po skróceniu lufy uzyskała m.in. masę większą o ok. 0,1 kg

Rys. 11.4. Strzelanie Policji Państwowej z karabinów Mannlichera

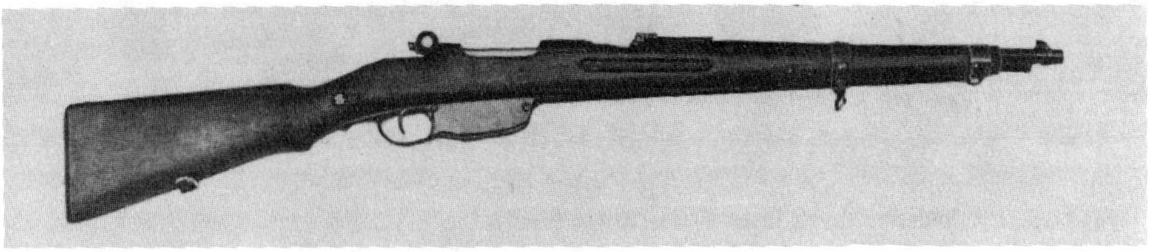

Rys. 11.5. Zachowany w zbiorach MWP w Warszawie karabinek Mannlichera przerobiony z karabinu wz. 1895 w Warsztatach Broni DOG we Lwowie

od kbk produkcji austriackiej, podstawę muszki wykonaną oddzielnie oraz celownik karabinowy z nastawami od 300 do 2600 kroków (oryginalny celownik kbk wz. 1895 prod. austriackiej posiadał nastawę 300-2400). W zbiorach Muzeum Wojska Polskiego w Warszawie znajduje się kbk Mannlichera wz. 1895 przerobiony z kb produkcji Warsztatów Broni DOG we Lwowie. Warsztaty te na początku lat dwudziestych dokonywały ww. przeróbek. Brak jednak bliższych danych o wielkości i rozmiarach tej produkcji.

Ponadto, z pozostałych po armii austro-węgierskiej 11 mm kb jednostrzałowych Werndla wz. 1873 niewielką część adaptowano na kb sygnałowe, część zaś przerobiono przez obcięcie lufy na kbk przystosowane do strzelania amunicją z gazem łzawiącym, przeznaczoną do ćwiczeń w komorach gazowych. Amunicję gazową do tej broni sprowadzano do Polski z Francji, gdzie była produkowana na zamówienie. Na początku lat trzydziestych broń tę jednak stopniowo wycofano z użycia.

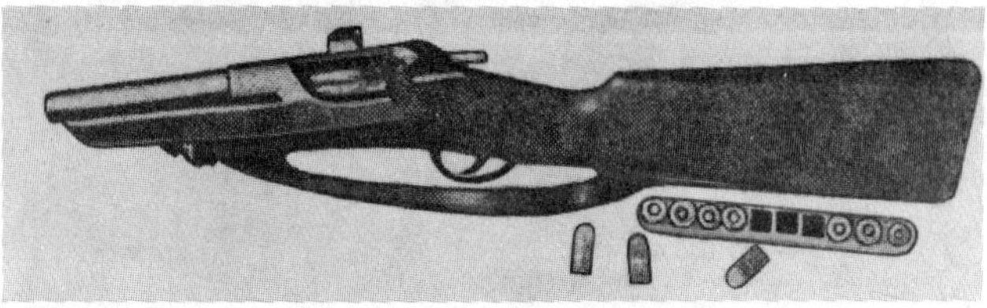

Rys. 11.6. Karabinek przystosowany do strzelania amunicją gazową, przerobiony z karabinu Werndla wz. 1873

Modyfikacja karabinu Mosina wz. 1891

Karabinki wz. 91/98/23 i 91/98/25

W ramach ujednolicania broni i amunicji strzeleckiej w latach 1923-1927 część z posiadanych przez wojsko zasobów rosyjskich kb Mosina dostosowano w Centralnej Składnicy Broni nr 1 w Warszawie oraz w Fabryce Maszyn i Broni „Arma" we Lwowie do 7,92 mm amunicji Mausera.

Karabin rosyjski konstrukcji S.I. Mosina wprowadzono w 1891 r. do uzbrojenia armii rosyjskiej. Posiadał on lufę kal. 7,62 mm i był dostosowany do amunicji z kryzą wystającą. Zamek czterotaktowy składający się z 7 prostych części był ryglowany symetrycznie za pomocą rygli znajdujących się na czole tłoka zaporowego. Dodatkowy rygiel stanowiła rączka trzonka zamkowego. Zasilanie broni następowało z jednorzędowego magazynka pudełkowego wystającego z łoża. W magazynku znajdował się specjalny rozdzielacz-wyrzutnik, który utrzymywał luźno górny nabój i mocno trzymał nabój leżący; wskutek tego urządzenie donoszące działało bardzo sprawnie. Cały kb składał się z 42 części wykonywanych w normalnej produkcji z małą ilością braków.

Broń produkowano w kilku odmianach, głównie jako kb wz. 1891 i kbk wz. 1907, w zakładach w Tule, Sestorecku, Iżewsku oraz w czasie I wojny światowej w USA, w wytwórni Remingtona, i w zakładach w Wielkiej Brytanii.

Adaptacja broni dokonana w Polsce polegała m.in. na przerobieniu kb na kbk, tj. skróceniu lufy o ok. 20 cm. W broni dokonano ponadto następujących zmian:

1. Lufę nawiercono i ponownie przegwintowano, zaś przednią część lufy podtoczono dla pierścienia podstawy muszki na zewnątrz, zaś obtoczono do kształtu lufy kbk wz. 1898. W przypadku znacznego zużycia lufy wymieniano ją na nową produkcji polskiej, którą dostarczała Zbrojownia nr 2.
2. W zamku przerobiono czółko zamka, wyciąg łusek, skrócono również tylną część iglicy.
3. Przy celowniku ramię wyprostowano, pałąk suwaka przygięto, schodki dopiłowano. Po tej operacji liczby na celowniku nie były brane pod uwagę, zaś posługiwano się liczbami umieszczonymi na schodkach (najniższy celownik 300 m, najwyższy 1200 m).
4. Zmieniono rozdzielacz naboi i wyrzutnik.
5. Pudełko magazynka przetłoczono do wymiarów naboi 7,92 mm.
6. Skrócono również łoże kb i nakładkę, a koryto łoża dostosowano do kształtu zewnętrznego lufy, w związku z czym śruba główna przednia i tylna zostały skrócone o ok. 4 mm. Przednią skuwkę łoża zastąpiono bączkiem przednim z nasadą bagnetu, koźlikiem i podstawą koźlika. Pozwalało to na zastosowanie do kbk bagnetu typu nożowego produkcji polskiej lub niemieckiej.
7. Ponadto, na łożu i kolbie dodano dodatkowe strzemiączka dla zamocowania pasa.

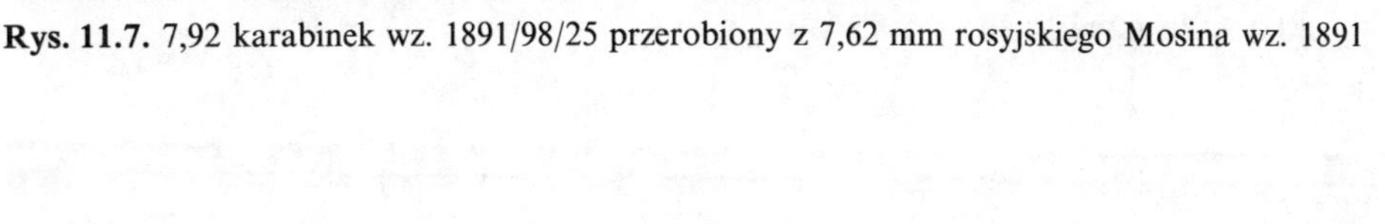

Rys. 11.7. 7,92 karabinek wz. 1891/98/25 przerobiony z 7,62 mm rosyjskiego Mosina wz. 1891

Część tych zmian była spowodowała koniecznością dostosowania elementów broni do odmiennego kształtu łuski naboju Mausera, który nie posiadał wystającej kryzy jak nabój rosyjski; również oryginalny celownik dostosowano do balistyki amunicji polskiej.

Broń w tej wersji otrzymała oznaczenie w WP jako kbk wz. 91/98/23. (W literaturze można często napotkać błędną nazwę jako Mauser polski wz. 91/98/23).

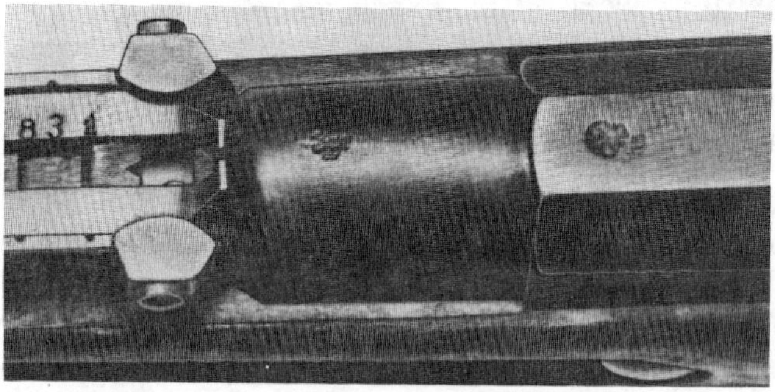

Rys. 11.8. Cecha w postaci godła państwowego wybijana na komorze zamkowej karabinka

W późniejszych przeróbkach kbk wprowadzono niewielkie zmiany polegające na wyeliminowaniu koźlika i zmianie bączka przedniego na bączek kb wz. 1898 z odciętym hakiem oraz wprowadzeniu prętowego wyciora. Broń badano w jednostkach, z których też napłynęły uwagi o zacinaniu się kbk, zwłaszcza przy dosyłaniu naboju i wyciąganiu łuski. W wyniku tych uwag przekonstruowano wyrzutnik oraz obniżono wślizg nabojowy.

Karabinki z wprowadzonymi modyfikacjami otrzymały oznaczenie jako wz. 91/98/25 (niektóre źródła podają jako 91/98/26). Karabinki wz. 91/98/23 i 91/98/25 znalazły się w uzbrojeniu kawalerii, artylerii konnej, żandarmerii, a od 1929 r. były w uzbrojeniu straży granicznej. Ponadto broń ta znajdowała się na wyposażeniu Policji Państwowej.

Po wycofaniu broni z ww. odziałów wojskowych przekazano ją niektórym Batalionom Obrony Narodowej.

Karabinek wz. 1929

W 1929 r. skonstruowano w Polsce nowy kbk, który otrzymał oznaczenie jako wz. 1929. Jego produkcję uruchomiono w 1930 r., w Państwowej Fabryce Broni w Radomiu. W kbk, w porównaniu ze wz. 1898, wprowadzono szereg zmian, do których należały:

— wzmocnienie komory zaporowej,
— skrócenie nasady łoża o 75 mm,

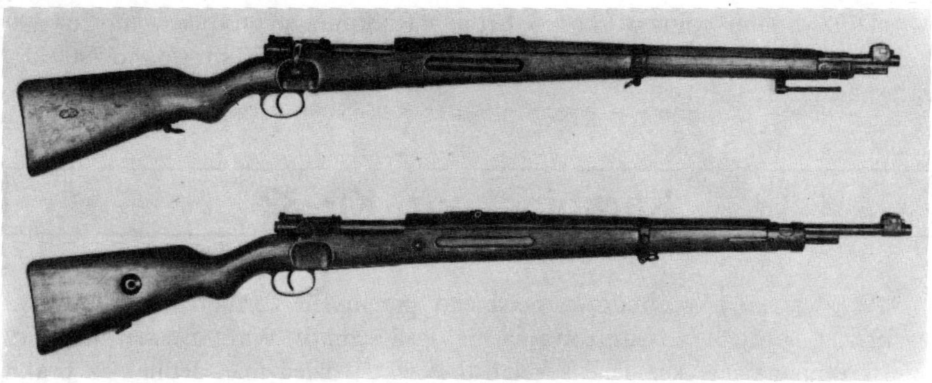

Rys. 11.9. 7,92 mm karabinki. U góry Mauser wz. 1898 produkcji Fabryki Karabinów w Warszawie, u dołu wz. 1929 produkcji Fabryki Broni w Radomiu

— odrzucenie koźlika i wprowadzenie obniżonej nasady bagnetu wraz z wyciorem,
— nieznaczne zmienienie kształtu łoża i nakładki w związku ze zmianą okuć,
— opracowanie nowego kształtu bączka przedniego, który zamiast dwu części był jednoczęściowy z płaską sprężyną,
— przekonstruowanie bączka tylnego,
— wprowadzenie kowadełka do rozbierania zamka, tzw. babki,
— zmienienie trzewika kolby na tłoczony,
— zmienienie konstrukcji strzemienia, śrub i przetyczek w związku ze zmianą okuć,
— zastosowanie dwudzielnej sprężyny zaczepu zamkowego,
— zmienienie kształtu skrzydełek ochraniacza muszki,
— wprowadzenie nowego wzoru bagnetu z pierścieniem jelca.

Jednocześnie, w Zbrojowni nr 2 w Warszawie przerobiono część kbk wz. 1898 produkcji polskiej i niemieckiej kategorii C na kbk wz. 1929, co się jednak wiązało ze znacznymi kosztami (koszt przeróbki 2 kbk wynosił tyle, co produkcja 1 nowego kbk wz. 1929).

W trakcie produkcji kbk opracowano w Polsce nowy stop stali węglowej, z którego zaczęto wyrabiać lufy. Lufa taka charakteryzowała się dużą wytrzymałością, wynoszoną ok. 10 000 strzałów. Ponadto, w celu obniżenia kosztów produkcji, prowadzono próby z łożami wykonanymi ze sklejki bakelitowej. Ponieważ nie osiągnięto zamierzonych rezultatów, w późniejszym okresie wprowadzono z powodzeniem łoża klejone z 2 części.

W porównaniu z kbk wz. 1898 broń miała większą tolerancję wymiarową części, co pozwalało na pełną zamienność elementów. Lepsze było także dopasowanie lufy do łoża, jak również wytrzymałość niektórych zespołów broni, tak że ostatnie serie kbk wz. 1929 charakteryzowały się już starannym wykończeniem i dobrą celnością.

Do wybuchu wojny w Fabryce Broni w Radomiu wyprodukowano 264 300 kbk wz. 1929, z czego za pośrednictwem spółki „SEPEWE" sprzedano 7900 szt. za granicę.

Karabinek wz. KP-32

W związku z rozbudową polskiego przemysłu zbrojeniowego powstał w 1927 r. projekt zorganizowania na Politechnice Warszawskiej Katedry Wojskowej mającej kształcić specjalistów w tej dziedzinie. Jednak, z braku funduszy utworzono jedynie Sekcję Uzbrojenia przy Wydziale Mechanicznym. Absolwentów tej Sekcji obowiązywała praca dyplomowa. W roku akademickim 1930/1931 jednym z tematów do wyboru było „Uproszczenie technologiczne karabinu krajowej produkcji", który to temat otrzymał Józef Maroszek. Wziął on na warsztat kbk wz. 1929.

Opiekunem pracy był ówczesny wicedyrektor Fabryki Karabinów w Warszawie A.W. Karczewski, wykładający jednocześnie w PW. Przedstawiony projekt został pozytywnie oceniony przez promotora, który umożliwił konstruktorowi wykonanie prototypu broni w Fabryce Karabinów, w ramach odbywanego stażu. Model broni wykonano w grudniu 1931 r.

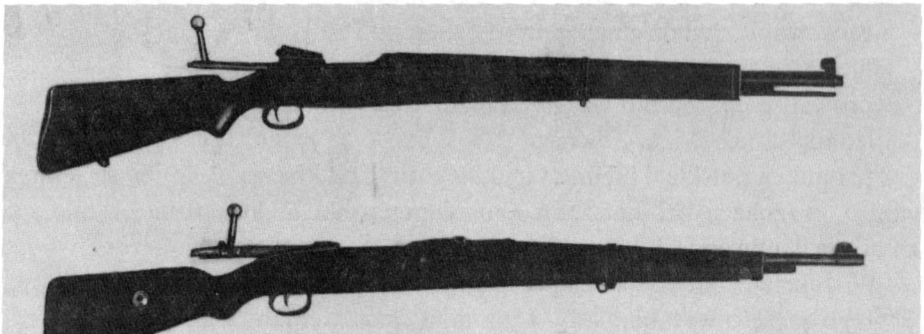

Rys. 11.10. 7,92 mm karabinki. U góry KP-32, u dołu wz. 1929

Opracowanie nowego kbk, charakteryzującego się uproszczoną technologią wykonania zamka, co umożliwiało masową produkcję w zwykłych warsztatach mechanicznych, wzbudziło duze zainteresowanie MSWojsk. W związku z tym, jeszcze przed wykonaniem prototypu, Wojskowy Zakład Zaopatrzenia Uzbrojenia zamówił 66 nowych kbk w cenie po 750 zł. Miały być one wykonane do 30.04.1932 r., po czym planowano rozesłanie ich do oddziałów i wypróbowanie

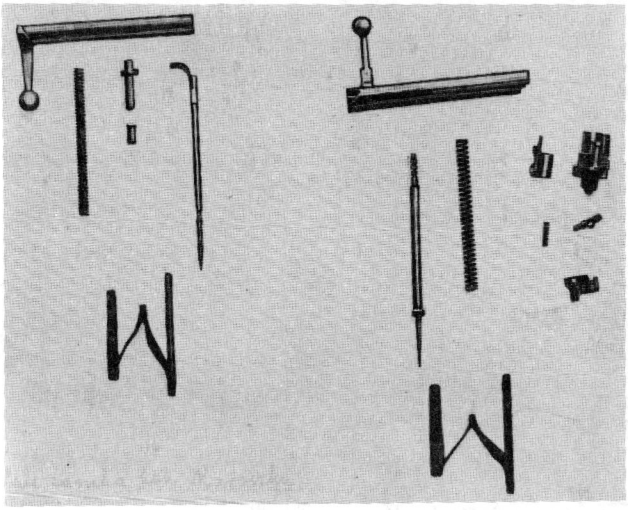

Rys. 11.11. Porównanie elementów zamka KP-32 (z lewej) z zamkiem Mausera (z prawej)

w czasie letnich manewrów. Zamówienia tego nie zrealizowano prawdopodobnie z powodu nienajlepszych wyników badań z prototypem.

W lipcu 1932 r. wykonano 2 następne modele kbk konstrukcji inż. Maroszka, który był juz wtedy pracownikiem Biura Technicznego IBMU. Broń, która według konstruktora otrzymała oznaczenie KP-32, co miało prawdopodobnie oznaczać „karabin polski wz. 32”, w dokumentach była określana jako „kbk uproszczony”, „kbk nowy”, „kbkM”, „kbk uproszczony wz. 32”, została wysłana do IBMU w celu przeprowadzenia prób. Ich wyniki nie były pomyślne i dopiero w kwietniu 1933 r. konstruktor przedstawił nowy model poprawionego KP-32, z którym podjęto nowe próby trwające do 1.03.1934 r. W ich trakcie porównywano go z kbk wz. 1929, kb wz. 1898 produkcji polskiej i kb wz. 1898 produkcji niemieckiej.

Badania te wykazały mniejszą masę KP-32 w stosunku do kbk wz. 1929 o 140 g, lepszy kształt lufy, większą jej masę i grubość. Lufa KP-32 miała kształt stożkowy zwężający się z 24 do 18 mm, gdy tymczasem kbk wz. 1929 miał lufę o grubości odpowiednio 20 i 15 mm. Dzięki temu, nowy kbk miał mniejszy odrzut i lepszą celność. Ponadto, KP-32 miał mniejszą liczbę części — 42, przy 66 w kbk wz. 1929 i 56 w kb wz. 1898, przy czym jego zamek miał tylko 6 części wobec 10 w kbk wz. 1929. Broń miała także lepsze położenie środka ciężkości i wygodniejszy kształt kolby.

Do wad KP-32 należały m.in.: budowa podajnika, konstrukcja uchwytu bezpiecznika, brak pierwszego oporu w urządzeniu spustowym, budowa iglicy, budowa bączka, zbyt szybkie zużywanie się części mechanizmu, bardziej kłopotliwe składanie zamka i całej broni, konstrukcja przyrządów celowniczych oraz wrażliwość zamka na zanieczyszczenia.

Po zakończeniu badań okazało się także, że KP-32 ma większą odporność lufy na zużycie, odporniejszą na odkształcenia komorę nabojową, lepiej

Rys. 11.12. Przyrząd celowniczy KP-32

wykonany gwint, ale także na jaw wyszły wady zamka i podajnika oraz duża liczba niewypałów.

Z ogólnych wniosków z prób technicznych KP-32 wynikało, iż posiada on szereg cech wyróżniających go w stosunku do kb i i kbk Mausera. Według słów konstruktora wszystkie usterki, poza celownikiem i pasowaniem zamka, były łatwe do usunięcia. Badania balistyczne, podrzutu, odrzutu i celności wykazały także wiele zalet nowej broni. Najlepsze wyniki osiągnięto przy badaniu stabilizacji średniego toru, kiedy to okazało się, że KP-32 przewyższa kbk wz. 1929 aż o 55,9%. Jednak, strzelanie szkolno-bojowe dało najgorsze wyniki, co było spowodowane złym celownikiem w nowej konstrukcji. Dalszych informacji na temat KP-32 brak. Nie są znane przyczyny, dla których nie poprawiono, łatwych przecież do usunięcia, usterek.

Ze sprawą KP-32 wiąże się jeszcze jedna nie wyjaśniona sprawa. Broń opracowano w 2 wersjach — A i B — różniących się długością drewnianej nakładki pod lufą. Obie wersje wykonano. Nie wiadomo jednak, kiedy wersja B była badana. Z zachowanego zdjęcia i rysunku wykonanego z pamięci przez konstruktora wynika, że w Rembertowie poddano próbom wersję A.

KP-32 był bronią powtarzalną o lufie stożkowej bez stopni. Posiadał celownik przeziernikowy i muszkę trapezową z osłoną w kształcie walca, ponadto zamek ślizgowo-obrotowy składający się z 6 części. Zamek ten miał 2 symetryczne rygle na trzonie oraz rygiel dodatkowy umieszczony w pobliżu rączki.Geometrycznie powiększona konstrukcja zamka znalazła później zastosowanie w polskim karabinie ppanc. wz. 1935, którego konstruktorem był również inż. Maroszek. Karabin był zasilany z magazynka pudełkowego, całkowicie schowanego w łożu.

12
Lunety celownicze do kb

„...Luneta celownicza do kb jest optycznym przyrządem celowniczym zastępującym mechaniczny przyrząd celowniczy (szczerbinka, muszka) i ułatwiającym celne strzelanie na dalsze odległości. Luneta posiada soczewkowy układ odwracający, ruchomą siatkę ogniskową w kształcie trzech drucików umocowanych prostopadle względem siebie w oprawce. Przesuwania siatki dokonuje się przez pokręcenie śruby z tarczą z podziałką odległościową. Ponadto, luneta ma nastawnik ostrości wzroku przesuwający w małych granicach układ odwracający względem okularu oraz urządzenie pozwalające na weryfikację jej na kb i drugie umożliwiające nastawienie poprawek odchylenia. Właściwości lunet to: powiększenie 4 ×, pole widzenia 100 tys., średnica źrenicy wyjściowej 7 mm, siła światła 49.

W wielu istniejących typach różnią się one przede wszystkim wielkością powiększenia, siłą światła oraz sposobem osadzenia na kb (osiowe, boczne, sztywne ruchome)...". Tyle na temat lunet do karabinów wyborowych (zwanych też snajperskimi) napisali autorzy przedwojennej „Encyklopedii wojskowej". A jak wyglądała historia powstania tej skutecznej broni?

Z chwilą wybuchu I wojny światowej żadne z państw biorących w niej udział nie posiadało strzelców wyborowych uzbrojonych w kb z lunetami celowniczymi. Gdy jednak ustabilizowała się linia frontu i pojawiła się konieczność zwalczania niewielkich celów, takich jak głowy czy peryskopy, do czego potrzebna była broń bardzo celna, zwrócono uwagę na użyteczność lunet do tego celu.

Pierwsi wpadli na ten pomysł Austriacy i Niemcy, którzy zaczęli rekwirować myśliwskie 7,92 mm sztucery Mausera na nabój 8 × 57J zaopatrzone w lunety. Jesienią 1915 r. zaczęto w Niemczech na zwykłych kb wz. 1898, wybranych ze względu na dobrą celność, nasadzać lunety typu myśliwskiego o czterokrotnym powiększeniu, dużej sile światła i podziałce wewnętrznej celownika przesuwanej do 800 m. W broni tej lunetę mocowano na sposób myśliwski, tj. bezpośrednio nad zamkiem, osiowo, przy zgiętej rączce, jak w karabinku kawaleryjskim.

Anglicy nie zastosowali w I wojnie światowej lunet do kb. Jako broni wyborowej używali oni kb wz. 1914, które dzięki sztywnej lufie i dobranemu przeziernikowi nieźle spełniały swoją rolę. Interesujący jest fakt, iż po zakończeniu wojny Anglicy sprzedali tę broń Polsce i Estonii.

Także Kanadyjczycy nie stosowali lunet w tym czasie i posługiwali się, jako wyborowym, kb Ross zaopatrzonym w przeziernik.

Armia amerykańska użyła w końcowych miesiącach wojny niewielkiej liczby karabinów tarczowych o bardzo grubej lufie, posiadających przezierniki lub lunety tarczowe.

Francuzi natomiast do końca wojny nie docenili znaczenia strzelców wyborowych, wierząc tylko w ogień masowy.

W okresie międzywojennym prace nad kb zaopatrzonymi w lunety prowadzono głównie w USA, Wielkiej Brytanii, ZSRR i Niemczech. Pierwszym państwem, w którym zamontowano lunety na kb w większej liczbie, był ZSRR, w którym w 1934 r. zamontowano na kb Mosina wz. 1891/30 lunety osiowe.

Na początku lat trzydziestych do państw prowadzących badania i próby nad kb zaopatrzonymi w lunety celownicze dołączyła Polska. Pierwsza informacja na ten temat pochodzi jednak z wcześniejszego okresu. Już bowiem 19.12.1928 r. na konferencji do spraw organizacji piechoty, podniesiono sprawę konieczności wyposażenia w kbk z lunetą jednego żołnierza w każdej drużynie piechoty.

Dopiero jednak rok 1932 zaowocował obfitą korespondencją na ten temat. Zapoczątkował ją 9.02.1932 r. szef Departamentu Piechoty płk dypl. J. Ćwiertniak, który w swoim referacie dla szefa Sztabu Głównego prosił o wydanie rozkazu o rozpoczęciu studiów nad półautomatycznym karabinem wyborowym. Stanowisko to poparł inspektor armii gen. dyw. Tadeusz Piskor w piśmie do pierwszego wiceministra spraw wojskowych z dn. 27.02.1932 r., postulując jednocześnie wprowadzenie jednego lub dwóch „automatycznych" karabinów wyborowych z lunetą na drużynę piechoty. Podobną opinię wyraził też szef Departamentu Uzbrojenia płk M. Maciejowski. Poglądy te znalazły także swój wydźwięk w artykule kpt. K. Mazura na łamach „Przeglądu piechoty". Autor stwierdza w nim, że dla strzelców wyborowych nie nadaje się broń powtarzalna, ponieważ przeładowanie kb uniemożliwia ciągłą obserwację celu. W związku z tym on także poslutował jako broń wyborową karabin samopowtarzalny. Ponieważ jednak brakowało kbsp w owym czasie, skoncentrowano się na umieszczeniu lunety celowniczej na broni powtarzalnej.

Konkretne prace nad lunetami celowniczymi do kb rozpoczęto na polecenie szefa Departamentu Uzbrojenia MSWojsk. z 15.04.1931 r.

Pierwsza faza badań trwała od maja 1931 r. do marca 1932 r. Do prób tych PZO dostarczyły 2 lunetki — krótką, którą wkrótce odrzucono — i długą. Zostały one osadzone bocznie na kbk wz. 1929. Luneta długa wykazała także pewne niedoskonałości konstrukcyjne, które wytwórca systematycznie usuwał. Między innymi oderwaniu uległy zaczepy lunety, co spowodowało konieczność zmiany ich oraz konsolki. W czasie strzelań w październiku 1931 r. wystąpiły błędy na wysokości i w kierunku spowodowane niedokładnym pasowaniem lunety na kbk i martwym ruchem siatki. Zmusiło to PZO do wykonania nowej długiej lunety.

Po jej wykonaniu przeprowadzono próby porównawcze z lunetą niemiecką. Wykazały one wyższość polskiej konstrukcji pod względem martwych ruchów siatki. Masa tej lunety wynosiła 646 g, powiększenie było czterokrotne, a pole widzenia 100 tysięcznych. Pierwotny jej model posiadał okular regulowany, jednak z powodu możliwości zanieczyszczenia i zawilgocenia, przy małych korzyściach samej regulacji, zlikwidowano to w modelu drugim. Luneta ta posiadała pole widzenia w kształcie koła, na którego średnicy znajdowała się pozioma stała kreska z przerwą, w której umieszczono od dołu ruchomy wskaźnik w kształcie zakończonego pręcika. Ruch wskaźnika był przekazywany z zewnątrz od ruchomej tarczy ze skalą odległości. Model pierwotny lunety posiadał skalę celownika z nastawami od 400 do 1100 m i został na żądanie Pracowni Broni Małokalibrowej w Rembertowie dostosowany do celownika kbk wz. 1929. W drugim typie skala obejmowała odległość od 300 do 1150 m z podziałką co 50 m. W lunecie tej poprawki kierunkowe regulowano za pomocą śruby.

Luneta nie posiadała osłony obiektywu, który był schowany w głąb korpusu na głębokość 1 cm. Nasada na kbk składala się z 2 czopków, z których przedni, w kształcie kulistego stożka z zębem, zaczepiał się w otworze przedniej konsolki na obsadzie kbk i przy obrocie na dół opierał się o ściany otworu konsolki. Ruch boczny lunety uniemożliwiały dwa boczne występy konsolki cisnące na spodarkę przedniego pierścienia lunety. Czop tylny miał kształt prostokątnego zęba z wycięciem na rygiel tylnej konsolki umocowanej na mostku kbk. Po założeniu zęba tylnego puszczał naciskany poprzednio rygiel, który wykonywał obrót, wchodząc z wycięcia zęba tylnego pierścienia lunety. W praktyce ten sposób zamocowania okazał się zupełnie dobry. Położenie siatki regulowano za pomocą tarczki ze skalą celownika. Regulacja ogniskowej odbywała się przez poruszanie zasuwki unieruchamianej przez śrubę. Zakładanie i zdejmowanie lunety było dogodne i trwało 10-15 s.

Strzelania porównawcze na celność, na odległość 100 m wykazały, że tak luneta PZO, jak i niemiecka, dawały większy rozrzut niż przy strzelaniu bez przyrządów optycznych. Jednocześnie jednak podczas strzelań na większe odległości — 400 i 600 m — luneta polskiej konstrukcji okazała się celniejsza od niemieckiej.

Komisja, która się zebrała w Pracowni Broni Małokalibrowej w Rembertowie w marcu 1932 r. dla podsumowania dotychczasowych wyników prób postulowała, przed rozpoczęciem dalszych badań, wprowadzenie następujących zmian: dodanie ochraniacza obiektywu o długości 4 cm zamocowanego ruchomo na korpusie lunety, dodanie ochraniacza okularu, zmniejszenie martwego ruchu śruby regulującej kierunek, zmianę łba śruby tak, aby był dostosowany do klucza, zmianę 3 śrub sprzęgieł skali na jedną.

23.03.1932 r. szef Departamentu Uzbrojenia zwołał w IBMU konferencję w sprawie przydatności lunety PZO. Stwierdzono na niej, że polska luneta nadaje się do praktycznego zastosowania w oddziałach w celu przeprowadzenia szerokich studiów i wypracowania własnej doktryny użycia strzelców wyborowych w walce. Postulowane zmiany uznano za drugorzędne. Stwierdzono też konieczność zamówienia w PZO 85 lunet celowniczych. Wsporniki do nich miała wykonać Fabryka Broni w Radomiu.

W trzecim kwartale 1932 r. próbną serię kbk z lunetami wysłano do oddziałów liniowych w celu przeprowadzenia badań poligonowych. Badania wykazały pewne niedoskonałości konstrukcyjne oraz małą celność kbk wz. 1929 na większą odległość. Tymczasem, do lutego 1933 r. zamówiono łącznie w PZO 92 lunety celownicze do kbk w cenie po 400 zł.

Wiosną 1933 r. PZO otrzymały polecenie osadzenia lunet na kb wz. 1898 w związku z chęcią poprawienia celności kb wyborowego na większą odległość. Opracowanie i montaż wsporników lunet wykonała Fabryka Broni w Radomiu. Celowniki optyczne osadzono na broni bocznie lewostronnie.

Pierwsze 4 lunety próbne do kb wz. 1898 dostarczono do PBM w październiku 1933 r., aby sprawdzić ich osadzenie i stabilizację podczas strzału. Wstępna faza badań trwała od 22.01.1933 r. do 17.01.1934 r. i użyto podczas niej, dla porównania, niemieckiego kb Mausera Oberndorf z lunetą Zeissa.

Niemiecką lunetę osadzono na kb poosiowo, w płaszczyźnie broni i miała ona łatwo dostępny regulator ostrości oraz dość wygodną regulację kierunkową. Luneta była zaopatrzona w dwa pierścienie: przedni z dwoma kołkami i tylny zakończony zaczepem. Spoczywała na 2 płaskich wspornikach połączonych na stałe z komorą zamkową broni. Aby umożliwić wykorzystanie zwykłego celownika, oś lunety była wysoka, co odbijało się niekorzystnie na przyłożeniu policzka strzelca do kolby.

Lunety PZO osadzano lewobocznie na wspornikach wystających daleko poza normalną oś celownika. Wymagało to używania specjalnych poduszek na

Rys. 12.1. Karabin Mausera wz. 1898 z lunetą niemiecką. Poniżej luneta produkcji PZO

Rys. 12.2. Luneta PZO osadzona lewobocznie. Strzelec celuje, opierając policzek o poduszkę na karabinie

kolby w momencie, w którym strzelec celował prawym okiem, ze względu na brak oparcia policzka strzelca o kolbę karabinu. Boczne osadzenie lunety powodowało też łatwe skręcanie broni i utrudniało strzelanie z wolnej ręki oraz powodowało trudności w szybkim uchwyceniu celu, co nie występowało przy lunecie umieszczonej poosiowo. Rozwiązanie to utrudniało też ustawienie obu wsporników lunety na jednym poziomie, zwiększyło wrażliwość lunety na wstrząsy, mogło spowodować uszkodzenie wsporników w czasie transportu, a asymetryczne umieszczenie celownika zmniejszało celność broni.

W styczniu 1934 r. odbyła się w IBMU konferencja pod przewodnictwem ppłk. inż. T. Felsztyna w sprawie dotychczasowych wyników prób lunet do kb. W wyniku analizy ustalono, iż ze 120 zamówionych już w PZO lunet tylko 20 wykona się bez żadnych zmian, natychmiast 50 proponowano wykonać z muszką ostrą i dalszych 50 z muszką płaską. Ponadto, delegat Departamentu Piechoty wyraził życzenie, aby 100 lunet zostało zamontowanych na kb poosiowo. Jednak, wobec niemożności wykonania tego w szybkim terminie odstąpił od zamiaru. Stwierdzono też, że obecny typ lunety nie odpowiada potrzebom bojowym głównie z powodu osadzenia i że będzie służył tylko do szkolenia. Na konferencji tej ustalono również, iż kb do lunety winien być bronią specjalną, jednak jak najmniej odbiegającą konstrukcyjnie od zwykłego kb piechoty i ładowaną od spodu magazynkiem pięcio- lub dziesięcionabojowym. Zwrócono także uwagę na możliwość pogrubienia lufy w celu poprawienia celności, z tym że masa kb wyborowego nie mogła być większa niż 250 g od masy typowego kb.

Prace nad tego typu bronią wstawiono do programu IBMU na okres budżetowy 1934/1935. W preliminarzu Biura Studiów Fabryki Broni w Radomiu na rok budżetowy 1935/1936 przeznaczono na kb tego typu 3900 zł. Miał to być kb ze „specjalną komorą zamkową" oznaczony kb L. Koszt tej konstrukcji wraz z opracowaniem planów, rysunków, uchwytów, narzędzi, sprawdzianów itp. do podjęcia produkcji seryjnej oceniono na 14 470 zł.

Na początku 1936 r. prace nad kb L na polecenie kierownika ITU przerwano, być może ze względu na zaawansowane prace nad kb samopowtarzalnym.

W następnych miesiącach 1934 r. prowadzono badania 3 lunet bocznych PZO z pierwszej partii produkcji seryjnej wynoszącej 20 szt. Wykazały one, dzięki lepszemu spasowaniu lunet z konsolkami kb oraz dzięki poprawkom konstrukcyjnym, lepsze zachowanie się lunet i większą celność. Zwiększenie celności nastąpiło również dzięki zmianom skali tarczy celownika lunety. W wyniku tych badań PBM wystąpiła z wnioskiem, aby produkcję 100 dalszych lunet z osadzeniem bocznym wstrzymano. Jednak, wobec nalegań Departamentu Piechoty, produkcję kontynuowano. W kwietniu 1934 r. wykonano już 90 lunet.

12.05.1934 r. Kierownictwo Zaopatrzenia Uzbrojenia zawarło umowę z dyrekcją PWU nr 177/34-35 na zamontowanie 120 lunet celowniczych na kb wz. 1898 oraz na wykonanie 116 poduszek na kolby do tych kb. Termin wykonania ustalono na 4,5 miesiąca od daty otrzymania przez Fabrykę Broni w Radomiu lunet wraz ze spornikami. Warunki techniczne i rysunki na to zamówienie zostały zatwierdzone przez IBMU. Całość opiewała na kwotę 18 869,44 zł.

10.09.1934 r. uzupełniono to zamówienie, zwiększając je o zamontowanie 4 dalszych lunet i wykonanie 4 poduszek, co zwiększyło koszty zamówienia do 19 455,52 zł.

Karabiny te wykorzystano na kursie oficerów instruktorów strzelców wyborowych zorganizowanym w CWPiech. Broń przekazywano na kurs wprost z fabryki. Wyniki celności podczas strzelań były dla dużego procentu lunet ujemne z powodu górowania celownika na większej odległości.

Zgodnie z wnioskami PBM i wskazówkami IBMU opracowano w PZO model lunety do osadzenia poosiowego. W maju 1934 r. pierwszy jej egzemplarz poddano próbom. Pod względem konstrukcyjnym nowa luneta nie różniła się od poprzedniej. W czasie badań porównywano ją z nową niemiecką lunetą celowniczą Zeissa 4 × umieszczoną na kb Mausera Oberndorf. Próby wykazały mniejszy rozrzut niż przy osadzeniu bocznym, jednak w dalszym ciągu występowało zjawisko wędrowania kolejnych trafień, aż do momentu ustabilizowania się osadzenia lunety. W związku z tym zbadano wpływ jakości osadzenia lunety poosiowej w konsoli na celność. Badania wykazały: zapadanie się tylnej nogi lunety do gniazda zaczepu konsoli na mostku komory zamkowej z oporem, w wyniku czego luneta musiała być dociskana, co powodowało naprężenia jej kadłuba i układu optycznego; złe dopasowanie tylnej nogi do gniazda zaczepu; złe osadzenie obu nóg zaczepowych, które tkwiły w pierścieniach kadłubowych lunety ukośnie na zewnątrz zamiast prostopadle do jej kadłuba, co przy osadzeniu lunety na kb musiało powodować naprężenie kadłuba i optyki.

Zauważono też wyraźne przesuwanie pierścienia nogi przedniej na kadłubie lunety od wstrząsów spowodowanych wystrzałami.

29.08.1934 r. odbyła się konferencja w sprawie wad lunet w Komisji Doświadczalnej CWPiech. Wytknięto na niej konstrukcji PZO następujące wady: uregulowanie lunety na odległość 400 m, co powodowało, iż przy strzelaniu na większą odległość podziałka celownika nie odpowiadała odległości; podczas strzelania rozregulowywały się regulatory kierunku i ostrości; część lunet dawała za dużą paralaksę; odstępy pręcików pionowych i poziomych były w części lunet nierówne; kształt muszki prostokątnej był gorszy od muszki ostrej; odstęp między okularem a okiem strzelca był za mały, co przy strzelaniu z pozycji stojącej zmuszało strzelca do cofania głowy; za mała była siła światła oraz za mała podziałka celownika (do 1050 m).

Wnioski uczestników konferencji zalecały usunięcie tych wad. Szczególnie zwrócono uwagę na konieczność zmniejszenia paralaksy do 1/2 tysięcznej, przesunięcie osadzenia lunety ku przodowi tak, aby odstęp od oka do ocznika wynosił około 8 cm, zwiększenie siły światla minimum do 60 (tj. jak w lunecie niemieckiej), zwiększenie podziałki celownika od 100 do 120 m.

Po stwierdzeniu tych wad zwrócono lunetę do PZO, żądając usunięcia ich. Dokonano tego szybko i podczas następnych badań osiągnięto wyraźne ustabilizowanie się lunety i dobrą celność. Przeprowadzono wtedy ponownie próby porównawcze z lunetą niemiecką, które wykazały lepszą celność polskiej konstrukcji na każdej badanej odległości (100, 400, 600, 800 m). Osiągnięty wynik był tym bardziej godny uwagi, iż strzelanie prowadził co prawda strzelec pierwszej klasy, ale po raz pierwszy z broni zaopatrzonej w celownik optyczny.

W związku z tymi badaniami PBM zgłosiła wniosek, aby przed podjęciem decyzji o produkcji seryjnej lunet poosiowych dla kb wz. 1898 wykonać jeszcze 2 lub 3 modele tego typu sprzętu i wypróbować je wcześniej z karabinem strzelca wyborowego opracowanym przez Biuro Konstrukcyjne Fabryki Karabinów w Warszawie.

Mimo pozytywnych wyników badań, Departament Piechoty nie był nimi w pełni usatysfakcjonowany i wysunął w listopadzie 1934 r. nowe żądania dotyczące lunet celowniczych. Domagał się: osadzenia osiowego; czterokrotnego powiększenia; pola widzenia 6° (105 tysięcznych); skali odległości od 100 do 1200 m; siły światla 59 (7,5); regulatora ostrości; urządzenia do poprawki na wiatr; odległości od oka strzelca do szczeliny celownika właściwego 36 cm; gumowej, stożkowatej okularowej osłony ocznej; zweryfikowania lunety z kb w taki sposób, aby po kilkakrotnym złożeniu i strzelaniu nie dawała większego błędu niż 1 tysięczna; wygiętej skośnie do tyłu rączki jak w angielskim kb wz. 1914, aby przy powtarzaniu zamkiem strzelec nie uderzał kciukiem w kadłub lunety.

Mimo nowych żądań, Departament Piechoty chciał wprowadzić zbadany już typ do wyposażenia WP jako przejściowy. Stanowisko to spotkało się ze zdecydowanym sprzeciwem szefa Departamentu Uzbrojenia, który stwierdził, że wprowadzenie do uzbrojenia przejściowego typu lunety byłoby szkodliwe zarówno pod względem zaopatrzeniowym, jak i budżetowym. W związku z tym stanowiskiem nie doszło do produkcji przebadanego już sprzętu i przystąpiono w PZO do opracowania nowego typu lunety zgodnie z wymaganiami Departamentu Piechoty. Jednocześnie postanowiono wybrać, przygotować i przeszkolić żołnierzy do roli strzelców wyborowych. W tym celu rozesłano do 31.12.1934 r. do wszystkich formacji 1131 kb i kbk wybranych w toku produkcji, a wyróżniających się celnością i określonych jako wyborowe. Ponadto pierwszy wiceminister spraw wojskowych polecił szefowi Departamentu Piechoty w porozumieniu z szefem Departamentu Uzbrojenia ustalić liczbę potrzebnych kb z lunetami dla piechoty. Poinformował on jednocześnie, że po podjęciu produkcji lunet celowniczych drugim rodzajem wojsk, który otrzyma kb i kbk wyborowe, będzie kawaleria. Miała ona otrzymać 420 szt. tej broni, tj. po 10 na pułk kawalerii oraz 20 dla CWKaw.

Na początku 1935 r. wykonano w PZO model nowej lunety celowniczej zgodnie z ostatnimi wymaganiami Departamentu Piechoty, który przeszedł próby z dobrym wynikiem. W związku z tą informacją, na posiedzeniu Komitetu ds. Uzbrojenia i Sprzętu 1.08.1935 r. polecono przedstawić nowy typ lunety do oceny. Nastąpiło to 12.12.1935 r. Po zapoznaniu się z materiałem KSUS uznał za wskazane posiadanie opracowanego typu lunety określonej jako wz. 1935. Ze względu jednak na „stosunkowo niewielką pilność zagadnienia i ze względów budżetowych" Komitet sprzeciwił się natychmiastowemu wprowadzeniu lunety wz. 1935 do uzbrojenia WP. Ponadto, KSUS uznał jej konstrukcję za zbyt skomplikowaną, co miało stawiać pod znakiem zapytania jej praktyczne użycie w warunkach polowych. Za zbędny uznano mechanizm poprawek na wiatr oraz nastawy celownika do 1150 m, uznając, że wystarczy podziałka do 600 m. W związku z tym KSUS zalecił dalsze studia nad tańszymi i prostszymi typami celowników optycznych do kb. Mimo tej uchwały Komitet zalecił wykonanie do marca 1937 r. 10 lunet wz. 1935, z którymi zamierzano przeprowadzić wszechstronne próby w CWPiech.

Nie wiadomo niestety, czy lunety te zostały wykonane, ale z serii 124 szt. były niejednokrotnie udostępniane oddziałom do szkolenia. Między innymi w 1935 r. 20 lunet i 26 kb wz. 1898 wyborowych było używanych w oddziałach KOP. Także w 1938 r. 6 lunet było w różnych oddziałach.

Karabiny wyborowe z celownikami optycznymi były uwzględniane jako broń mająca wejść do wyposażenia WP do chwili wybuchu wojny. Świadczy m.in. o tym „Sprawozdanie z wyszkolenia kadry i oddziałów 3 DPLeg. za okres zimowy 1936/37", w którym dowództwo tej jednostki stwierdza, iż byłoby pożądane przydzielenie 2 lub 3 kb z lunetami na każdy pułk piechoty do szkolenia strzelców wyborowych. W uzasadnieniu tego żądania podano, iż broń tego typu jest przewidziana na wypadek wojny.

Także w opracowaniu na temat wojennych potrzeb piechoty, z listopada 1938 r., uwzględniono w drużynach piechoty strzelców wyborowych. Postulowano jednak wyposażenie ich nie w kb powtarzalne, ale samopowtarzalne.

A jaka była rzeczywistość? 1.04.1937 r. w magazynach i jednostkach znajdowało się 347 kb wyborowych z podstawami do lunet. Z tego 100 szt. były to kb produkcji polskiej i 247 produkcji niemieckiej. Jeżeli chodzi o lunety, to 1.07.1938 r. było ich 116, z czego 110 znajdowało się dyspozycyjnej rezerwie bieżącej MSWojsk., w Głównej Składnicy Uzbrojenia nr 1.

Jak więc widać, wieloletnie wysiłki konstruktorów oraz lata badań dały wynik raczej skromny. I ma, częściowo przynajmniej, rację płk T. Felsztyn, uważając, iż stawianie maksymalnych postulatów i niechęć pójścia na kompromis spowodowały, że do wybuchu wojny nie zdołano wprowadzić lunet celowniczych do wyposażenia. Należy jednak pamiętać, iż przedwojenne czynniki wojskowe, zdając sobie sprawę z niemożności dorównania ilościowego naszym ewentualnym przeciwnikom, dążyły do uzyskania przewagi jakościowej, co musiało jednak wydłużać czas prac.

13
Karabin przeciwpancerny wz. 1935

Pojawienie się czołgów na polu walki w czasie I wojny światowej zapoczątkowało nowy rozdział w historii rozwoju uzbrojenia. Powstała broń przeciwpancerna. Pierwszą rusznicę przeciwpancerną zastosowano w armii niemieckiej pod koniec I wojny światowej. Broń tę oznaczono symbolem TuF wz. 1919 (*Tank und Flieger-Karabine*) i skonstruowano na zasadzie powiększenia kb Mausera wz. 1898. Jej obsługę stanowiło dwóch żołnierzy. Strzelano z niej jak z kb wojskowego, często jednak bardzo silny odrzut po wystrzale powodował kontuzję obojczyka strzelca. Rusznica ta, o masie 16,6 kg, posiadała kal. 13,35 mm. Pocisk wystrzelony na odległość 100 m przebijał płytę pancerną o grubości ok. 20 mm. Niewielka szybkostrzelność (rusznica była jednostrzałowa) i duża masa powodowała, że była to broń niezbyt udana. Intensywne prace nad bronią pancerną w armii niemieckiej po I wojnie światowej zapoczątkowały poszukiwanie w wielu państwach tanich i masowych środków obrony przeciwpancernej, opartych na systemach broni strzeleckiej.

Dodatkowym bodźcem stymulującym rozwój tych prac były badania prowadzone w Niemczech przez inż. Gerlicha nad amunicją myśliwską o dużej prędkości wylotowej pocisku (tzw. amunicja o ultraszybkości). Pozwoliły one na stworzenie w 1928 r. naboju Hagler 280 HV Magnum, który w zależności od wersji uzyskiwał prędkość wylotową ponad 1000 m/s. Konstruktor rokował jej również duże zastosowanie wojskowe do zwalczania celów opancerzonych. Trzeba jednak zaznaczyć, że większość ówczesnych specjalistów wojskowych podchodziła do tej teorii bardzo sceptycznie. Wyniki prac inż. Gerlicha ogłoszono drukiem na łamach czasopisma „Heerestechnik" w numerze 4. z 1931 r.

Pracami tymi zainteresował się płk dr Tadeusz Felsztyn z IBTU i już w październiku 1931 r. na strzelnicy w Toruniu przeprowadzono próby z kb i amunicją firmy „Hagler", zaś w lutym następnego roku przeprowadzono badania doświadczalnego kb ppanc. pomysłu kpt. Kapkowskiego.

Jednocześnie prowadzono intensywne prace nad udoskonaleniem amunicji karabinowej, dążąc do zwiększenia jej prędkości wylotowej. Po wielu próbach i eksperymentach udało się uzyskać na stanowisku doświadczalnym amunicję mauserowską o prędkości początkowej ok. 1300 m/s i lufę o trwałości osiągającej 30 strzałów. Był to stan wyjściowy, jaki zastał inż. Józef Maroszek, przystępując

Rewolwer gazowy RG-038

Pistolet sygnałowy wz. 78

Bagnet ćwiczebny wz. 85

Treningowa wersja karabinka AK prezentowana na targach Interarms'92 w Sopocie

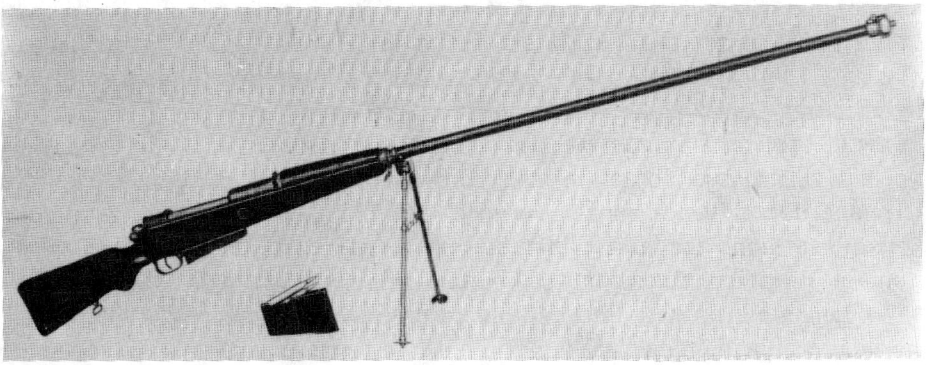

Rys. 13.1. 7,92 mm karabin ppanc. wz. 1935

do prac nad konstrukcją kb ppanc. Wkrótce jednak okazało się, że amunicja ta posiada wiele istotnych wad, do których należało zaliczyć zakleszczanie łusek w komorze nabojowej na skutek nadmiernego nadciśnienia, jak również wypadki przebicia spłonek. Spowodowało to konieczność przekonstruowania naboju. Zadanie to zrealizowano w ciągu niespełna 2 lat przez nowo zorganizowane Biuro Studiów przy Państwowej Fabryce Amunicji w Skarżysku. W rezultacie opracowano zupełnie nowy wzór naboju kal. 7,92 mm o znacznie powiększonej łusce. W części mechanicznej broni konstruktor wykorzystał doświadczenia zdobyte wcześniej — w czasie prac nad kb KP-32.

Prototyp oraz serię próbną w liczbie 5 kb wykonała na przełomie 1935/1936 r. Zbrojownia nr 2 w Warszawie.

Śmiałym rozwiązaniem konstrukcyjnym było zastosowanie hamulca wylotowego znacznie zmniejszającego energię odrzutu oraz wykorzystanie przy obliczaniu grubości lufy nie bardzo jeszcze zbadanej w tym czasie teorii o wytrzymałości luf na krótkotrwałe obciążenia. Jednak, w ocenie ekspertów, rozwiązania te budziły początkowo szereg wątpliwości. Powodem tego był prawdopodobnie fakt, że odczucie strzelca przy strzelaniu z tego kb było znacznie silniejsze niż przy strzelaniu z normalnego kb Mausera, mimo że energia swobodnego odrzutu rusznicy zaopatrzonej w wysokosprawny hamulec wylotowy była znacznie mniejsza niż porównywalnego kb. Przypuszczalnie dlatego też w PFK w Warszawie pracowano równocześnie nad inną konstrukcją kb ppanc. z oporopowrotnikiem sprężynowym. Autorem tego rozwiązania miał być wicedyrektor fabryki inż. A. Karczewski. Według innych źródeł rozwiązanie to przypisuje się inż. B. Jurkowi.

Po przeprowadzeniu prób wytrzymałości prototypu, w październiku 1935 r. przeprowadzono strzelania próbne na poligonie w Brześciu n. Bugiem. W czasie strzelań uzyskano zdolność przebijania pancerza o grubości 15 mm z odległości 300 m — wyniki te uznano za wystarczające. Podobne próby przeprowadzono również na strzelnicy Państwowej Wytwórni Prochów w Pionkach. W toku badań porównawczych okazało się, że kb inż. Józefa Maroszka przy masie własnej 9,1 kg był dużo lepszy od konstrukcji z oporopowrotnikiem sprężynowym, którego masa całkowita wynosiła ok. 16 kg. W tej sytuacji Komitet do spraw Uzbrojenia i Sprzętu w listopadzie 1935 r. zatwierdził kb do uzbrojenia wojsk — zalecając jednocześnie przestudiowanie możliwości zwiększenia kalibru kb ppanc. do ok. 10 mm, mając na względzie szybki rozwój opancerzenia sprzętu. Ponadto zalecono zbadanie w instytucjach doświadczalnych możliwości zwiększenia norm przebijalności nawet kosztem zmniejszenia długotrwałości lufy.

Oficjalnie broń nazwano karabinem przeciwpancernym wz. 1935, jednak dla zachowania tajemnicy w wytwórni nosił on oznaczenie jako kb Ur, co miało sugerować, że były to kb przeznaczone na eksport do Urugwaju.

Karabin ppanc. wz. 1935 był ręczną bronią powtarzalną, przeznaczoną do niszczenia pociskami przebijająco-uderzeniowymi lekko opancerzonych wozów bojowych osłoniętych tarczą broni polowych. Do kb stosowano specjalne naboje

Rys. 13.2. Konstruktor broni inż. Józef Maroszek ze swoim karabinem

Rys. 13.3. Hamulec wylotowy karabinu ppanc. wz. 1935

typu DS z łuską o zwiększonej pojemności i 7,92 mm pocisk z rdzeniem ołowianym. Broń była zaopatrzona w zamek typu ślizgowo-obrotowego. Na tłoku trzonka zamkowego znajdowały się dwa symetrycznie rozmieszczone rygle: rygiel dodatkowy był umieszczony w pobliżu rączki zamkowej. Kurek posiadał pierścień, który umożliwiał napięcie iglicy bez otwierania zamka. W komorze zamkowej znajdował się ruchomy, współdziałający z urządzeniem spustowym wyrzutnik, który uniemożliwiał przypadkowy strzał w razie niedomknięcia zamka. Karabin ładowano ręcznie z jednorzędowego wymiennego magazynka o pojemności 4 naboi wkładanego od dołu broni. Przyrządy celownicze typu otwartego, umieszczone na lufie, składały się ze stałego celownika i prostokątnej muszki. Lufa była zakończona hamulcem wylotowym pochłaniającym około 65% energii odrzutu. Broń miała drewniane łoże stanowiące całość wraz z kolbą. W przedniej części łoża znajdowała się nakładka chroniąca rękę strzelca przed oparzeniem. Podczas strzelania kb był podpierany dwójnogiem osadzonym przegubowo i składanym wzdłuż lufy w czasie marszu. W skład wyposażenia kb wchodziły 3 lufy zapasowe oraz klucz służący do ich wymiany, ładownice po 3 magazynki — razem 48 naboi. Wymiana lufy mogła nastąpić w warunkach polowych po wystrzeleniu ok. 300 pocisków.

W 1937 r. pierwsze kb produkcji seryjnej opuściły Państwową Fabrykę Karabinów w Warszawie. Broń do jednostek i składnic dostarczano w zaplombowanych skrzyniach, które można było otworzyć po otrzymaniu specjalnego rozkazu. W ostatnich miesiącach poprzedzających wybuch wojny gen. Tadeusz Kasprzycki wydał poufny rozkaz zezwalający na przeprowadzenie pokazowych strzelań z kb ppanc. dla wytypowanych strzelców (po trzech w kompanii). Strzelania miały być przeprowadzone z zasadami zachowania ścisłej tajemnicy i od wszystkich osób uczestniczących w strzelaniu miało być odebrane uroczyste ślubowanie.

A oto jak przedstawia to wydarzenie Mieczysław Andrysik, były żołnierz 4 pułku uł. zaniemeńskich: „Z karabinem przeciwpancernym spotkałem się po raz pierwszy w lipcu 1939 r. na poligonie w Rembertowie-Wesołej podczas zgrupowania podchorążych wszystkich specjalności w ramach przeszkolenia miesięcznego piechoty, tj. na pułku manewrowym. W czasie tego przeszkolenia

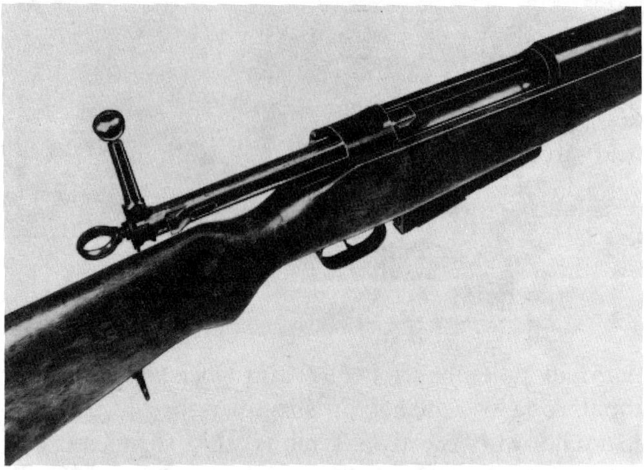

Rys. 13.4. Karabin ppanc. wz. 1935. Zamek i komora zamkowa

przechodziliśmy również zajęcia z bronią przeciwpancerną, tj. obsługę i strzelania z karabinu przeciwpancernego zwanego po wojnie URUGWAJEM. Przy pierwszym strzelaniu z tej rusznicy (tak ją we wrześniu potocznie nazywano) instruktorzy-podchorążowie ostatniego rocznika Szkoły Podchorążych Piechoty zwracali uwagę na dwie cechy tego karabinu, który zasadniczo nie różnił się konstrukcją z wyjątkiem masy i długości od zwykłego kb:

— mały zasięg, należało strzelać z odległości nie większej niż 100 m, a w miarę możliwości dopuszczać czołgi na bliższą odległość;
— duży odrzut, nie należało zapierać się stopami w pozycji leżącej o ziemię lub inne przedmioty terenowe.

Strzelanie było prowadzone plutonami, z tym że nie wszyscy mieli możliwość oddać strzały próbne, a jedynie z wyboru, reszta się przyglądała. Strzelano z odległośćci 100 m do kopułek stalowych oraz wieżyczek jakichś starych umocnień. Oglądaliśmy wszyscy skutki: pociski karabinu przebijały zupełnie pancerze stalowe przy centralnym trafieniu, boczne trafienia rwały podłużnie stal bruzdami."

26.08.1939 r. w ramach prowadzonej mobilizacji wydano rozkaz pułkom zaopatrzonym w koperty z pieczątką „Sztab Główny L 1000/mob/39" zezwalający na otwarcie skrzyń, jednak przesadna tajemnica otaczająca broń okazała się przeszkodą w pełnym wykorzystaniu walorów kb. Brak znajomości parametrów broni powodował, że w walkach odwrotowych strzelcy nie chcieli dźwigać ciężkiej broni i kładli kb na biedki lub wozy taborowe, wskutek czego często dostawały się one wraz z taborami w ręce wroga.

Jednak w oddziałach, w których wprowadzono kb do walki, zwalczały one skutecznie niemieckie czołgi typu T-1 i T-2 o opancerzeniu grubości 13-30 mm, stanowiąc znaczne zaskoczenie dla obsługi niemieckiej broni pancernej i zyskując duże uznanie w oczach żołnierzy. Świadczy o tym dalszy ciąg przytoczonej relacji: „W Wilnie po wprowadzeniu mobilizacji podstawowej, tj. w dniach 27/28.09.1939 r. wydano również karabiny ppanc. O ile pamiętam, rusznice wydano na każdy pluton szwadronów, ale były również przy poczcie dowódcy szwadronu CKM i dowódcy pułku. Dużą trudność przy wożeniu rusznicy sprawiał fakt, że nie przygotowano dla niej specjalnego juku (jak np. dla części ckm), co przy wadze karabinu, a zwłaszcza jego długości, było nieporęczne i powodowało, że w czasie jazdy przez lasy i zagajniki ułan zaczepiał lufą o gałęzie. Ale uwagi instruktorów z pułku manewrowego okazały się słuszne. Rusznice uszkadzały pojazdy opancerzone tylko na odległościach bliskich, tj. około 30-50 m, a przy dalszych jedynie powodowały zmianę kursu pojazdów nieprzyjaciela. Naocznie widziałem w czasie boju osłonowego przy przeprawie brygady przez Wisłę pod Dęblinem zniszczony przez strzelającego z rusznicy plutonowego o nazwisku Pastwa lekki czołg niemiecki. Również w czasie bojów na Lubelszczyźnie obserwowałem skuteczne trafienia z karabinu, w każdym razie karabin ten z każdym dniem walk wrześniowych coraz bardziej był otaczany przez żołnierzy szacunkiem, a obsługiwali go później, zauważyłem, nawet oficerowie."

Warto może zaznaczyć, że część zdobytych przez Niemców polskich kb ppanc. wz. 1935 przekazano później armii włoskiej, które były przez nią używane na różnych frontach II wojny światowej.

Rys. 13.5. Karabin ppanc. wz. 1935 zdobyty przez wojska amerykańskie na froncie włoskim

Tablica 13.1. Podstawowe dane techniczne karabinów i karabinków powtarzalnych

Dane	Wzór						
	kb Mausera wz. 1898	kbk Mausera wz. 1898	kbk Mosina wz. 1891/98/25	kbk Mannlichera wz. 1895	kbk wz. 1929	kbk KP-32	kb ppanc. wz. 1935
Kaliber [mm]	7,92	7,92	7,92	8	7,92	7,92	7,92
Długość broni bez bagnetu [mm]	1250	1100	1000	1000	1100	1080	1760
Długość broni z bagnetem [mm]	1770	1550	1260	1350	1420	1400	—
Długość przewodu lufy [mm]	740	600	600	498	600	548	1200
Masa broni bez bagnetu [kg]	4,36	3,33-3,88**)	3,68	3,23***)	3,9	3,89	9,1
Prędkość pocisku [m/s]	880	845	845	580	845	—	1250
Podziałka celownika [m]	400-2000	300-2000	300-1200	300-2600****)	—	200-1000	stały 100
Największa donośność [m]	4000*)	4000*)	4000	4200****)	4000	—	—
Zasilanie — magazynek (liczba naboi)	5	5	5	5	5	5	4

*) Przy kącie rzutu 31 (karabinek 33).
**) W zależności od rodzaju materiału łoża.
***) Oryginalny austriacki kbk ez. 1895 posiadał masę 3,13 kg.
****) W broni produkcji austriackiej odległość celownika była wyskalowana w krokach — kbk produkcji austriackiej posiadał podziałkę celownika 300-2400 kroków; 1 krok = 75 cm.

14
Karabiny samopowtarzalne

Karabin samopowtarzalny jest to broń, w której energię gazów prochowych wykorzystuje się nie tylko do wyrzucania pocisku z lufy, lecz również do wykonania wszystkich czynności koniecznych do przygotowania następnego strzału tak, że jego oddanie wymaga jedynie ponownego ściągnięcia języka spustowego.

Historia kbsp zaczęła się już w latach sześćdziesiątych XIX w. Później powstało kilka mniej lub bardziej udanych konstrukcji broni tego typu. Ze względu jednak na brak zainteresowania ze strony wojska nie podjęto ich produkcji i nie udoskonalano konstrukcji.

Wybuch I wojny światowej w sposób jednoznaczny uwidocznił zalety broni szybkostrzelnej. Spowodowało to natychmiast wzrost zainteresowania kbsp. Dopiero pod koniec I wojny światowej Francuzi wprowadzili w ograniczonej liczbie dwa typy: RSC wz. 1917 i RSC wz. 1918, a Włosi kbsp Revelli-Beretta, ale wszystkie one okazały się w praktyce nieudane.

W okresie międzywojennym powstało szereg konstrukcji kbsp w Wielkiej Brytanii, Czechosłowacji, Francji, Niemczech, USA i ZSRR. Do produkcji seryjnej weszły jednak w ograniczonych ilościach: czechosłowacki ZH wz. 1929, amerykański Garand M. 1 oraz radzieckie AWS wz. 1936 i SWT wz. 1938. Te ostatnie zresztą, ze względu na wady konstrukcyjne, skomplikowaną budowę oraz wrażliwość na zanieczyszczenia, ostatecznie wycofano z jednostek liniowych.

Warto w tym miejscu podkreślić, iż aczkolwiek w Niemczech już w 1920 r. żądano uzbrojenia Reichswehry w kbsp, to do wybuchu II wojny światowej nie zrealizowano tego zamierzenia. Gdy w 1935 r. w zakładach Mausera skonstruowano broń tego typu, która przeszła pozytywnie cykl prób, niemiecki sztab generalny nie zatwierdził jej do produkcji. Decyzję tę spowodowali przeciwnicy kbsp, którzy krytykowali nadmierne zużycie amunicji w czasie walki, jego zawodność i skomplikowaną budowę. W Polsce zainteresowanie kbsp zaczęło się tuż po odzyskaniu niepodległości. Mało znany jest fakt, że pierwsze próby ich opracowania podjęto już w latach 1920-1922. W zbiorach Muzeum Wojska Polskiego w Warszawie znajduje się właśnie prototyp takiego karabinu. Zachowany egzemplarz ma firmowe oznaczenie jako „Karabin automatyczny wzór warsztatów broni DOG Lwów 1921" i jest przeróbką seryjnego karabinu powtarzalnego Mannlichera wz. 1890 na karabin samopowtarzalny.

Pierwsze polskie karabiny samopowtarzalne

W końcu 1920 r. gen. por. Tadeusz Rozwadowski, pełniący ówcześnie funkcję szefa Sztabu Generalnego oraz dowódcy Frontu Galicyjskiego, wydał polecenie Zbrojowni Wojsk Polskich we Lwowie przerobienia austriackiego kb Mannlichera wz. 1888 na broń automatyczną. Realizując to polecenie, Zbrojownia wykonała w grudniu 1920 r. kilka różniących się między sobą modeli.

Inicjatywę gen. Rozwadowskiego energicznie poparł minister spraw wojskowych gen. Sosnkowski. Polecił on Komitetowi Uzbrojenia rozpatrzyć wniosek w sprawie wyposażenia armii polskiej, a szczególnie kawalerii, w kbsp. Opinia musiała być dość pozytywna, skoro Zbrojownia opracowała następne modele kbsp, tym razem oparte na kb Mannlichera wz. 1890. Z nie znanych przyczyn nie podjęto produkcji seryjnej tych kb. W Muzeum Wojska Polskiego w Warszawie zachował się jeden egzemplarz broni pod numerem inwentarzowym 52191. Nosi on oznaczenie „Karabin automatyczny wzór warsztatów broni DOG Lwów 1921".

Broń, o kal. 8 mm, działała na zasadzie wykorzystania części gazów prochowych odprowadzanych przez boczny otwór w przewodzie lufy. Gazy te, po dostaniu się do znajdującej się pod lufą komory gazowej, naciskały na tłok, który cofając się, ściskał sprężynę powrotną nawiniętą na tłoczysko oraz dwie ułożone równolegle sprężyny pełniące funkcję dodatkowych sprężyn powrotnych. Z tłoczyskiem była związana sztywno szyna umieszczona z prawej strony broni, przekazująca ruch tłoka i tłoczyska na suwadło. Wsteczny ruch szyny na pierwszych 18 mm powodował odryglowanie zamka, a następnie cofnięcie zespołu zamek-suwadło.

Zamek był ryglowany niesymetrycznie za pomocą rygla wahliwego opierającego się o występ w dolnej części komory zamkowej. Odryglowanie zamka było wymuszone przez cofające się suwadło. Mechanizm spustowy kbsp umożliwiał prowadzenie tylko pojedynczego ognia. Broń miała bezpiecznik chroniący przed strzałami przedwczesnymi oraz bezpiecznik skrzydełkowy umieszczony z lewej

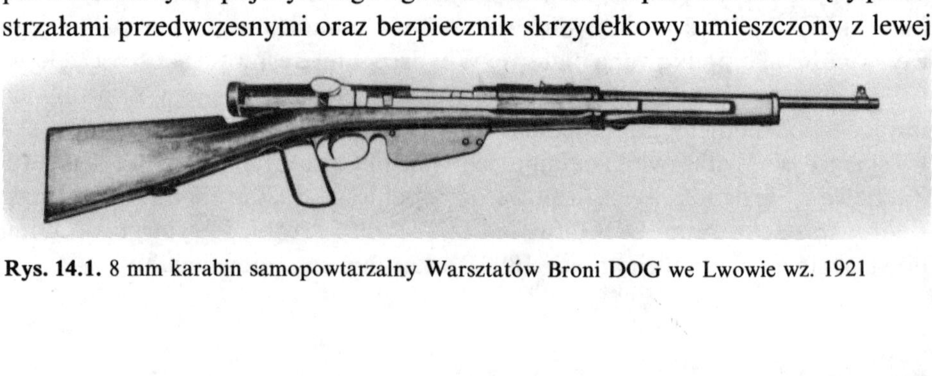

Rys. 14.1. 8 mm karabin samopowtarzalny Warsztatów Broni DOG we Lwowie wz. 1921

strony komory zamkowej, unieruchamiający zamek w przednim położeniu. Bezpiecznik ten unieruchamiał także iglicę przy napiętej sprężynie uderzeniowej.

Broń była zasilana od dołu ze stałego magazynka pudełkowego ładowanego razem z łódką. Magazynek mieścił 5 naboi 8 mm × 56R Mannlicher. Po wystrzeleniu ostatniego naboju zamek wracał w poprzednie położenie, a łódka wypadała z magazynka. Oryginalnym rozwiązaniem było zastosowanie w komorze gazowej rozdzielacza-regulatora o dwu nastawach, pozwalającego na wyłączenie automatyki broni. Karabin działał wtedy jako zwykła broń powtarzalna.

Przyrządy celownicze kbsp składały się z nie osłoniętej muszki i przerzutowego celownika o nastawach 300 i 500 m. Do strzelania na większą odległość broń posiadała celownik ramkowy z suwakiem o nastawach od 600 do 2400 m. Karabin miał stałą drewnianą kolbę i łoże. Tylna część lufy, zespół sprężyn powrotnych, rura i komora gazowa, były osłonięte metalowym płaszczem. Broń zaopatrzono w dodatkowy chwyt pistoletowy umieszczony pod kątem 80°.

W latach 1926-1929 płk Jerzy W. Dunajewski z Departamentu Uzbrojenia MSWojsk. pracował nad kbsp własnego pomysłu. Broń ta miała spełniać również funkcję lkm o regulowanej szybkostrzelności. Samoczynne działanie karabinu polegało na wykorzystaniu odrzutu całej broni za pomocą ruchomego trzewika kolby z równoczesnym wykorzystaniem gazów prochowych (pobieranych u wylotu lufy), działających na wycior spełniający w tym przypadku rolę tłoka. W celu chłodzenia broni na lufę karabinu nakładano specjalny aluminiowy radiator. Broń była zasilana z bębnowego magazynka, który można było doładowywać z łódki lub dodatkowego magazynka stanowiącego jednocześnie podstawę karabinu.

W 1927 r. kbsp zgłoszono do urzędu patentowego; w 1913 r. uzyskał on patent polski nr 13929. Prace nad prototypem jednak zaniechano, ponieważ konstruktor nie osiągnął zamierzonych rezultatów.

Niezależnie od prac prowadzonych przez płk. Dunajewskiego, w maju 1927 r. w Centralnej Szkole Strzelniczej w Toruniu zademonstrowano dwudziestopięciostrzałowy kbsp inż. Kubińskiego — konstruktora lwowskiej firmy „Arma". Z karabinu oddano 20 strzałów; komisja uznała, że może to być konstrukcja przyszłościowa. Brak jednak bliższych danych o jego losach.

W latach 1928-1930 student Politechniki Warszawskiej Banach opracował prototyp kbsp wzorowany na szwedzkim kb Sjögrena i niemieckim kbsp Mausera wz. 1916. Broń działała na zasadzie odrzutu zamka z urządzeniem opóźniającym i bezwładnikiem umieszczonym pod komorą zamkową. Nie uzyskano jednak zadowalających rezultatów i prace przerwano na etapie prototypu. Konstrukcje te oraz szerokie dyskusje na temat zasadności zastąpienia karabinu powtarzalnego karabinem samopowtarzalnym w fachowej prasie światowej spowodowały pojawienie się i u nas głosów na ten temat.

Jednym z pierwszych, który zajął się problemem kbsp był kpt. L. Możdżeński. Na łamach „Przeglądu Artyleryjskiego" autor przedstawił zalety kbsp i odpowiadał na stawiane zarzuty. Według niego kbsp posiadał większą szybkostrzelność, celność, mniej trudził strzelającego, był dogodniejszy i prostszy w obsłudze niż karabin powtarzalny.

Zarzuty stawiane kbsp, w rodzaju większego zużycia amunicji czy zbyt delikatnej budowy, autor odpierał, argumentując wielkim znaczeniem ognia piechoty. Poza tym, według niego, strzelec nie zmuszony do ciągłego nabijania broni po każdym strzale, mógł całą uwagę skupić na celowaniu i prowadzić ogień z większym skutkiem, zużywając w ten sposób mniej amunicji. Co do drugiego zarzutu kpt. Możdżeński przytoczył opinie specjalistów włoskich, angielskich i amerykańskich, według których dobrze wyszkolony żołnierz, odpowiednio obchodzący się z bronią, nie powinien mieć kłopotów z jej używaniem.

Odmienne stanowisko zajął gen. dyw. Jan Romer. Uważał on, iż „... nieprawdopodobna jest automatyzacja karabinów indywidualnych, bo co do celności ustępowały one karabinom maszynowym, których ogień zresztą wystarcza, a oprócz tego karabiny samoczynne groziłyby nadmiernym zużyciem amunicji ...".

Ppłk Aleksander Kiek uważał natomiast, że kb powtarzalny stał się już przeżytkiem i liczące się państwa pracują już nad kbsp.

Niezwykle interesujący pogląd na temat zastosowania kbsp zaprezentował kpt. Kazimierz Mazur. Uważał on, iż kbsp powinien być bronią strzelców wyborowych. Autor twierdził, że do tego celu nie nadają się zwykłe kb, ponieważ czynności, które trzeba powtarzać po oddaniu strzału uniemożliwiają ciągłą obserwację celu. Według kpt. Mazura wszystkie wymagania dotyczące broni dla strzelców wyborowych spełniałby kbsp mający długi odrzut, długą lufę, łatwy w obsłudze, o prostej budowie i lekkim spuście, który umożliwiałby oddanie strzału bez zerwania, wyposażony w lunetę o czterokrotnym powiększeniu.

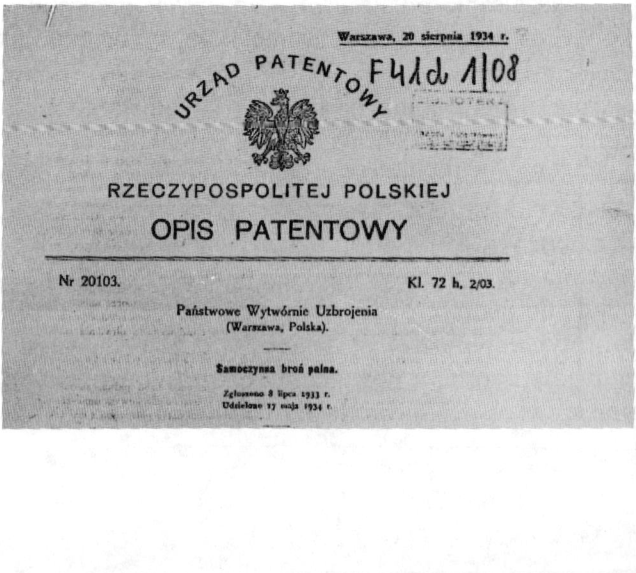
Warszawa, 20 sierpnia 1934 r.

URZĄD PATENTOWY

F41d 1/08

RZECZYPOSPOLITEJ POLSKIEJ

OPIS PATENTOWY

Nr 20103. Kl. 72 h, 2/03.

Państwowe Wytwórnie Uzbrojenia
(Warszawa, Polska).

Samoczynna broń palna.

Zgłoszono 8 lipca 1933 r.
Udzielono 17 maja 1934 r.

Rys. 14.2. Patent nr 20103, dotyczy rozwiązania inż. Edwarda Steckiego

Trudno jest obecnie stwierdzić, w jakim stopniu przedstawione poglądy wpłynęły na decyzje polskich władz wojskowych w sprawie kbsp. Faktem natomiast jest, że w marcu 1934 r. Instytut Badań Materiałów Uzbrojenia rozpisał konkurs na krajową konstrukcję kbsp. Założenia konkursu były następujące:

— kaliber 7,92 mm — nabój Mausera,
— masa karabinu nie powinna przekraczać 4,5 kg,
— magazynek mogący pomieścić 10 naboi,
— zasada działania dowolna,
— długość lufy jak w kbk,
— łatwa obsługa i rozbieralność, mała liczba części składowych, proste procesy technologiczne.

W ciągu roku do oceny komisji konkursowej napłynęło 9 projektów oznaczonych godłami: SKS, BK, 14895, Gajos, ABC-34, Celer, ES, Turniej, Samopał. We wrześniu 1935 r. poddano je ocenie, po czym wybrano 3 projekty:

— kbsp SKS, konstrukcji inż. Stefańskiego, który jednak w późniejszych badaniach odrzucono,
— projekt PWU — kbsp ES, konstrukcji inż. Edwarda Steckego,
— kbsp oznaczony godłem Turniej, konstrukcji inż. Józefa Maroszka.

Karabin samopowtarzalny wz. 37S

Projekt kbsp konstrukcji inż. Edwarda Steckiego powstał na początku lat trzydziestych. 8.07.1933 r. broń została zgłoszona w Urzędzie Patentowym przez PWU, której pracownikiem był inż. Stecke. 17.05.1934 r. konstrukcja otrzymała zastrzeżenie patentowe nr 20103. Tymczasem, w marcu 1934 r. IBMU ogłosił konkurs na kbsp, na który zgłoszono konstrukcję inż. Steckego. Broń zdobyła na nim pierwszą nagrodę.

Prototyp kbsp S wykonano w Fabryce Karabinów w Warszawie, w listopadzie 1934 r., po czym przekazano go do prób w IBMU. W ich wyniku polecono konstruktorowi wprowadzić pewne poprawki, po czym broń ponownie, w połowie 1935 r., przekazano do prób. Do tego czasu na broń tę wydano, do 1.04.1935 r., 25 161 zł. Prace nad tym modelem kbsp S trwały do końca 1936 r. i zostały przerwane na polecenie ITU, który jednocześnie polecił konstruktorowi opracować ulepszony model. Model ten wykonano kosztem 4652 zł do końca roku 1937. W roku następnym przystąpiono do prób z bronią, która otrzymała oznaczenie „wz. 37 Stecke". Badania wykazały, iż broń działa sprawnie i ma dobrą celność, lecz słabą wytrzymałość części. W związku z tym polecono karabin przekonstruować. W kwietniu 1939 r. Fabryka Karabinów wykonała

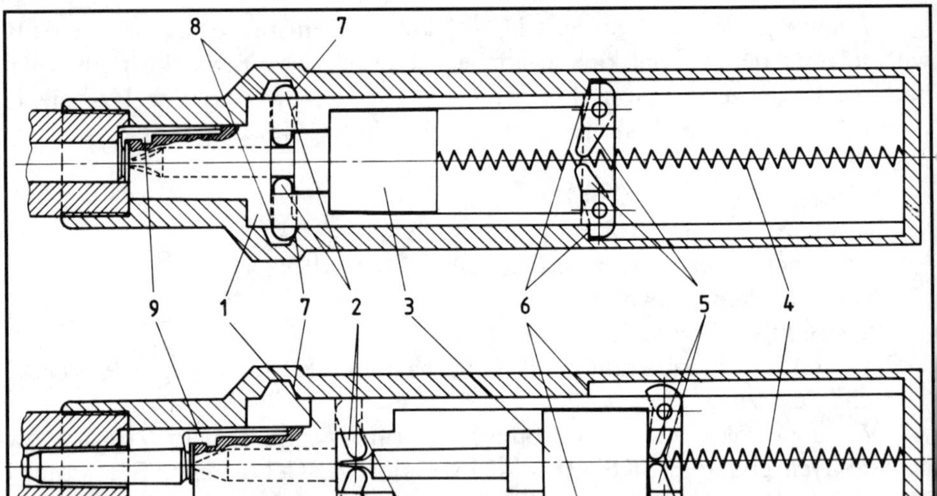

Rys. 14.3. Trzon zamkowy karabinu samopowtarzalnego S: *1* — trzon zamkowy, *2* — rygle (dźwignie ryglujące), *3* — ruchome części trzonu, *4* — sprężyna dociskająca, *5* — dwuramienne dźwignie będące przedłużeniem trzonu, *6* — wręby komory zamkowej, *7* — ścianki skośnych wydrążeń w komorze zamkowej, *8* — punkty chwilowego obrotu, *9* — wyciąg nabojowy

kbsp oznaczony jako „Nr 3 Stecke". Prób nie udało się jednak ukończyć z powodu wybuchu wojny.

W lutym tego roku ITU polecił również wykonać nowy, poprawiony model kbsp Steckego w pierwotnej wersji, z krótką lufą. I w tym przypadku dalsze prace przerwał wybuch wojny.

W konstrukcji broni wykorzystano zasadę poboru energii gazu w dnie komory nabojowej. Wykorzystano tu ciśnienie panujące w komorze nabojowej przed opuszczeniem lufy przez pocisk. Zastrzeżenie patentowe dotyczyło umieszczonej w trzonie zamkowym, dającej się przesuwać, części. Była ona połączona z trzonem w taki sposób, że po wystrzale, wskutek nieznacznego cofnięcia się zaryglowanego trzonu zamkowego, uzyskano znaczne przesunięcie jego części ruchomej. Powstała wtedy przy końcu suwu energia kinetyczna była przenoszona na trzon zamkowy, który szybko cofając się, wyciągał z komory nabojowej nie oliwioną łuskę. Rozwiązaniu temu stawiano zarzut, że musi ono powodować zniekształcenie łuski podczas strzału. Doświadczenie wykazało jednak, że zniekształcenie jest nieznaczne i nie wpływa ujemnie na funkcjonowanie broni. Rozwiązanie to uzyskano dzięki zastosowaniu jako rygli dających się przesuwać dwóch dwuramiennych dźwigni.

Położone poziomo rygle wykonywały ruch wahliwy, a jednocześnie prostopadły do osi broni. Ruch ten był regulowany za pomocą iglicy. Przed wystrzałem zewnętrzne ramiona rygli opierały się o skośne wydrążenia komory zamkowej, a wewnętrzne o część dającą się przesuwać w trzonie zamkowym.

Na przedłużeniu trzonu zamkowego umieszczono dwuramienne dźwignie, których zewnętrzne ramiona opierały się o wręby komory zamkowej. Części wewnętrzne tych dźwigni znajdowały się — w celu wywołania szybkiego i znacznego cofnięcia się trzonu zamkowego — na drodze przesuwu jego części ruchomej. Pod działaniem skośnych ścianek komory zamkowej rygle trzonu zamkowego były wsuwane do wnętrza trzonu.

Na rysunkach przedstawiono trzon zamkowy kbsp S. Rysunek górny przedstawia przekrój podłużny i częściowo widok z góry przed wystrzałem, a rysunek dolny — po wystrzale.

Działanie:

W chwili strzału trzon zamkowy *1* cofa się, a dźwignie ryglujące (rygle) *2* umieszczone w wycięciu trzonu są naciskane przez ścianki *7*. Wskutek tego obracają się dookoła punktów chwilowego obrotu *8*, aż do oparcia się o punkty *8* wycięcia w trzonie *1*. Jednocześnie naciskają one swoimi wewnętrznymi ramionami na część ruchomą *3*, odrzucając ją do tyłu. W trakcie cofania się część *3* zwalnia rygle *2*, które ślizgając się po skośnej ściance w komorze zamkowej *7*, wchodzą w głąb wycięć w trzonie zamkowym i zwalniają go jednocześnie. Wraz ze zwolnieniem trzonu zamkowego *1* część ruchoma *3* uderza o wewnętrzne ramiona dźwigni *5*. Ramiona te są ruchome, osadzone na przedłużeniach trzonu zamkowego w taki sposób, że opierają się swoimi zewnętrznymi ramionami o wręby *6* w komorze zamkowej. Uderzając w dźwignię *5*, część ruchoma *3* przekazuje swoją energię kinetyczną trzonowi zamkowemu i cofa go. Wtedy duża przekładnia dźwigni *5* powoduje silne szarpnięcie trzona zamkowego, nadając łusce ruch w komorze nabojowej, dzięki czemu jest ona wyrzucana na zewnątrz.

Karabin samopowtarzalny wz. 38M

Jak już wspomniano, projekt karabinu samopowtarzalnego Turniej powstał w 1934 r. jako odpowiedź na ogłoszony przez IBMU konkurs. Wobec nie najlepszych wyników uzyskanych podczas prób z kbsp Steckiego i Stefańskiego na przełomie 1935/1936 r. zapadła decyzja o budowie modelu kbsp Maroszka.

Już po opracowaniu rysunków technicznych inż. Józef Maroszek wpadł na nowy pomysł ryglowania zamka. Ponieważ jednak wstępne prace nad prototypem były już zaawansowane, u szefa Instytutu Technicznego Uzbrojenia płk. M. Maciejowskiego odbyła się rozmowa, w wyniku której konstruktor otrzymał

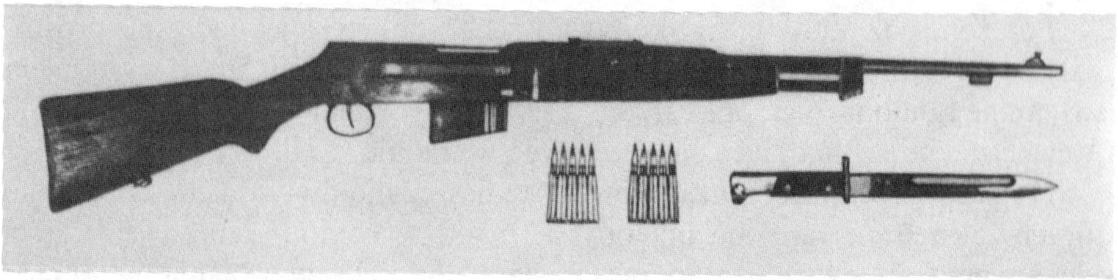

Rys. 14.4. 7,92 mm karabin samopowtarzalny wz. 38M

6 tygodni na dokonanie zmian w rysunkach technicznych. Po ich opracowaniu, w połowie 1936 r: pod osobistą kontrolą inż. Maroszka, troje zaprzysiężonych ludzi wykonało w rekordowo krótkim terminie 3 tygodni w podziemiach Zbrojowni nr 2 na Pradze w Warszawie prototyp kbsp. Koszt wykonania modelu według rysunków ITU wyniósł 7409 zł.

Pierwszym próbom kbsp M poddano prawdopodobnie w drugiej połowie 1936 r., w Centrum Badań Balistycznych w Zielonce k. Warszawy. Wstępne badania wykazały, że poza iglicą żadne elementy karabinu nie uległy zużyciu

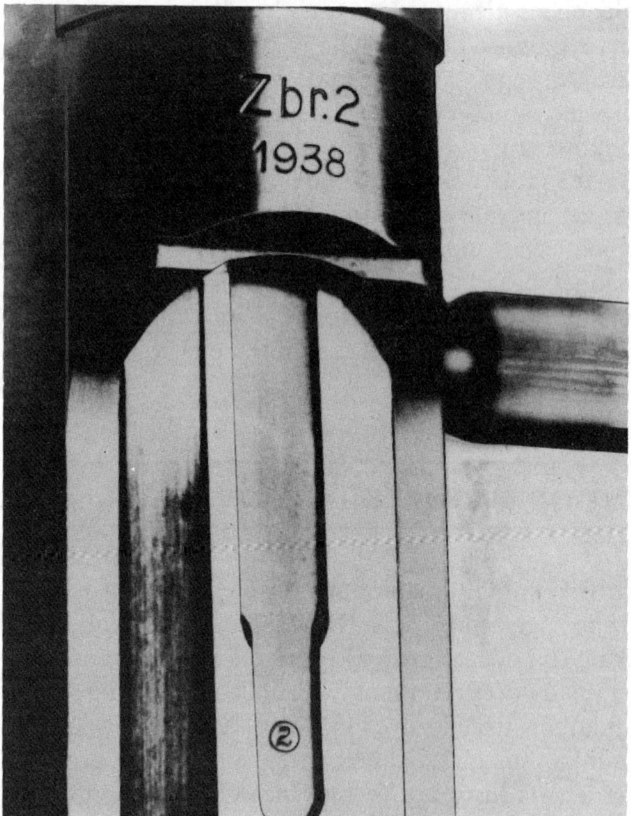

Rys. 14.5. Znakowanie prototypu broni

zmęczeniowemu. Jedynie iglica wymagała zmiany konstrukcyjnej grota, a nieznaczny ubytek prowadnic nie zmieniał pozytywu broni. Po tych zachęcających próbach Zbrojowni nr 2 wydano polecenie wykonania 5 egzemlarzy kbsp M w celu dokonania bardziej wszechstronnych badań. W karabinach tych dokonano istotnej zmiany konstrukcyjnej w budowie iglicy. Nowa iglica była niejednorodna i składała się z 2 części: trzona iglicy i grota iglicznego wykonanego z drutu fortepianowego. Tak zbudowana iglica wytrzymywała do 120 000 strzałów, podczas gdy przy rozwiązaniu tradycyjnym złamanie grota następowało nieraz już po oddaniu 1000 strzałów.

Broń tę poddano w ciągu 1937 r. wszechstronnym próbom. Między innymi badano zużycie luf, zużycie materiałów, niezawodność działania mechanizmów w różnych warunkach eksploatacji. W tym też roku nastąpiła pierwsza oficjalna prezentacja kbsp M na poligonie w Zielonce, przed komisją na szczeblu generalskim. Pokazowe strzelanie wykonał sam konstruktor, uzyskując na 10 strzałów 10 trafień.

Po zakończeniu programu badań zwołano specjalną komisję w celu ponownej wszechstronnej analizy kbsp M i wypowiedzenia się co do jego przydatności dla armii polskiej.

Prawdopodobnie na początku 1938 r. zapadła decyzja zatwierdzająca kbsp M do produkcji seryjnej w przypadku pozytywnego przebiegu prób w warunkach zbliżonych do bojowych. Wtedy też prawdopodobnie broń otrzymała robocze oznaczenie jako kbsp wz. 38M (lub kbsp M wz. 38).

Niedługo potem Centralne Laboratorium Państwowej Wytwórni Uzbrojenia zaczęło przygotowywać opracowanie rysunkowe dla Fabryki Broni w Radomiu, w której zamierzano wyprodukować serię informacyjną kbsp wz. 38M oraz rozpocząć ewentualnie produkcję seryjną tych karabinów. Z zachowanych dokumentów źródłowych wynika, że seria informacyjna liczyła 72 sztuki i zamówiono ją między marcem a majem 1938 r.

Wobec obiecujących wyników prób 13.07.1938 r. drugi wiceminister spraw wojskowych gen. A. Litwinowicz polecił Departamentowi Uzbrojenia zamówić 55 kbsp wz. 38M z terminem dostawy do 1.01.1939 r. w celu przeprowadzenia badań w jednostkach liniowych. Zamówienie to miała wykonać Zbrojownia nr 2, która 15.07.1938 r. złożyła w Fabryce Karabinów w Warszawie zamówienie na 57 luf do kbsp M w cenie po 90 zł za sztukę.

24.02.1939 r. Instytut Techniczny Uzbrojenia zlecił wykonanie nowego, udoskonalonego kbsp wz. 38M o dużej celności. Brak jednak niestety bliższych informacji na ten temat.

Do lipca 1939 r. wyprodukowano ok. 150 kbsp wz. 38M, które po przejęciu przez Departament Uzbrojenia skierowano do prób w oddziałach liniowych.

Jedyny bojowy przykład zastosowania kbsp wz. 38M jest znany z relacji konstruktora — inż. J. Maroszka. Podaje on, iż po wybuchu wojny, w czasie ewakuacji pracowników Instytutu Technicznego Uzbrojenia, pociąg, którym jechali, został pod Zdołbunowem zaatakowany z niskiego pułapu przez 2 niemieckie samoloty. J. Maroszek zaczął ostrzeliwać jeden z nich z „własnego", nielegalnie zresztą zatrzymanego karabinu. W wyniku tego pojedynku ciężko ranny pilot ostrzeliwanego samolotu lądował przymusowo niedaleko od atakowanego pociągu, mając zabitego strzelca pokładowego.

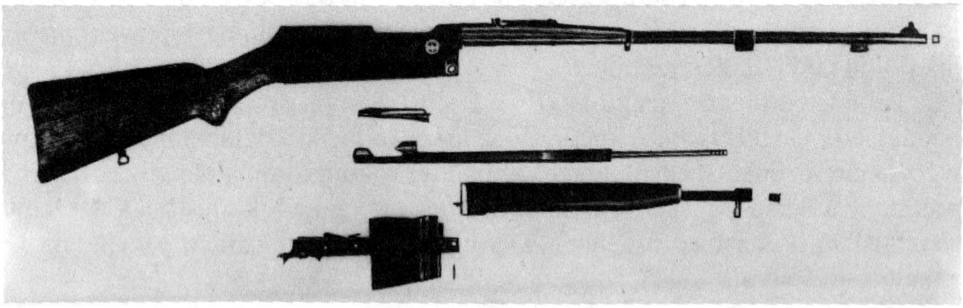

Rys. 14.6. Podstawowe zespoły karabinu wz. 38M

Po zajęciu przez Niemców Polski część wyprodukowanych kbsp M wpadła w ręce okupanta i była prawdopodobnie przez niego wykorzystywana, bowiem J. Maroszek widział w 1940 r. w Warszawie kilkunastoosobową grupę żołnierzy niemieckich uzbrojonych w kbsp wz. 38M.

Po zakończeniu II wojny światowej pewną liczbę tych karabinów znaleziono, lecz jako „niezidentyfikowane" zostały zniszczone. Obecnie jeden egzemplarz kbsp wz. 38M znajduje się w rękach prywatnego kolekcjonera w USA, a drugi w zbiorach Muzeum Wojska Polskiego w Warszawie, uzyskany w ramach wymiany z ZSRR.

Karabin samopowtarzalny Maroszka charakteryzowała prosta konstrukcja, był on poręczny w użyciu i niezawodny w działaniu. Cechowała go duża łatwość rozbierania i składania. Przez wyjęcie sworznia (na zdjęciu — z prawej strony obok magazynka) karabin można było rozłożyć na 5 podstawowych zespołów. Broń działała na zasadzie pobierania gazów z przewodu lufy przy zaryglowanym zamku. Tłok, umieszczony w komorze gazowej pod lufą, przekazywał energię gazów za pomocą suwadła częściom zamka. Ryglowanie było niesymetryczne. Odbywało się za pomocą podniesienia tylnego płasku trzona zamkowego i oparcia go o komorę zamkową. Komora zamkowa była krótsza niż w jakimkolwiek innym kbsp działającym na zasadzie pobierania gazu w przewodzie lufy.

Pod komorą zamkową był umieszczony dziesięcionabojowy magazynek, który można było ładować z typowych pięcionabojowych łódek stosowanych do kb Mausera.

Drewniane łoże kbsp składało się z kolby i łoża właściwego wraz z nakładką ochraniającą, która zabezpieczała rękę strzelca przed poparzeniem przy prowadzeniu ognia przez dłuższy czas. Broń była zaopatrzona w przyrządy celownicze typu otwartego. Do kbsp wz. 38M był przewidziany typowy bagnet wz. 1929 o brzeszczocie kłujno-siecznym.

Dane techniczne

kaliber	7,92 mm	długość lufy	625 mm
masa broni	ok. 4,5 kg	pojemność magazynka	10 naboi
długość broni	1334 mm	nastawy celownika	100-2000 m

15
Modernizacja karabinka AK

W końcu II wojny światowej do uzbrojenia walczących wojsk wprowadzono karabinki na amunicję pośrednią. Spowodowało to zasadnicze zmiany w poglądach na uzbrojenie strzeleckie pododdziałów piechoty. Rozwiązanie okazało się przyszłościowe i później w wyposażeniu większości armii znalazły się kbk samoczynne jako broń lepiej dostosowana do wymagań współczesnego pola walki.

Wprowadzony w 1949 r. w ZSRR kbk samoczynny (zaliczany początkowo do kategorii pm) — konstrukcji M. T. Kałasznikowa — działał na zasadzie odprowadzania części gazów prochowych przez boczny otwór w lufie. Gazy poruszały tłok stanowiący całość z tłoczyskiem i suwadłem zamka. Ryglowanie następowało przez obrót zamka w prawo i połączenie jego rygli z oporami ryglowymi w komorze zamkowej. Broń była zasilana w amunicję z wymiennych magazynków łukowych o pojemności 30 naboi. Mechanizm uderzeniowo-

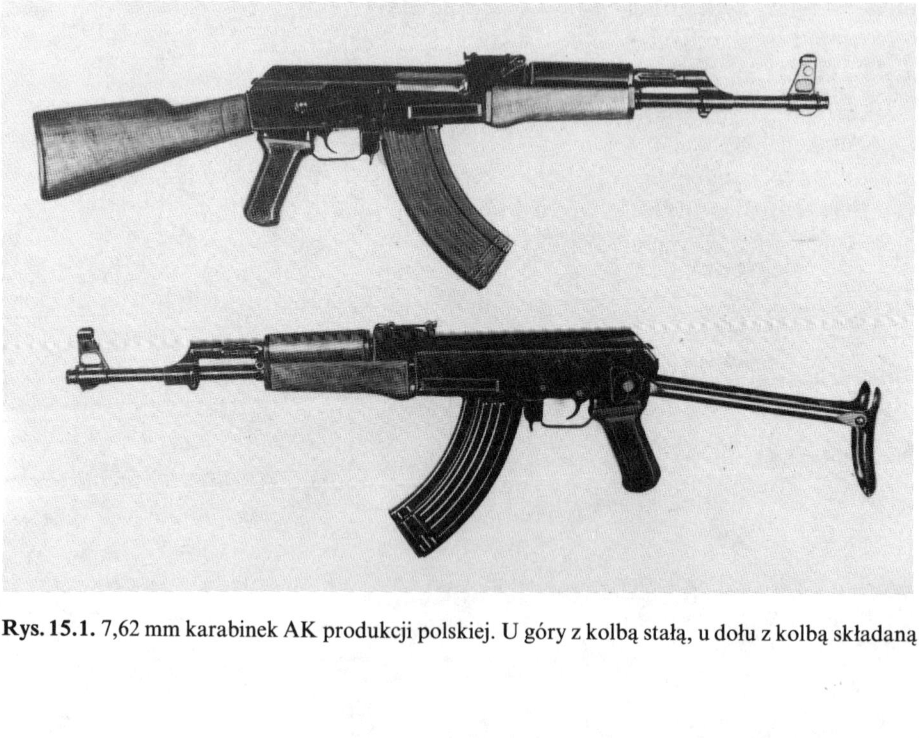

Rys. 15.1. 7,62 mm karabinek AK produkcji polskiej. U góry z kolbą stałą, u dołu z kolbą składaną

spustowy typu kurkowego zapewniał celne strzelanie, zwłaszcza ogniem pojedynczym. Przełącznik rodzaju ognia pełnił rolę bezpiecznika. Przyrządy celownicze typu otwartego były przystosowane do strzelania na odległość do 800 m.

Broń wytwarzano w 2 odmianach, ze stałą kolbą drewnianą lub składaną kolbą metalową. Do kbk mógł być mocowany bagnet płaski typu nożowego. Ta udana konstrukcja szybko stała się podstawową bronią indywidualną większości żołnierzy państw Układu Warszawskiego oraz niektórych krajów Azji i Afryki. Karabinki AK były produkowane na licencji w Bułgarii, Chinach, Egipcie, Finlandii, Jugosławii, na Węgrzech, w Rumunii, b. NRD i Północnej Korei.

Należy podkreślić, że według zgodnej opinii wielu specjalistów i ekspertów zachodnich kbk samoczynny AK należy do najlepiej zaprojektowanych i najbardziej niezawodnych wzorów broni strzeleckiej ostatniego półwiecza. Szcuje się przy tym, że od 1949 r. do chwili obecnej wyprodukowano na świecie ponad 40 mln szt. tej broni w różnych odmianach.

W Polsce produkcję kbk AK uruchomił przemysł zbrojeniowy w latach 1956-1957 na podstawie udostępnionej przez ZSRR dokumentacji technicznej. Jednocześnie z wprowadzeniem kbk prowadzono prace doświadczalno-konstrukcyjne nad szerszym wykorzystaniem tej broni. W ich wyniku opracowano modele kbk AK z celownikiem optycznym, które jednak nie znalazły się w produkcji seryjnej.

Broń ta, w założeniu przeznaczona dla strzelców wyborowych, posiadała wydłużoną lufę oraz optyczne przyrządy celownicze osadzone na specjalnym wsporniku. W karabinku zastosowano radziecki celownik typu PU wz. 1940, o masie własnej 270 g, dający powiększenie 3,5-krotne. Celownik ten, zaopatrzony w bębenek odległościowy i bębenek do wprowadzania bocznych poprawek, pozwalał na skuteczne zwalczanie celów na odległość do 800 m.

W latach 1957-1958 skonstruowano w Polsce 2 wersje tego kbk różniące się od siebie rodzajem zastosowanego wspornika. Niezależnie od prac modernizacyjnych, w Wojskowej Akademii Technicznej prowadzono również badania nad udoskonaleniem technologii produkcji kbk poprzez zastosowanie tworzyw sztucznych i proszków spiekanych.

Rys. 15.2. Karabinek AK z lunetą PU; wersja z 1957 r.

Rys. 15.3. Karabinek AK z lunetą PU; wersja z 1958 r.

W celu zwiększenia uniwersalności znajdujących się w uzbrojeniu LWP kbk AK polscy konstruktorzy przystosowali kbk Kałasznikowa z kolbą drewnianą do miotania nadkalibrowych granatów przeciwpancernych i odłamkowych. W porównaniu z kbk standardowym kbk-granatnik otrzymał dodatkowe

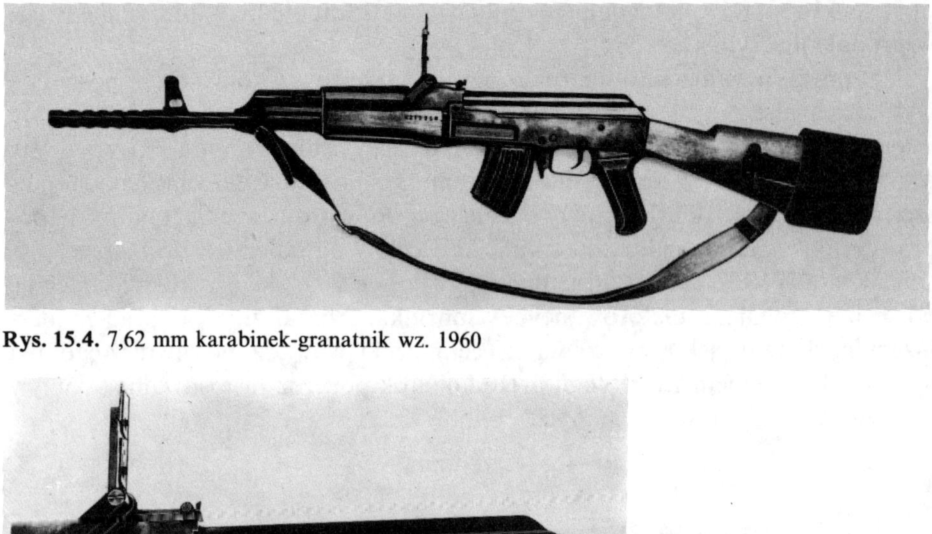

Rys. 15.4. 7,62 mm karabinek-granatnik wz. 1960

Rys. 15.5. Celownik z poziomicą odległościową zamontowany na karabinku-granatniku wz. 1960

części i zespoły umożliwiające miotanie granatów. Należy do nich nasadka nakręcana na wylot lufy, zawór komory gazowej zwiększający ilość przepływających gazów prochowych niezbędnych do wyrzucenia granatu, celownik z poziomnicą odległościową mocowany do broni nakrętką motylkową, magazynek krótki oraz gumowy amortyzator łagodzący uderzenie kolby o ramię strzelca w czasie strzelania granatami.

Jednocześnie opracowano granaty nasadkowe o działaniu odłamkowym F-1N-60 i przeciwpancernym PGN-60.

Dużą zaletą kbk-granatnika był mały płomień wylotowy i obłok dymu powstający przy strzale, który tylko nieznacznie demaskował stanowisko

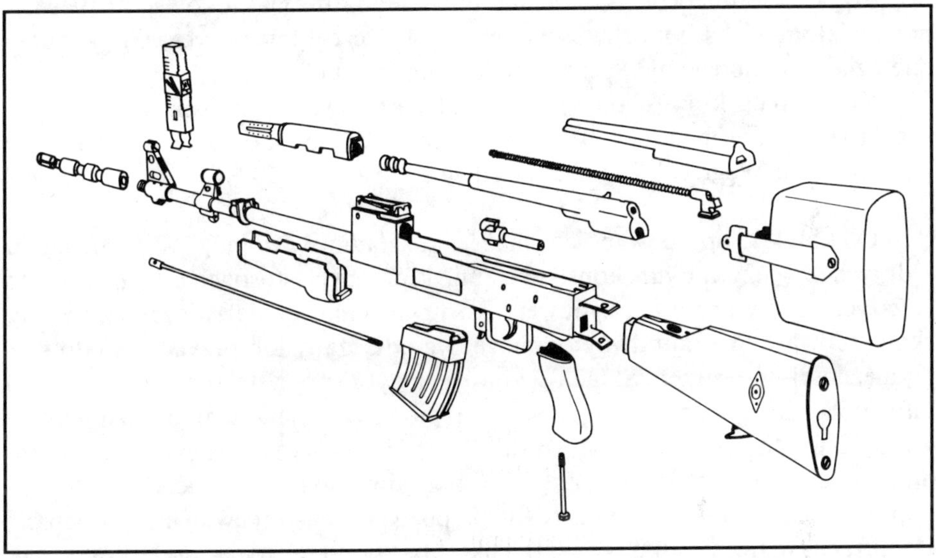

Rys. 15.6. Podstawowe części i zespoły 7,62 karabinka granatnika wz. 1960/72

ogniowe strzelca. Wykorzystanie kbk do miotania granatów kumulacyjnych umożliwiło wyposażenie wojsk w indywidualną broń przeciwpancerną o znacznie większym zasięgu i celności w porównaniu z dotychczas stosowanymi ręcznymi granatnikami przeciwpancernymi. Po przejściu niezbędnych prób i badań poligonowych przemysł krajowy rozpoczął produkcję kbk-granatników. Broń przyjęto do uzbrojenia wojsk jako 7,62 mm kbk-granatnik wz. 1960 (kbk-g wz. 1960).

W 1970 r. kbk-g nieznacznie zmodernizowano poprzez wprowadzenie prostszego i tańszego w produkcji uniwersalnego celownika wz. 1970. Nowy celownik wykonano metodą tłoczenia z blachy stalowej.

Dla wojsk powietrzno-desantowych opracowano specjalną odmianę kbk-g oznaczoną jako wz. 1960/72 z kolbą oddzielaną od komory zamkowej — w celu zmniejszenia długości karabinka. Do przenoszenia broni i zabezpieczenia skoczka przed zaczepieniem kbk-g o luk desantowy w czasie skoku karabinek osłonięto specjalnym brezentowym pokrowcem.

Równocześnie z modernizacją kbk-g skonstruowano nowe granaty nasadkowe. Granat F-1N-60 zastąpiono nowocześniejszym granatem kulkowym KGN, ponadto do użycia w wojsku wprowadzono dymne granaty nasadkowe typu DGN.

Do każdego kompletu kbk-g wchodzą przybory do rozkładania, czyszczenia i przygotowania go do strzelania, przenoszone w specjalnym zasobniku. Zasobnik ten służy również do przenoszenia niezbędnej liczby granatów nasadkowych.

Przystosowanie kbk AK do miotania granatów nasadkowych zapewnia pododziałom większe możliwości ogniowe — szczególnie wówczas, gdy muszą one działać samodzielnie, bez wsparcia broni ciężkiej.

Konstrukcja kbk-g stanowi cenny wkład krajowej myśli naukowo-technicznej w rozwój uzbrojenia. Na bazie polskiego rozwiązania opracowano podobne granatniki na Węgrzech i w b. Jugosławii.

Do kbk AK opracowano również lekki składany dwójnóg. W porównaniu z dotychczas używanymi konstrukcjami, które były stosowane wyłącznie do cięższych typów broni maszynowej jako urządzenia trwale związane z bronią, skonstruowany w kraju dwójnóg może być odłączany lub przyłączany do kbk w zależności do potrzeb. Składa się on z uchwytu sprężystego mocowanego do lufy, połączonego poprzez łącznik osią pionową z jarzmem osadzonym na wsporniku. Ze wspornika są wysuwane nogi, których wsunięcie zmniejsza długość całego urządzenia. Zastosowanie dwójnogu w znacznym stopniu poprawia celność broni, jak również pozwala na zapewnienie jej lepszej stabilizacji w przypadku zaopatrzenia kbk w urządzenia dodatkowe, jak celownik optyczny czy noktowizor.

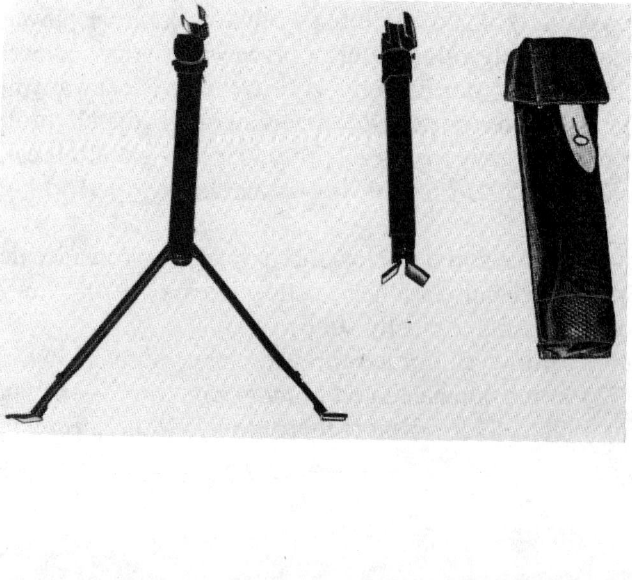

Rys. 15.7. Lekki składany dwójnóg konstrukcji polskiej do karabinków AK

Rys. 15.8. Karabinek AK z noktowizorem wyposażony w szczelinowy tłumik płomieni i lekki składany dwójnóg

Opisane rozwiązanie jest przedmiotem patentu polskiego nr 109434.

W 1966 r. rozpoczęto produkcję zmodernizowanej odmiany kbk AK oznaczonej sumbolem AKM, zaś w 6 lat później — wersji dla wojsk powietrzno-desantowych i specjalnych — AKMS. W broni na szerszą skalę zastosowano tworzywa sztuczne oraz elementy tłoczone z blachy stalowej, uproszczono kształty i unowocześniono wyrób niektórych części. Ponadto:

— do mechanizmu spustowego wprowadzono urządzenie opóźniające ruch kurka do przodu, przez co polepszono skupienie pocisków przy ogniu ciągłym;
— przewidziano inny rodzaj bagnetu, który w połączeniu z pochwą może być wykorzystany jako nożyce do cięcia drutu lub samodzielnie jako nóż szturmowy;
— zastosowano osłabiacz podrzutu;
— część kbk wyposażono w podświetlane przyrządy celownicze z wykorzystaniem gazowego trytowego źródła światła.

Dla nowszych wersji kbk AK (AKM i AKMS) zaprojektowano i wprowadzono do wyposażenia wojsk bagnet ćwiczebno-treningowy. Polski bagnet ćwiczebny jest przeznaczony do nauki walki wręcz, ma on ruchomy teleskopowy brzeszczot, który w chwili zadania pchnięcia wsuwa się w rękojeść. Przednia

Rys. 15.9. Polski bagnet ćwiczebno-treningowy

część rękojeści i koniec brzeszczota są osłonięte gumowymi nakładkami chroniącymi ćwiczących przed urazem lub kontuzją.

Dążąc do zmniejszenia kosztów szkolenia ogniowego, opracowano również treningową wersję kbk AKM. Broń ta całkowicie spełnia postulat jednolitości uzbrojenia, bowiem ani masą, ani wymiarami i wyglądem zewnętrznym nie odbiega od kbk bojowego. Zasadnicza różnica występuje jedynie w zasadzie działania i rodzaju naboju. Samoczynne działanie broni jest tu oparte na zasadzie odrzutu zamka swobodnego. Dzięki temu można prowadzić trening strzelecki, wykorzystując do tego celu 5,6 mm naboje sportowe typu *long rifle*. Do zasilania broni służą wymienne jednorzędowe magazynki łukowe o pojemności 15 naboi wykonane w formie wkładu typowego magazynka kbk AK.

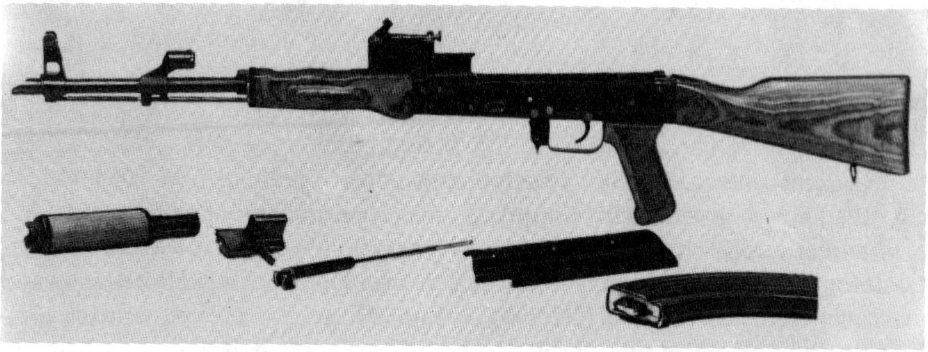

Rys. 15.10. Podstawowe części i zespoły 5,6 mm AKM na nabój sportowy bocznego zapłonu

Z kbk można strzelać ogniem pojedynczym i seryjnym, co urealnia i uatrakcyjnia proces szkolenia oraz pozwala na uzyskanie znacznych oszczędności amunicji bojowej. Ponadto, w celach studialnych i badawczych kilka kbk AKM dostosowano w kraju do 5,6 mm × 39 radzieckiego naboju sportowego „Biegnący Jeleń" o dużej prędkości początkowej.

Opanowanie przez krajowy przemysł zbrojeniowy produkcji kbk AK pozwoliło na pełne zaspokojenie potrzeb wojska, zaś wprowadzone ulepszenia i modyfikacje znacznie podniosły walory tej broni.

Karabinek AK-74

Broń ta wprowadzona rozkazem Nr 34 z dnia 24 czerwca 1975 r. do uzbrojenia sił zbrojnych b. ZSRR. Po raz pierwszy oficjalnie została zademonstrowana w czasie defilady z okazji święta rewolucji październikowej w 1977 roku. Obiektywy licznie zgromadzonych dziennikarzy i fotoreporterów na Placu Czerwonym w Moskwie zaresjetrowały głównie cechy i różnice zewnętrzne pozwalające odróżnić tę broń od karabinka AKM. Szczególną uwagę zwracało

Rys. 15.11. 5,45 mm karabinek AK-74

duże urządzenie wylotowe umieszczone przed osłoną muszki, nowy magazynek z tworzywa sztucznego w kolorze szaro-brązowym oraz podłużne wgłębienie znajdujące się w kolbie. Równolegle wojska powietrznodesantowe zostały wyposażone w karabinki z metalową kolbą składaną (AKS-74). Jednak nadal brak było wiarygodnych informacji technicznych dotyczących szczegółów parametrów i kalibru broni. Powodowało to liczne spekulacje, przy czym powszechnie przypuszczano, że broń dostosowana jest do wojskowej wersji 5,6 mm naboju sportowo-myśliwskiego o dużej prędkości początkowej typu „Biegnący Jeleń".

Dopiero konflikt afgański pozwolił na zaznajomienie się z nową bronią oraz pełne poznanie jej zalet. W wyniku badań i testów porównawczych zdobycznych karabinków AK-74 stwierdzono, że w porównaniu z 7,62 mm karabinkiem AKM nowa broń odznacza się:

— zastosowaniem 5,45 mm × 39 amunicji o mniejszym kalibrze i masie oraz dobrych parametrach balistycznych;
— większą celnością, karabinek AK-74 jest dwa razy celniejszy niż karabinek AK lub AKM na porównywalnych odległościach;
— nowe urządzenie wylotowe powoduje znaczne zmniejszenie energii odrzutu swobodnego, które dla karabinka AK-74 z pustym magazynkiem wynosi tylko 3,4 J, podczas gdy energia karabinka AKM jest równa 7,2 J;

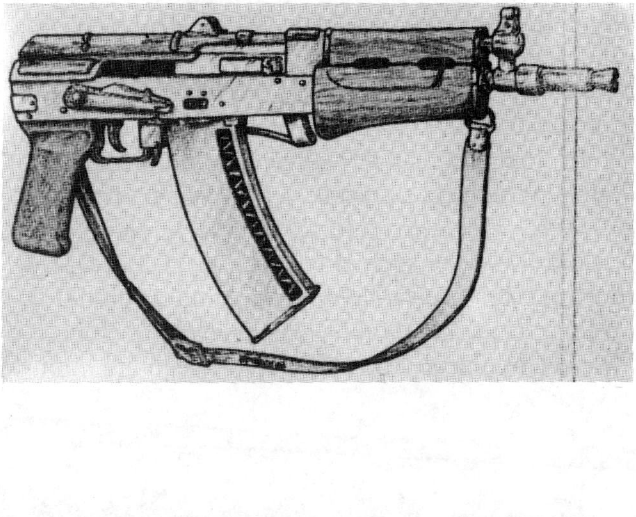

Rys. 15.12. 5,45 mm karabinek AKS-74U

— wysoką poręcznością oraz dobrą manewrowością ogniową;
— dużą niezawodnością i pewnością działania.

W 1985 r. niektóre oddziały SPECNAZ-u w Afganistanie, kierowcy wozów bojowych oraz załogi śmigłowców zostały wyposażone w 5,45 mm karabinki AKS-74U (w literaturze zachodniej broń ta występuje pod oznaczeniem — AKR), stanowiące skróconą wersję karabinka AK-74. Jednocześnie podstawowa wersja karabinka przeszła niewielką modernizację polegającą na zastąpieniu drewnianych części broni częściami z tworzywa sztucznego — karabinek AK-74M.

Przejście sił zbrojnych b. ZSRR na nowy mikrokalibrowy nabój kalibru 5,45 mm × 39 spowodowało, że pozostałych krajach byłego Układu Warszawskiego stała się aktualna koncepcja przezbrojenia wojsk w broń nowej generacji. Przy czym praktycznie do wyboru pozostawały dwie możliwości — zakup licencji lub opracowanie własnych konstrukcji. Drogę pierwszą wybrała armia dawnej NRD, gdzie w stosunkowo krótkim czasie adoptowano radziecką broń do własnych potrzeb, Polska i b. Czechosłowacja zrezygnowały z zakupu licencji i przystąpiły do opracowania własnych wzorów broni i amunicji.

W tym celu w końcu lat siedemdziesiątych w Ośrodku Badawczo-Rozwojowym fabryki broni w Radomiu powołano zespół konstruktorów w składzie: Krzysztof Styczyński, Bohdan Szpaderski i Bogusław Białczak, który przystąpił

Rys. 15.13. 5,45 mm karabinek „TANTAL"

do realizacji programu badawczo-konstrukcyjnego oznaczonego kryptonimem roboczym „TANTAL". W myśl przyjętych wcześniej wymagań taktyczno-technicznych zakładano, że projektowana broń będzie działała na zasadzie wykorzystania energii gazów prochowych odprowadzanych przez boczny otwór w lufie. Ponadto przyjęto założenie wyposażenia broni w selektor ograniczający długość serii, gdyż z przeprowadzonych analiz statystycznych i badań doświadczalnych wynikało, że do trafienia celu znajdującego się w odległości 300 m wystarcza zwykle seria skladająca się z 3 pocisków. Wytyczne przewidywały również przystosowanie broni do miotania granatów nasadkowych. Planowano także, że część karabinków zostanie wyposażona w specjalny wspornik umożliwiający osadzenie celownika optycznego lub noktowizora. Projektanci ogólną koncepcję broni oparli na bazie radzieckiego karabinka AK-74, lecz zasadnicze elementy mechanizmów i zespołów broni są oryginalnym dziełem polskich konstruktorów.

Na początku lat siedemdziesiątych prototyp karabinka był już gotowy i broń można było skierować do badań poligonowo-eksploatacyjnych. Jednocześnie Zakłady Metalowe „Mesko" w Skarżysku Kamiennej rozpoczęły produkcję amunicji 5,45 mm × 39, zaś w Wojskowym Instytucie Technicznym Uzbrojenia we współpracy z Instytutem Mechaniki Precyzyjnej opracowano nowe wzory granatów nasadkowych. W czasie tych prac krajowy przemysł zbrojeniowy musiał rozwiązać wiele nowych zagadnień natury technicznej i technologicznej m.in. produkcję prochu kulkowego, a także ograniczenie do minimum obróbki skrawaniem poszczególnych elementów broni.

Pierwsze karabinki z serii informacyjnej oznaczone początkowo jako wzór 81 zasilane były z wymiennych magazynków wykonanych z importowanego tworzywa sztucznego. Jednocześnie wersja dla strzelców wyborowych została zaopatrzona w celownik optyczny typu Zeiss-Jena ZF 4 × 25, który miał być produkowany w kraju w kooperacji z przemysłem NRD. Jeszcze w fazie prób karabinków wz. 81 biuro konstrukcyjne Zakładów Metalowych „Łucznik" w Radomiu rozpoczęło prace nad 5,45 mm karabinkiem szturmowym oznaczonym symbolem „ONYKS". Broń ta w założeniu wzorowana na karabinku AKR przeznaczona była dla załóg wozów bojowych, wojsk powietrzno-desantowych oraz grup zwiadowczych i dywersyjnych.

Prowadzone próby i badania wykazały wysokie walory prototypów i po uzyskaniu akceptacji władz wojskowych w 1990 r. broń została skierowana do produkcji seryjnej i wyposażenia wojsk. Przy czym wprowadzono nowe oznaczenie broni, karabinek wz. 81 otrzymał oznaczenie jako wz. 88 zaś jego skrócona wersja szturmowa jako wz. 89.

5,45 mm karabinek automatyczny wz. 1988

Karabinek wz. 88 jest bronią samoczynno-samopowtarzalną działającą na zasadzie odprowadzenia części gazów prochowych przez boczny otwór w lufie. Ryglowanie przewodu lufy następuje przez obrót zamka w prawo. Korzystny stosunek masy zamka i suwadła oraz duży skok suwadła sprawia, że broń ta podobnie jak wszystkie karabinki Kałasznikowa jest wysoce niezawodna nawet w skrajnie trudnych warunkach. Ogólna budowa broni, wygląd zewnętrzny i zasada działania zbliżone są do radzieckiego karabinka AK-74. W ograniczonym zakresie istnieje również możliwość zamiany, niektórych części jak zamek, suwadło lub magazynki. W porównaniu z radzieckim pierwowzorem, polska broń posiada o 8 mm dłuższą lufę, gdzie urządzenie wylotowe oprócz funkcji

Rys. 15.14. Urządzenie wylotowe karabinka AK-47 produkcji radzieckiej

osłabiacza odrzutu i podrzutu oraz stabilizacji broni w płaszczyźnie poziomej umożliwia także wystrzeliwanie granatów nasadkowych. Przyjęcie takiego rozwiązania spowodowało zmianę miejsca mocowania bagnetu, który osadza się na przedniej części nasadki i występie w dolnej części podstawy muszki. Komora zamkowa tłoczona z blachy stalowej według krajowej technologii zawiera urządzenie spustowo uderzeniowe, w którym zostały rozdzielone funkcje dla bezpiecznika i przełącznika rodzaju ognia. W rozwiązaniu polskim bezpiecznik dźwigniowy jest osobnym elementem, usytuowanym z prawej strony karabinka. Ponadto w broni zastosowano urządzenie zapadkowe, stanowiące ogranicznik serii, zamontowane na wspólnej osi z kurkiem i sprzęgnięte z nim. Powoduje ono, że specjalna zapadka odlicza liczbę strzałów i blokuje zaczep kurka utrzymując go w odpowiednim położeniu po każdym strzale. Przełącznik selektora umieszczony z lewej strony karabinka ma 3 położenia oznaczone literami:

P — ogień pojedynczy
S — ogień seryjny po 3 strzały
C — ogień ciągły.

Urządzenie powrotne różni się od stosowanego w karabinkach AKM i AK-74 tym, że zostało wyposażone w zatrzask zabezpieczający pokrywę komory zamkowej przed spadaniem, co może mieć miejsce w przypadku wystrzeliwania granatów nasadkowych. Konstrukcyjnie zastosowano zatrzask identyczny jak w urządzeniu powrotnym 7,62 mm karabinka Kbkg wz. 60.

Łoże i nakładka z tworzywa sztucznego umocowane są wspólną obsadą przy czym została zastosowana większa sprężyna kasująca luzy łoża. Jednocześ-

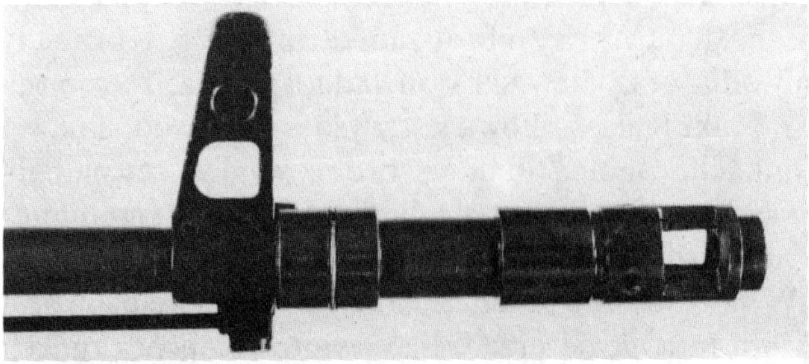

Rys. 15.15. Urządzenie wylotowe umożliwiające miotanie granatów nasadkowych w karabinku produkcji polskiej

nie w stosunku do karabinków AKM i AK-74 uproszczono konstrukcję rur i komory gazowej.

Przyrządy celownicze typu otwartego mają w ramieniu celownika i muszce trytowe źródła światła pozwalające na prowadzenie celnego ognia w nocy. Wersja zaopatrzona we wspornik, przeznaczona dla strzelców wyborowych może być wyposażona w celownik optyczny lub krajowy celownik noktowizyjny nowej generacji typu „GABRO".

Karabinek został zaopatrzony w prostą technologicznie jednoramienną metalową kolbę składaną na prawy bok broni, w której trzewiku znajduje się gumowy amortyzator zapobiegający skutkom uderzenia kolby w komorę zamkową. Kształt kolby wzorowany jest na rozwiązaniu enerdowskim, lecz konstrukcja zatrzasku jest oryginalnym polskim rozwiązaniem. Ogranicznik

Rys. 15.16. Dźwignia bezpiecznika — przełącznika rodzaju ognia w karabinku radzieckim AK-47

serii oraz zatrzask kolby są przedmiotem zgłoszenia patentowego. Na życzenie odbiorcy przewidziany jest również konsrukcyjnie montaż kolby stałej.

Do zasilania broni służą 30-nabojowe wymienne magazynki pudełkowe, metalowe lub z tworzywa sztucznego. W celu łatwego ładowania magazynków w sklad wyposażenia karabinka wchodzą 4 łódki o pojemności 15 naboi i jedna nasadka. Po założeniu nasadki na właz magazynka za pomocą łódek można szybko naładować magazynek lub uzupelnić jego pojemność.

Rys. 15.17. Dźwignia bezpiecznika w 5,45 mm karabinku wzór 1988

Rys. 15.18. Dźwignia selektora ognia w karabinku wzór 1988

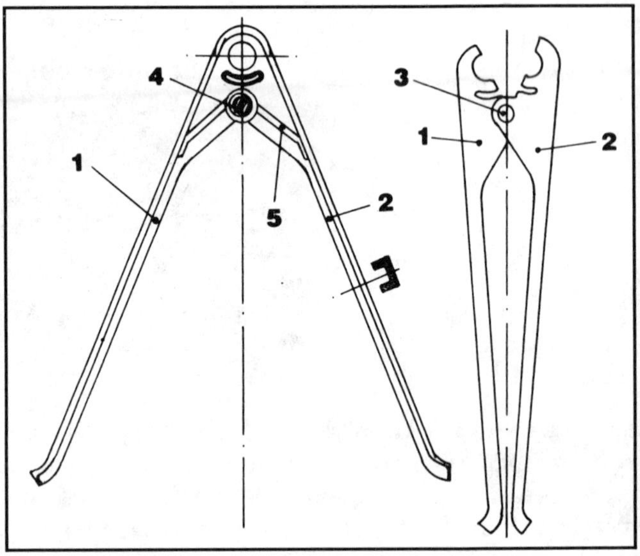

Rys. 15.19. Rysunek dwójnogu do karabinka wzór 1988

W razie potrzeby do broni można dołączyć lekki składany dwójnóg (o rozstawie nóg 292 mm), zakładany na szyjkę wykonaną w przedniej części komory nabojowej. Ponadto w skład wyposażenia karabinka wchodzi bagnet, nakrętka-odrzutnik do strzelania ślepą amunicją, parciana torba na 3 dodatkowe magazynki zawierająca także kieszeń na załadowane łódki oraz kieszeń na

Rys. 15.20. 5,45 mm karabinek wzór 1988 wraz z dwójnogiem

przybornik i olejarkę. W lewym boku torby naszyta jest specjalna patka do przenoszenia dwójnogu.

Jak już wcześniej wspomniano z karabinka wz. 88 mogą być wystrzeliwane granaty nasadkowe, których zestaw obejmuje:
— granat przeciwpancerno-odłamkowy
— granat dymny
— granat zapalający
— granat oświetlający ze spadochronem.

Wszystkie typy granatów zostały zaopatrzone w tzw. „pułapkę kulową". Umożliwia ona wystrzeliwanie granatów na odległość 150-200 metrów za pomocą zwykłego pocisku bez wcześniejszego przygotowywania broni. W celu skutecznego niszczenia celów punktowych i powierzchniowych karabinek może być również używany w zestawie z 40 mm granatnikiem podwieszanym wz. 74.

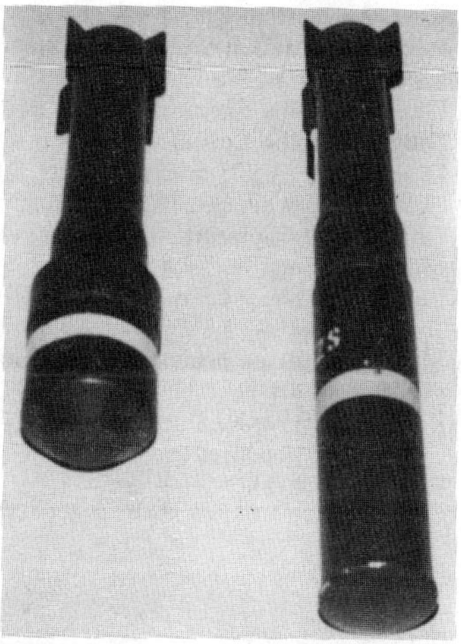

Rys. 15.21. Granaty nasadkowe do karabinka wzór 1988

5,45 mm karabinek szturmowy wz. 1989

Stanowi bardziej poręczną i manewrową wersję karabinka wz. 88. W jego budowie zostały wykorzystane zasadnicze części i zespoły modelu podstawowego, co znacznie uprościło proces produkcji i obniżyło koszty wytwarzania broni. Podobnie jak opisany wcześniej karabinek wz. 88, broń strzela przy zamku zaryglowanym ogniem pojedynczym, seriami po trzy strzały lub ogniem ciągłym. Oddzielny skrzydełkowy bezpiecznik blokuje zespół spustowo-uderzeniowy oraz zamek w przednim położeniu. Główne zmiany i różnice dotyczą konstrukcji suwadła oraz łoża i nakładki wraz z rurą gazową. Znacznemu skróceniu uległa lufa, która w porównaniu z karabinkiem jest krótsza o 216 mm, jednak zapewnia ona wystarczającą celność na odległość 400 metrów. Krótka lufa daje zwykle silny płomień wylotowy, co spowodowało zmianę urządzenia wylotowego, w którym zastosowano tłumik płomieni. Przyrządy celownicze szczerbinkowe mogą być wykonane w wersji zwykłej lub podświetlanej. Celownik przerzutowy znajdujący się na pokrywie komory zamkowej ma nastawy na 100 i 200 metrów.

Do zasilania broni wykorzystuje się magazynki pudełkowe o pojemności 30 naboi z karabinka wz. 88. W związku ze zmianą urządzenia wylotowego wersja szturmowa pozbawiona jest bagnetu oraz możliwości użycia granatów nasadkowych. Oba wzory karabinków produkowane są w Zakładach Metalowych „Łucznik" w Radomiu w kooperacji z Widzewskim Kombinatem Maszyn Włókienniczych, który dostarcza magazynki.

Tablica 15.1. Podstawowe dane techniczne 5,45 mm karabinków polskiej produkcji

5,45 mm karabinek automatyczny wz. 88	5,45 mm karabinek szturmowy wz. 89
Kaliber — 5,45 mm Prędkość początkowa pocisku — 880 m/s Szybkostrzelność — ok. 700 strz./min Długość z kolbą rozłożoną — 943 mm Długość z kolbą złożoną — 742 mm Długość lufy — 423 mm Nastawy celownika — 100 ÷ 1000 m Długość linii celowania — 372 mm Masa karabinka — 3,4 kg Masa karabinka z pełnym magazynkiem i dwójnogiem — 4,3 kg Masa karabinka z pełnym magazynkiem i pasem — 4,1 kg Przyrządy celownicze: otwarte szczerbinkowe, zwykłe lub podświetlane Liczba magazynków — 4 szt.	Kaliber — 5,45 mm Predkość początkowa pocisku — 700 m/s Szybkostrzelność — 700 strz./min Długość z kolbą rozłożoną — 730 mm Długość z kolbą złożoną — 525 mm Długość lufy — 207 mm Nastawy celownika — 200 i 400 m Długość linii celowania — 230 mm Masa karabinka — 2,9 kg Masa karabinka z pełnym magazynkiem i pasem — 3,7 kg Przyrządy celownicze otwarte szczerbinkowe, zwykłe lub podświetlane Bezpiecznik zewnętrzny Liczba magazynków — 4 szt

16
Ręczne karabiny maszynowe

Ręczne karabiny maszynowe jako odrębny rodzaj samoczynnej broni strzeleckiej wyodrębniły się pod koniec I wojny światowej. Broń ta, odznaczająca się dużą manewrowością i siłą ognia, była podstawowym środkiem wsparcia sekcji lub drużyny piechoty. Zasoby lekkiej i ciężkiej broni maszynowej Wojska Polskiego w pierwszym okresie organizacji armii wyglądały podobnie jak zasoby ręcznej broni powtarzalnej. Duża rozpiętość typów, jak również ich zły stan techniczny powodowały, że broń ta nie spełniała zakładanych wymogów taktyczno-technicznych.

Sytuacja wymagała pilnego uregulowania, w tym też celu w latach 1923-1925 przeprowadzono w Polsce konkursy na rkm.

„W styczniu 1925 r. Komitet Uzbrojenia pod przewodnictwem Szefa Sztabu Generalnego uchwalił po długich doświadczeniach jako najlepszy typ rkm Browninga. Umowy jednak nie zrealizowano z powodu braku walut obcych. Niezrealizowanie przeznaczonych na powyższy cel w 1925 r. 5 000 000 zł. — uważam za bardzo dla wojska szkodliwe." pisał w swym „Memoriale o stanie armii" gen. Władysław Sikorski w kwietniu 1926 r.

Sprawę ostatecznie sfinalizowano w 1927 r. Przedmiotem transakcji był rkm wz. 1924, produkt belgijskiej firmy „Fabrique Nationale" z Liège. Stanowił on ulepszoną wersję amerykańskiego rkm wz. M 1918 konstrukcji Browninga. W myśl zawartej umowy Kierownictwo Zaopatrzenia Uzbrojenia zamówiło w belgijskiej wytwórni „FN" 10 000 tych rkm z terminem dostawy do końca września 1929 r.; jednocześnie zakupiono licencję na produkcję tego wzoru w Polsce.

Na wniosek strony polskiej w broni wprowadzono jednak kilka zmian. Poza dostosowaniem do 7,62 mm amunicji Mausera używanej w kraju i wydłużeniem lufy do 611 mm zamieniono kształt kolby; także nogi z ostrogami zastąpiono dwójnogiem z płozami. Zmieniono również celownik, w którym w miejsce celownika przeziernikowego wprowadzono celownik szczerbinkowy otwarty. Zmiana typu celownika spowodowała konieczność odwrócenia jego podstawy o 180°, co wiązało się z dokonaniem niezbędnych przeliczań, które wykonał kierownik komisji doświadczalnej Centralnej Szkoły Strzelniczej — ppłk Tadeusz Felsztyn.

Broń otrzymała w WP oznaczenie jako rkm wz. 1928, a uruchomienie produkcji powierzono Państwowej Fabryce Karabinów w Warszawie.

W początkowym okresie prace nad rkm napotykały duże trudności wskutek niewywiązywania się strony belgijskiej z warunków umowy. Firma „FN" nie dotrzymała terminu planowanych dostaw do rkm do Polski, zaś pełną ich realizację zakończono odpiero w lutym 1930 r. Ponadto, dostarczona dokumentacja licencyjna była niekompletna i w dodatku opracowana w wymiarach calowych. W tej sytuacji umowę z firmą „FN" rozwiązano, wypłacając jedynie 45 000 dolarów za częściowo otrzymane rysunki i dokumentację. Spowodowało to opóźnienie rozpoczęcia produkcji broni, wobec konieczności dokonania niezbędnych przeliczeń i przeróbek rysunków. W skład powołanego zespołu opracowującego dokumentację rkm Browninga w Fabryce Karabinów wchodzili inż. inż.: Jurek, Skrzypiński, Przybyłkowski i Wasilew. Przeprowadzili oni pełną analizę wymiarową rkm, dokładniejszą od analizy „FN" oraz opracowali technologię wykonania częściowo odmienną od belgijskiej. W rezultacie tych prac uzyskano oszczędności rzędu 200 000 dolarów.

Tak więc, pierwsze 2 rkm wz. 1928 wykonano dopiero w styczniu 1929 r., zaś w marcu wykonano dalsze 3. Po przeprowadzeniu niezbędnych badań, które wykazały, że broń produkcji polskiej nie ustępuje jakością rkm belgijskim, od 1930 r. przystąpiono do produkcji seryjnej.

W toku produkcji wprowadzono dalsze zmiany dotyczące konstrukcji tłoka, regulatora gazowego, wyrzutnika i sprężyny zaczepu kurkowego. Część tych zmian wprowadzono na wniosek cenionego specjalisty od ręcznej i ciężkiej broni maszynowej mjr. Władysława Ostrowskiego. Jak podaje w swych wspomnieniach ppłk T. Felsztyn: „FN usiłowała później opatentować w Polsce ulepszenia majora Ostrowskiego, do czego jednak wobec jego czujności nie doszło." Broń z wprowadzonymi w Polsce ulepszeniami produkowano również w Belgii, gdzie otrzymała oznaczenie jako wz. 1930.

7,92 mm ręczny karabin maszynowy wz. 1928

Ręczny karabin maszynowy wz. 1928 był bronią samoczynną, której działanie było oparte na zasadzie odprowadzania części gazów prochowych przez boczny otwór w lufie. Gazy te cisnąc na tłok gazowy, wprowadzały w ruch mechanizmy broni. Ryglowanie rkm odbywało się za pomocą wahliwego rygla połączonego przegubowo z trzonem zamkowym i poprzez dźwignię z kurkiem suwadła. Z lewej strony komory zamkowej była umieszczona moletowana rączka do napinania zamka. Podczas cofania zamka automatycznie otwierało się okno wyrzutnicy. Strzelanie prowadzono z zamka otwartego. Mechanizm spustowy umożliwiał prowadzenie ognia pojedynczego lub ciągłego. Rolę

Rys. 16.1. 7,92 mm ręczny karabin maszynowy wz. 1928 produkcji Fabryki Karabinów w Warszawie

przełącznika rodzaju ognia spełniał bezpiecznik umieszczony z lewej strony uchwytu.

Broń była zasilana z dwurzędowego magazynka pudełkowego o pojemności 20 naboi, przyłączonego od dołu. Przyrządy celownicze składały się z pryzmatycznej muszki i ramkowego celownika ze szczerbinką trójkątną. Przy strzelaniu na odległość do 300 m używano celownika stałego.

Lufa o kształcie stożkowym bliżej wylotu posiadała w dalszej części wytoczone karby chłodzące (tzw. radiator), które zwiększały powierzchnię odprowadzającą ciepło. Na gwintowany wylot lufy nakręcano ochraniacz lub tłumik płomieni, zaś w czasie ćwiczeń w polu — odrzutnik do strzelania amunicją ślepą. Odrzutnik ten, o średnicy wewnętrznej mniejszej od kalibru lufy (4,92 mm), służył do miażdżenia drewnianego pocisku naboju ślepego, powodując jednocześnie zwiększenie siły odrzutu wobec słabszych ładunków prochowych amunicji ślepej.

Rura gazowa umieszczona pod lufą była zabezpieczona od dołu drewnianą nakładką, na rurze był zamocowany dwójnóg o składanych nogach. Kolba okuta trzewikiem, wykonana z drewna orzechowego, była osadzona na komorze osłabiacza odrzutu i mieściła wewnątrz sprężynę powrotną.

Broń odznaczała się bardzo dużą niezawodnością działania i według opinii wielu ekspertów należała do najracjonalniejszych rozwiązań konstrukcyjnych.

Ręczne karabiny maszynowe wz. 1928, wytwarzane przez PWU w latach 1929-1938, w trakcie produkcji modernizowano i ulepszano.

Rys. 16.2. Podstawowe części i zespoły ręcznego karabinu maszynowego wz. 1928

W rkm produkcji krajowej wprowadzono następujące zmiany:
- część egzemplarzy przystosowano do strzelań plot. przez dodanie wspornika muszki kołowej wz. 1929,
- dokonano mocniejszego połączenia lufy z komorą zamkową,
- poprawiono działanie regulatora gazowego,
- zmieniono kształt kolby,
- dodano osłonę muszki oraz zmniejszono wymiary szczerbinki.

W celu szybkiego ładowania magazynków w warunkach polowych opracowano specjalny ładownik, który umożliwiał napełnianie magazynka z pięcionabojowych łódek kb Mausera.

Skonstruowano również specjalne jarzma do mocowania rkm w tankiet-

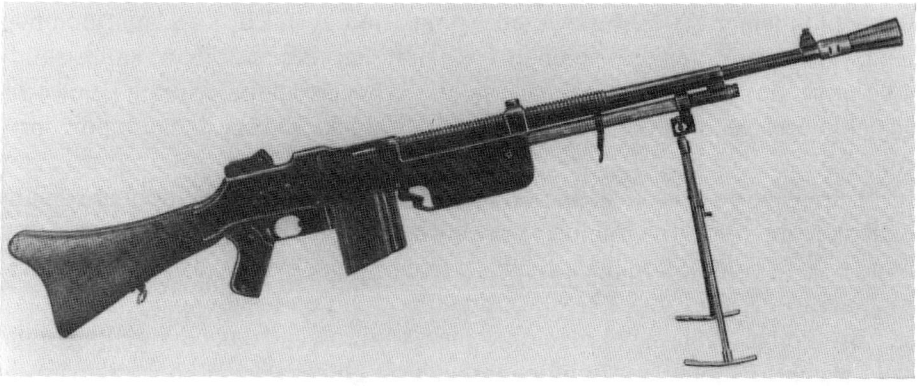

Rys. 16.3. Ręczny karabin maszynowy wz. 1928 po modernizacji, ze zmienioną kolbą i wspornikiem muszki kołowej

kach TK, samochodach terenowych polski Fiat i przyczepach motocykla Sokół. Ponadto, dla rkm dostosowanych do zwalczania celów powietrznych opracowano nowy typ metalowego trójnogu, który zastąpił używane wcześniej trójnogi uniwersalne wz. 1929. Dla kawalerii opracowano również specjalny noszak umożliwiający wygodne przewożenie broni.

Na lata 1938-1939 przewidziano dalszą modernizację broni. Realizację tego zamierzenia nakazał Departament Uzbrojenia MSWojsk. W związku z tym, w 1938 r. Fabryka Karabinów w Warszawie opracowała na podstawie wytycznych CWPiech. w Rembertowie zmiany w konstrukcji rkm. Wykonano nowy typ dwójnogu, bowiem w wyniku licznych strzelań i prób z różnymi typami dwójnogów w CWPiech. ustalono, że najlepszą celność uzyskuje się przy sztywnym dwójnogu, dawał on o 25-30% mniejszy rozrzut w stosunku do zwykłego dwójnoga. Zapewniał także zwrotność po ok. 15° w każdą stronę, a pochyłość w granicach luzu konstrukcyjnego. Ponadto, w płytkach nóg wywiercono otwory do wbijania przez nie szpilek dla umocowania rkm do strzelania nocnego.

Drugą ważną zmianą mającą na celu polepszenia celności broni było zastosowanie w tylnej części kolby ruchomej — odchylanej opory naramiennej, przez co długość broni wzrosła o 3 cm. W karabinie miała nastąpić także zmiana podpórki pod kolbę oraz wprowadzenie hamulca wylotowego.

Ręczny karabin maszynowy wz. 1928 oprócz niewątpliwych zalet posiadał też dość istotną wadę w postaci niemożności szybkiej wymiany lufy w warunkach polowych. Przewidywano usunięcie tego w następnym modelu. W tym też celu zamówiono w FK 3 sztuki modelowe zmodernizowanych rkm.

Do 20.01.1938 r. planowano wykonanie rkm wz. 1928/38B z szybkowymienną lufą, zaś na 11.02.1938 r. miał być gotowy model rkm oznaczony jako wz. 1928/39T również z szybkowymienną lufą. Najwcześniej, bo już na 28.12.38 r. zamierzano wykonać rkm z regulowaną kolbą i nowymi nogami. Z wykonanymi rkm chciano przeprowadzić próby porównawcze.

Dane techniczne:

kaliber	7,92 mm	prędkość początkowa pocisku	815-850 m/s
długość broni	1110 mm	szybkostrzelność teoretyczna	600 strz./min
długość lufy	611 mm	szybkostrzelność praktyczna	80 strz./min
pojemność magazynka	20 naboi	nastawy celownika	300-1600 m
		odległość ognia skutecznego	800-1200 m

17
Ciężkie karabiny maszynowe

Spośród ciężkiej broni maszynowej znajdującej się w uzbrojeniu WP — wydane w 1930 r. „Ilustrowane słownictwo materiału uzbrojenia" wyszczególnia 7,92 mm ckm niemiecki systemu Maxima wz. 1908, 7,62 mm ckm rosyjski tegoż systemu wz. 1919 i 1910/28, 8 mm ckm austriacki wz. 1907 Schwarzlose, angielski ckm Vickersa, 7,92 mm ckm Browninga oraz francuskie ckm Hotchkissa wz. 1914 i 1925.

Te ostatnie ze względu na prostą budowę i bardzo wygodne chłodzenie powietrzem miały w wojsku licznych zwolenników i początkowo przewidywano, iż będą stanowić zasadniczy typ ckm w WP. Na przełomie lat 1924/1925 decyzją władz wojskowych zamówiono w firmie „Hotchkiss" 1000 takich karabinów. Ponadto, Centralny Zarząd Wytwórni Wojskowych prowadził pertraktacje z wytwórnią w sprawie uruchomienia państwowej fabryki ckm w kraju.

Dostarczona do Polski broń stanowiła zmodyfikowaną wersję francuskiego ckm wz. 1914, która otrzymała oznaczenie jako wz. 1925. Broń posiadała nieznacznie skróconą lufę oraz była przystosowana do 7,92 mm amunicji polskiej (ckm wz. 1914 posiadał kal. 8 mm i był dostosowany do amunicji typu Lebel).

Latem 1926 r. w Centralnej Szkole Strzelniczej w Toruniu przeprowadzono próby tych karabinów, które wykazały, że broń jednak wykazuje szereg niedomagań. Stosowana w Polsce amunicja mauserowska z pociskiem w płaszczu stalowym powodowała szybkie przegrzewanie się luf, a tym samym znaczne ich zużycie. Następowało to po wystrzeleniu kilku tysięcy pocisków, podczas gdy 8 mm lufy do amunicji francuskiej wytrzymywały kilkanaście tysięcy strzałów. W czasie dłuższej eksploatacji ckm w warunkach polowych uszkodzeniom ulegały również nogi podstawy. Ponadto, broń nie posiadała urządzenia ułatwiającego jej dobre ujęcie przy zmianie stanowiska ogniowego, co przy mocno nagrzanej lufie utrudniało znacznie manewrowanie karabinem.

Negatywne opinie Centralnej Szkoły Strzelniczej były powodem rozpisania konkursu na ckm, który odbył się w zimie 1927/1928 r. Do konkursu zgłoszono dwa ckm Browninga wz. 1919 produkcji amerykańskiej, czechosłowacki ckm Schwarzlose-Janeček wz. 1907/12/27 oraz angielski ckm wz. 1909/27 produkcji Vickersa.

Przewodniczącym komisji konkursowej został gen. M. Raczyński, jego zastępcą — ppłk T. Felsztyn z Centralnej Szkoły Strzelniczej, służbę uzbrojenia reprezentował zaś bardzo dobry znawca przedmiotu mjr W. Ostrowski.

W wyniku prób konkursowych przeprowadzonych w bardzo trudnych warunkach zimowych pierwsze miejsce zajął amerykański ckm konstrukcji Browninga wz. 1919.

Była to broń działająca na zasadzie krótkiego odrzutu lufy o ryglowaniu klinowym. Elementem ryglującym był rygiel umieszczony pionowo pod trzonem zamkowym i poruszający się prostopadle do osi lufy. Lufa karabinu, o kształcie stożkowym, spoczywała w chłodnicy wodnej, mogła być wyjmowana i wymieniana w warunkach polowych. Tylna część chłodnicy była połączona z komorą zamkową, w której umieszczono zasadnicze mechanizmy broni. Zasilanie karabinu było taśmowe lewostronne, z taśm parcianych o pojemności 100 i 250 naboi.

Ciężki karabin maszynowy Browninga charakteryzował się prostą konstrukcją, małą wrażliwością na zanieczyszczenia oraz dużą niezawodnością działania. Broń posiadała wystarczającą donośność i dobrą celność. Mała liczba drobnych części składowych powodowała, że składanie i rozbieranie ckm było proste i można je było wykonać bez użycia narzędzi dodatkowych.

W lecie 1928 r. konkurs powtórzono, jednak i tym razem czołowe miejsce należało do ckm Browninga produkcji firmy „Colt" z Hatford. Dwukrotne zwycięstwo ckm Browninga w próbach i badaniach konkursowych spowodowało, że postanowiono przyjąć ckm wz. 1919 do uzbrojenia WP i przystąpić do jego produkcji w kraju.

Ciężki karabin maszynowy wz. 1930

Z chwilą, w której Departament Uzbrojenia MSWojsk. postanowił przystąpić do produkcji ckm Browninga w kraju okazało się, że wytwórnia „Colt" oraz jej przedstawiciel na Europę — belgijska wytwórnia „Fabrique Nationale" nie opantentowały tej broni w Polsce. Wynikało to prawdopodobnie z niedoceniania możliwości technicznych polskiego przemysłu zbrojeniowego. Korzystając z tego faktu postanowiono skopiować ckm Browninga na podstawie posiadanych wzorów, bez zakupu licencji. I tu należy przypisać duży sukces pracownikom Biura Konstrukcyjnego FK w Warszawie, którzy na podstawie dokonanych pomiarów, bez rysunków, opracowali pełną dokumentację pod względem rysunkowym, wymiarowym i technologicznym oraz wprowadzili własne poprawki, posługując się jedynie dwoma egzemplarzami ckm Browninga.

Rys. 17.1. 7,92 mm ciężki karabin maszynowy wz. 1930

Pracę tę wykonano w kilka miesięcy. Warto może zaznaczyć, że zrezygnowanie z zakupu licencji przyniosło Polsce oszczędności rzędu 450 000 dolarów.

W lecie 1930 r. były już gotowe 2 pierwsze wzorcowe egzemplarze ckm, zaś w marcu następnego roku zakład opuściła pierwsza seria 200 ckm, które przekazano do jednostek w celu zebrania opinii. Broń otrzymała oznaczenie w WP jako ckm wz. 1930.

W porównaniu z amerykańskim pierwowzorem wprowadzono szereg własnych modyfikacji; do najważniejszych z nich należały:
— przystosowanie ckm do 7,92 mm amunicji polskiej,
— zastąpienie celownika przeziernikowego celownikiem szczerbinkowym typu krzywiznowego,
— dodanie wspornika do celownika kątomierza i wspornika do osadzenia muszki kołowej wz. 1929,
— wydłużenie chwytu tylca na całą dłoń,
— zwiększenie długości lufy i chłodnicy,
— zmiana konstrukcji wlewnika i sprzęgła węża parowego,
— poprawienie konstrukcji zatrzasku lufy,
— zastosowanie lżejszego trzonu zamkowego,
— wprowadzenie taśmy parcianej o większej pojemności,
— dodanie kolby do strzelań plot.,
— opracowanie własnego modelu podstawy.

Napływające do Departamentu Uzbrojenia meldunki wykazały, że w ckm pierwszych serii produkcyjnych uwidoczniły się usterki, takie jak mała wytrzymałość sprężyn podajnika i zaczepu kurkowego, ponadto broń wykazała

Rys. 17.2. Przekazanie wojsku ciężkich karabinów maszynowych wz. 1930 zakupionych ze składek społecznych w ramach FON w dniu 4.04.1939 r.

dużą czułość na nierówne taśmowanie amunicji. Usterki te zostały usunięte przez fabrykę w toku produkcji.

W broni wprowadzono dalsze ulepszenia polegające na zastąpieniu odlewów brązowych stalowymi, ponadto bakelitowe kroki wlewnika stosowane w pierwszych seriach produkcyjnych zastąpiono mosiężnymi.

Rys. 17.3. Zwalczanie celów powietrznych z polskiego ciężkiego karabinu maszynowego wz. 1930 w czasie wojny domowej w Hiszpanii

Karabiny maszynowe polskiej produkcji odznaczały się dużą niezawodnością działania. Uwidoczniły to prowadzone konkursy, z których ckm wz. 1930 wychodził zwycięsko, ku zdumieniu zagranicznych wytwórców. Wykluczenie zacięć z winy broni udało się uzyskać poprzez przyjęcie dość znacznych granic tolerancji wymiarów w wykonaniu części, dochodzących nawet w niektórych przypadkach do ±2 mm. Stosunkowo duże luzy części zmniejszały wrażliwość ckm na zanieczyszczenia; nawet przy znacznym zapiaszczeniu broń funkcjonowała bez zarzutu.

W 1938 r. ckm poddano modernizacji polegającej na zmianie urządzenia spustowego i tylców, ponadto rozszerzono właz nabojowy oraz zastosowano suwadło i trzon zamkowy nowego typu. Ulepszona wersja ckm otrzymała oznaczenie jako wz. 1930a. Z myślą o eksporcie, w PFK broń dostosowano też do amunicji Mausera tureckiego i eksponowano na konkursie broni w październiku 1938 r. Karabin przewidziany dla armii tureckiej posiadał oznaczenie jako ckm wz. 1930/39T. Ponadto, inż. inż. Wilniewczyc i Skrzypiński zaprojektowali i wykonali eksperymentalnie lufy dla ckm o gwincie Lancastera. Lufy te, o profilu owalnym (eliptycznym), charakteryzowały się bardzo dobrą celnością i długowiecznością — wadą ich zaś było dość kosztowne wykonanie.

Łącznie do wybuchu wojny Fabryka Karabinów w Warszawie wykonała 7861 ckm wz. 1930. Broń eksportowano za pośrednictwem spółki „Sepewe" m.in. do Rumunii i Hiszpanii.

Modernizacja rosyjskiego ckm Maxima wz. 1910

W 1887 r. amerykański konstruktor broni Hiram Stevens Maxim (1840-1916) demonstrował swój karabin maszynowy na pokazie w Petersburgu. Broń wzbudziła duży entuzjazm ówczesnych władz wojskowych, co zaowocowało podpisaniem dużego kontraktu. Na jego mocy już w 1901 r. ckm Maxima znalazły się w uzbrojeniu armii rosyjskiej, chociaż jeszcze w bardzo niewielkiej liczbie, zaś w 4 lata później zakłady zbrojeniowe w Tule rozpoczęły ich seryjną produkcję.

7,62 mm ckm rosyjski wz. 1905 posiadał płaszcz wodny chłodnicy wykonany z brązu, w związku z czym charakteryzował się dość znaczną masą, wynoszącą ok. 31 kg. W 1910 r. poddano go modernizacji, w wyniku której między innymi brązowy płaszcz chłodnicy zastąpiono płaszczem stalowym, co spowodowało zmniejszenie masy ckm do ok. 22 kg.

W 1918 r. WP przejęło z magazynów porosyjskich 2900 ckm wz. 1905 i 1910; część tej broni następnie wymieniono z Rumunią, Finlandią i Estonią. Pozostałą część ckm wz. 1910 dostosowano w Polsce w latach 1928-1929 do 7,62 mm

Rys. 17.4. 7,62 mm rosyjski ciężki karabin maszynowy Maxima wz. 1910

amunicji Mausera. Modyfikacja polegała na wymianie lub przekalibrowaniu lufy, dostosowaniu donośnika i podajnika do naboju bez kryzy wystającej oraz wymianie zamka na zamek używany w niemieckim ckm wz. 1908. Dokonano również zmian w chłodnicy, przyrządów celowniczych oraz w niektórych zmieniono zaczepy uchwytów podstawy. Do pozostałych nadal używano oryginalnych podstaw Sokołowa wz. 1908. Modernizacji dokonała Fabryka Karabinów w Warszawie — broń w tej wersji otrzymała oznaczenie w WP jako ckm wz. 1910/28.

W 1936 r. w WP znajdowały się 1853 ckm wz. 1910/28 oraz 1325 podstaw rosyjskich, w późniejszym okresie część tej broni sprzedano za pośrednictwem spółki „Sepewe" do Chin i Urugwaju.

Karabiny maszynowe chłodzone powietrzem typu C

Na podstawie osiągnięć i doświadczeń zagranicznych dyrekcja Fabryki Karabinów w Warszawie, z własnej inicjatywy, zdecydowała się podjąć prace nad karabinem maszynowym chłodzonym powietrzem. Prototyp takiej broni, oznaczony symbolem km 7,9 C1, został zaprojektowany przez inż. Wawrzyńca Lewandowskiego już w 1936 r. Model wykonano w Fabryce Karabinów na przełomie 1936/1937 r. na zamówienie Inspektoratu Saperów, z przeznaczeniem do umocnień polowych. W broni tej donoszenie amunicji odbywało się lewostronnie, za pomocą taśmy metalowej.

Pierwsze próby z km 7,9 C1 przeprowadzono na początku 1937 r. Ze względu jednak na uszkodzenie broni nie zostały one ukończone. Wyniki nie były najprawdopodobniej najlepsze, gdyż prace nad tą wersją km zostały przerwane.

Pod koniec 1937 r. Fabryka Karabinów wykonała na zamówienie i według wymagań Inspektoratu Saperów km chłodzony powietrzem typu C2, będący rozwinięciem wersji wcześniejszej.

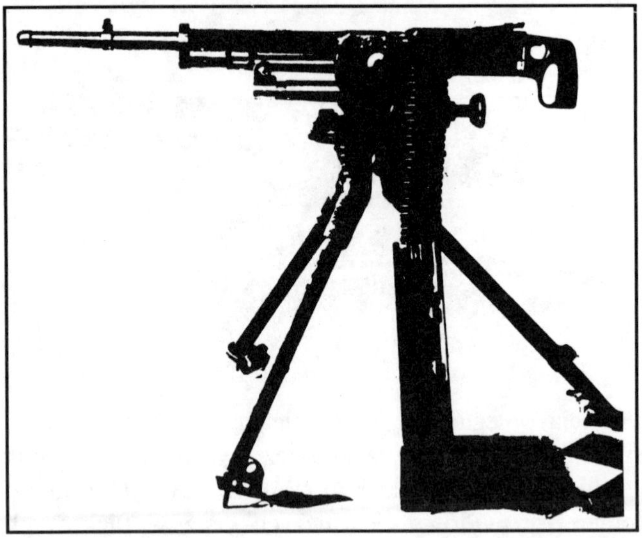

Rys. 17.5. Karabin maszynowy chłodzony powietrzem typ C1 na podstawie PWU

Niezależnie od potrzeb saperów wyłoniła się konieczność posiadania broni tego typu w piechocie i broni pancernej. Problem ten stał się tematem specjalnej konferencji, która odbyła się 24.02.1938 r. W jej trakcie przedstawiciele Departamentu Piechoty stwierdzili, że dla oddziałów piechoty pożądany byłby km ładowany za pomocą taśmy jednorazowego użytku, z masą lufy zmniejszoną do 5 kg, z zaopatrzeniem lufy w hamulec wylotowy oraz z umieszczonym wspornikiem na celownik optyczny itp. Przedstawiciele broni pancernych rozpatrywali możliwość zastosowania km chłodzonych powietrzem w wozach bojowych.

Od 15.03. do 18.05.1938 r. przeprowadzono w Dziale Broni Małokalibrowej w Centrum Badań Balistycznych, w Zielonce pod Warszawą, badania komisyjne z km 7,9 C2. Poddano go wówczas wszechstronnym próbom technicznym, balistycznym, badaniom na wytrzymałość oraz próbom użytkowym. Badania wykazały, że najsłabszą stroną konstrukcji był sposób donoszenia i sama taśma amunicyjna.

Donoszenie odbywało się za pomocą taśmy metalowej składającej się z ogniwek mieszczących po jednym naboju, połączonych ze sobą przegubowo za pomocą przetyczek. Była ona tak zrobiona, że mogła być wkładana do donośnika tylko jednym końcem, tym, przy którym naboje znajdowały się pod spodem taśmy. Spowodowałoby to, zdaniem komisji, duże niedogodności przy użyciu km w warunkach bojowych.

Ponadto, taśma ta była szersza niż parciana i wprawdzie łatwo zwijała się w krąg, lecz nie można jej było układać w zygzak, co uniemożliwiało jej umieszczenie w standardowej skrzynce amunicyjnej. Była ona także za sztywna i miała za słabą wytrzymałość, co powodowało zacięcia i zerwania. Poza tym, komisja negatywnie oceniła sposób nastawiania regulatora gazowego w km, utrudnione otwieranie pokrywy, kłopotliwe usuwanie urwanych łusek z powodu niedogodnego dostępu do komory zamkowej i nabojowej oraz bardzo trudny dostęp do urządzenia gazowego. Z zalet podkreślono szybki i wygodny sposób wymiany lufy oraz możliwość błyskawicznego rozkładania (35 s) i składania (40 s) w warunkach polowych, bez użycia narzędzi.

Ostatecznie jednak komisja doszła do wniosku, że obsługa badanego km wydaje się trudniejsza niż obsługa np. ckm wz. 1930, ckm wz. 1908 czy rkm wz. 1928.

W czasie kiedy trwały próby z km 7,9 C2 Fabryka Karabinów opracowywała jego wersje rozwojowe.

Dla piechoty zaprojektowano km 7,9 C3 charakteryzujący się lekką lufą o masie do 5 kg, taśmie parcianej lub papierowej, z obustronnym donoszeniem. Broń ta miała być wykonana do 20.05.1938 r. Niezwykle interesującym projektem było zastosowanie w tym modelu do donoszenia amunicji taśmy papierowej. Jego twórcą był inż. W. Szebeko. Pomysł opatentowano w Polsce w 1936 r. pod nr. 23272.

Dowództwo Broni Pancernych jeszcze w kwietniu 1938 r. zamówiło 3 sztuki km typu C2, 2 z prawym donoszeniem i 1 z lewym, w celu przeprowadzenia badań nad ich przydatnością w wozach bojowych. Prawdopodobnie wypadły

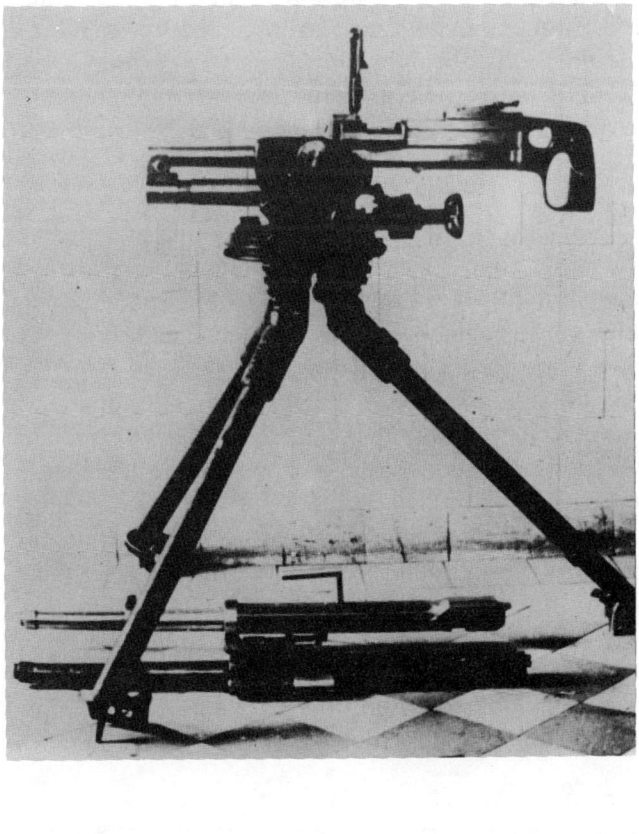

Rys. 17.6. Karabin maszynowy typ C1. Broń bez lufy

one nie najlepiej, skoro Fabryka Karabinów przystąpiła do opracowywania dla broni pancernych specjalnego modelu oznaczonego C4. Miał on się charakteryzować zastosowaniem taśmy przegibnej lub rozsypującej się, odmiennym zamocowaniem broni oraz umieszczeniem specjalnych wślizgów na lunetę.

Tymczasem, Inspektorat Saperów, wobec nie najlepszych rozwiązań konstrukcyjnych modelu C2, zdecydował, że do swojego wyposażenia wprowadzi model C4, który miał służyć przede wszystkim obiektom fortyfikacyjnym.

Do izb bojowych przewidywano zastosowanie podwójnie sprzężonych km 7,9 C4, do których podstawę oznaczoną P2 I B wykonała Zbrojownia nr 2 na Pradze w Warszawie.

8.06.1938 r. odbyła się w Instytucie Technicznym Uzbrojenia konferencja na temat km chłodzonych powietrzem. Przedstawiciel Fabryki Karabinów poinformował jej uczestników, że wszystkie postulaty zainteresowanych tą bronią zostały zrealizowane. Sprawę ładowania, która w modelu C2 wywoływała największe obiekcje, fabryka rozwiązywała, projektując nową taśmę ogniwkową rozsypującą się.

Na tejże konferencji Fabryka Karabinów przedstawiła pomysł rozwiązania konstrukcyjnego km ładowanego za pomocą magazynka talerzowego, umieszczonego w tylnej części komory zamkowej. Był to km oznaczony C5. Projekt spotkał się z dużym zainteresowaniem, zwłaszcza ze strony przedstawicieli broni pancernych, którzy oświadczyli, że taka broń byłaby dla nich korzystniejsza niż km z donoszeniem taśmowym. Przedstawiciel FK stwierdził wtedy, że wykonanie modelu takiego km wymaga około roku. Oświadczenie to spowodowało protest przedstawiciela Inspektoratu Saperów, który stwierdził, że model C4 w zupełności odpowiada saperom i ze względu na konieczność szybkiego wyposażenia wojska w km chłodzony powietrzem nie zgadza się na przedłużenie badań. Przedstawiciele broni pancernych, doceniając te argumenty, zgodzili się przyjąć jako typ podstawowy km 7,9 C4 z taśmą ogniwkową rozpadającą się.

Na wniosek uczestników konferencji, praca nad modelem C5 nie miała być zaprzestana, ale tymczasowo wstrzymana.

Parę dni później, 17.05.1938 r., odbyły się w CWPiech. w Rembertowie z udziałem komendanta CWPiech. gen. bryg. Brunona Olbrychta strzelania doświadczalne z broni maszynowej na podstawach gazoszczelnych przeznaczonych do fortyfikacji. W próbach wzięły udział: ckm wz. 1930, km chłodzony powietrzem na podstawie pojedynczej oraz podwójnie sprzężony km chłodzony powietrzem. Najlepsze wyniki pod względem celności i rozrzutu uzyskał km chłodzony powietrzem na podstawie pojedynczej. Podstawy użyte do prób oceniono jako dobre.

Korzystne wyniki uzyskane podczas badań spowodowały, że Kierownictwo Zaopatrzenia Uzbrojenia zamówiło 21.06.1938 r. 3 km 7,9 C4, prawdopodobnie w celu przeprowadzenia z nimi dalszych prób. Zamówienie to zrealizowano do 22.11.1938 r. Koszt produkcji jednego egzemplarza wyniósł 16 000 zł.

Nieco później zamówiono w FK jeszcze jeden km 7,9 C4 wraz z podstawą. Tymczasem, z niewiadomego powodu, 500 nowych ogniwek do taśmy amunicyjnej km C4 miano wykonać dopiero na 1.02.1939 r. Spowodowało to, że do prób nad ich przydatnością dla broni pancernych przystąpiono dopiero w lutym, gdy tymczasem karabiny były gotowe już od kilku miesięcy. Badania te odbyły się od 14. do 22.02.1939 r. i obejmowały sprawdzenie funkcjonowania ogniwek w warunkach użycia w wozach bojowych. Mimo pięćdziesięciokrotnego użycia każdego ogniwka nie stwierdzono żadnych uszkodzeń. Ogniwka te wraz z nabojami poddano również pięciogodzinnym wstrząsom, które imitowały w sposób zwielokrotniony jazdę czołgu w trudnych warunkach terenowych. W tym przypadku także nie stwierdzono uszkodzeń naboi i ogniwek.

W tym samym czasie przeprowadzono badania km 7,9 C4. Wypadły one bardzo dobrze. Broń działała sprawnie i nie zanotowano ani jednego zacięcia. Po zakończeniu prób komisja stwierdziła, że ogniwka stalowe nowego typu odpowiadają całkowicie swemu przeznaczeniu.

Są to ostatnie informacje dotyczące km typu C zachowane w Centralnym Archiwum Wojskowym. Można jednak przypuszczać, iż prace były kontynuowane do wybuchu wojny, gdyż zapotrzebowanie na broń tego typu było w WP bardzo duże. Szczególnie zainteresowane km typu C było Dowództwo Broni Pancernej, które przewidywało uzbrojenie w nie nowych wozów bojowych, takich jak: czterokołowego samochodu pancernego z napędem na obie osie zaprojektowanego na podwoziu samochodu terenowego PZInż. 303, czołgu lekkiego 14TP czy dwudziestopięciotonowego czołgu średniego, opracowanego w PZInż.

Jedyny zachowany opis działania i dane taktyczno-techniczne dotyczą km 7,9 C2. Trudno jest więc obecnie stwierdzić, jak dalece różniły się poszczególne wersje między sobą.

Karabin maszynowy chłodzony powietrzem model C2 był bronią działającą na zasadzie prądu gazów pobieranych przez otwór gazowy z przodu lufy. Gazy pchały tłok do tyłu, a wraz z nim suwadło z zamkiem. Suwadło nie było połączone z tłokiem, lecz tylko pod naciskiem sprężyny powrotnej dotykało go swym tłoczyskiem. Po przebyciu pewnej drogi tłok zatrzymywał się, natomiast suwadło i połączone z nim części wykonywały dalszy ruch w granicach przewidzianych dla normalnego samoczynnego działania broni. Powrót części do przodu następował pod wpływem działania sprężyny powrotnej. Karabin posiadał zamek typu rkm wz. 1928.

Sposób donoszenia mógł być prawo- lub lewostronny (podobnie jak w typach C3 i C4). Zmianę kierunku donoszenia można było uzyskać przez wyjęcie przesuwaka znajdującego się w broni i zastąpienie go przesuwakiem przeznaczonym do donoszenia w kierunku przeciwnym. Urządzenie donoszące było napędzane od tłoka gazowego przez suwak złączony obrotowo dźwignią z ryglem i trzonem. Donośnik taśmowy znajdował się nad lufą. Wyjmowanie taśmy było możliwe dzięki otwieranej pokrywie mieszczącej w sobie zamek.

Urządzenie spustowe mieściło się w uchwycie na spodzie broni i częściowo w tylcach. Było ono przystosowane wyłącznie do prowadzenia ognia ciągłego. Naciśnięcie spustu powodowało zwolnienie suwadła, które przesuwając się do przodu, powodowało nabicie broni, jej zaryglowanie i odpalenie. Wyrzucanie łusek było dolne. Szybkostrzelność była regulowana w sposób ciągły — ilością gazu działającego na tłok. Bezpiecznik umieszczony w chwycie broni unieruchamiał spust, zabezpieczając w ten sposób km.

Dane techniczne km C2:

kaliber	7,92 mm
masa broni	18,305 kg
masa lufy z tłumikiem	10,320 kg
masa tłumika	0,655 kg
masa taśmy na 250 naboi Sc	7,933 kg
długość broni z tłumikiem	1125 mm
długość lufy z tłumikiem	815 mm
długość lufy bez tłumika	720 mm
szerokość wraz z rączkami zamkowymi	115 mm
wysokość samej broni	210 mm
długość taśmy na 250 naboi	3540 mm
prędkość początkowa pocisku Sc	780 m/s
maksymalna szybkostrzelność teoretyczna	800 strz./min

(km 7,9 C4 — szybkostrzelność przy nastawieniu regulatora na 4 pierścienie — 730 strz./min, przy nastawieniu na 3 pierścienie — 680 strz./min).

Karabin maszynowy chłodzony powietrzem typu B

W aktach Centralnego Archiwum Wojskowego zachowały się dwie informacje dotyczące karabinu maszynowego chłodzonego powietrzem oznaczonego symbolem km 7,9 B. Z obu dokumentów wynika, że prace nad tą konstrukcją prowadzono równolegle z pracami nad km typu C. Można więc przyjąć, że była to broń konstrukcyjna albo rezerwowa na wypadek niepowodzenia z modelem C. Karabin maszynowy 7,9 B, zwany też lekkim karabinem maszynowym, zaprojektowany przez inż. G. Grzesznika i opracowany przez inż. Z. Raabego miał być przeznaczony dla piechoty. Posiadał on zamek tego samego typu co rkm wz. 1928, podobnie jak km 7,9 C2. Donośnik taśmowy, lewostronny, umieszczono pod lufą. Krzywka donośnika znajdowała się w suwadle. Wyrzucanie łusek było boczne. Donoszenie miało się odbywać za pomocą taśmy metalowej sztywnej lub przegibnej. Masa km 7,9 B była mniejsza niż modelu C2 i wynosiła ok. 15 kg. Broń ta miała łączyć w sobie zalety ckm i rkm.

Inż. L. Kowalewicz, wspólnie z W. Waszkiewiczem, zaprojektował do niej lekką uniwersalną podstawę oznaczoną symbolem PL 7,9 B.

Dalsze losy tej konstrukcji nie są znane i nie wiadomo, czy wykonano prototyp.

18
Polskie podstawy do broni maszynowej

W pierwszym okresie niepodległości WP posiadało w swoim wyposażeniu szereg podstaw obcej produkcji. Podstawy te powstały w większości jeszcze przed I wojną światową i nie były przystosowane do nowych warunków pola walki, ponadto nie nadawały się dla kawalerii i nie były przystosowane do prowadzenia ognia plot. Istotnym powodem, dla którego należało rozwiązać ten problem, był też fakt, iż wiele z posiadanych ckm nie miało w ogóle podstaw.

Sytuacja ta spowodowała decyzję szefa Departamentu I Piechoty z 28.09.1923 r., polecającą Centralnej Szkole Strzelniczej (CSS) w Toruniu zbadanie posiadanych podstaw oraz wybranie najlepszej i opracowanie niezbę-

Rys. 18.1. Podstawa opracowana przez B. Górnego

dnych zmian w jej konstrukcji. W związku z tym przeprowadzono próby z francuskimi podstawami wz. 1916, badając ich przydatność do prowadzenia ognia plot. Wyniki tych badań były negatywne zarówno z powodu konstrukcji samych podstaw, jak i broni.

Ponieważ w ciągu następnych 2 lat prace nad podstawami plot. do ckm nie posuwały się do przodu, zaczęły powstawać opracowania takich przyrządów w poszczególnych oddziałach.

Jedną z pierwszych opracował starszy majster wojskowy B. Górny z 65 pp, który zaprojektował plot. stojak do ckm i lkm. Konstrukcja ta spotkała się z zainteresowaniem ze strony dowódcy 65 pp płk. Korewonia, który polecił wykonać jego model.

Specjalna komisja złożona z oficerów pułku przeprowadziła kilkanaście prób z tą konstrukcją, w wyniku czego wprowadzono w niej kilka ulepszeń. Stojak ten był następnie testowany w czasie ćwiczeń letnich oraz garnizonowych w 1926 r., wykazując znaczną przydatność do OPL. W związku z wynikiem prób podstawę wysłano do CSS, gdzie poddano ją dalszym badaniom. Podstawa ta składała się ze stojaka z trójnogiem i jarzmem talerzowym. Nogi wykonano z drewna, a ich końce okuto blachą stalową. Stojak służył do osadzenia na nim

Rys. 18.2. Podstawa opracowana przez M. Ryfę

lkm wz. 1908/15 wraz z dwójnogiem. Podczas mocowania broni występy dwójnogu wchodziły w przeznaczone na nie otwory w jarzmie, gdzie podtrzymywała je poprzeczna szyna. Masa stojaka wynosiła ok. 10 kg, a jego wysokość 1,5 m.

W latach 1927-1929 B. Górny opracował 3 następne podstawy. Pierwsza z nich była przeznaczona dla ckm wz. 1908 i składała się z jarzma i ramienia z talerzem, a była osadzona na standardowej podstawie tej broni. Masa przyrządu wynosiła 12 kg, a jego wysokość 50 cm. Odmianą tej podstawy był przyrząd przeznaczony do stojaka, trzecią zaś podstawą był trójnóg do ckm wz. 1908, o masie 19,4 kg. Został on po próbach odrzucony ze względu na dużą wysokość uniemożliwiającą strzał w poziomie i za mały kąt podniesienia — wynoszący tylko 65°. Odmianę tego trójnogu do lkm wz. 1908/15, o masie 13,9 kg i kącie podniesienia 75°, także odrzucono w tych samych powodów.

W 1926 r. kpt. M. Ryfa z 62. pp opracował podstawę plot. do km, której modele zademonstrowano podczas ćwiczeń 15. DP z wynikiem pozytywnym. Podstawa ta była krótką lawetą skladającą się ze słupka z bączkiem; 2 nitowanych dwukrętów, z których dolny był nieruchomy, a górny ruchomy, co pozwalało opuszczać i podnosić km zależnie od potrzeby; jarzma z uszkiem

Rys. 18.3. Podstawa opracowana przez A. Jasi(e)nieckiego

Rys. 18.4. Podstawa opracowana przez A. Drzewieckiego

służącym do zakładania na chłodnicę; dolnego czopu jarzmowego umożliwiającego przekręcanie się broni. Cała podstawa była ruchoma na dźwigarze i jarzmie podstawy km, co umożliwiało jej obrót o 360°. Jarzmo od wewnątrz było wyłożone skórą chroniącą chłodnicę od uszkodzenia.

Próby z podstawą trwały od 1.10. do 31.12.1926 r. Po ich zakończeniu określono konstrukcję jako „nie dającą żadnych korzyści".

W 1927 r. kpt. Ryfa opracował też drugą wersję tej podstawy — długą — do ckm wz. 1908. Różniła się ona od pierwszej tym, że posiadała dwa stałe bączki, między którymi znajdowała się ruchoma obrotnica służąca do połączenia długiego łącznika ze słupkiem lawety w czasie strzelania. Po wykonaniu tej podstawy w warsztatach CSS przeprowadzono z nią, w latach 1928-1929 próby. Wykazały one konieczność dostosowania podnośnicy, bardzo złą stabilizację, dużą masę — wynoszącą 9,2 kg, za mały kąt podniesienia — 61° i za dużą wysokość uniemożliwiającą strzał poziomy.

W 1926 r. rusznikarz 66 pp A. Jasi(e)niecki wykonał statyw umożliwiający szybką zmianę podstawy ckm Maxima wz. 1908 na podstawę plot. Był on wypróbowany na ćwiczeniach 66 pp i 16 DP, otrzymując pochlebną opinię (praktyczny, łatwy w użyciu, przewyższa wszystkie dotychczas stosowane).

Podstawa ta składała się ze stalowego pręta wsuwanego dolnym końcem w otwory jarzma w zwykłej podstawie km. Ponadto, pręt był wzmocniony dwoma hakami na płozach. W górnej części pręt przechodził w lawetę z jarzmem dla ckm.

Próby przeprowadzone w latach 1927-1929 wykazały długi czas przygotowania do otwarcia ognia, za mały kąt podniesienia — wynoszący 69°, chybiony pomysł umieszczenia skrzynki amunicyjnej z boku broni, co wychylało ckm, średnią stabilizację. Masa statywu wynosiła 7,725 kg plus 3,4 kg masa skrzynki amunicyjnej.

Na początku 1927 r. firma „H. Kolberg i S-ka" opracowała dwa wzory podstaw do ckm: przeciwlotnicze do strzelania naziemnego i uniwersalną. Jednak z powodu braku modeli, konstrukcji tych nie badano praktycznie.

W październiku 1927 r. przesłano do CSS model podstawy przeciwlotniczej do ckm wz. 1908 pomysłu sierż. A. Drzewieckiego z 9. ppLeg. Podstawa składała się ze stalowego pręta rozszczepionego u góry dla jarzma stalowego obejmującego ckm. Pręt był wsuwany w otwory jarzma zwykłej podstawy, bez podpórki. Masa lawety wynosiła 6,2 kg. Podstawę tę badano w latach 1928-1929, w wyniku czego stwierdzono mały kąt podniesienia lufy — wynoszący 56°, dobrą stabilizację spowodowaną ciasnym umocowaniem lawety w jarzmie podstawy zasadniczej. Umocowanie to jednak powodowało trudności w nasadzaniu w otwory jarzma i podczas zmian kierunku prowadzenia ognia.

W połowie grudnia 1927 r. na ręce szefa Departamentu Uzbrojenia wpłynął projekt dotyczący ulepszenia podstawy do ckm Schwarzlose wz. 1907/12 pomysłu kpt. G. Samka. Projekt ten, nie zmieniając zasadniczej konstrukcji podstawy, miał ułatwić stosowanie ognia pośredniego przy pomocy obserwatora oraz strzelanie nocne. Zawierał on propozycję następujących przeróbek: nasadzenie większego od dotychczasowego kółka kierowniczego zaopatrzonego w ruchomą obręcz obwodową — posiadającą na powierzchni podziałkę celownika, osadzenie na osłonie wycinka zębatego wskazówki do liczb podziałki celownikowej na obręczy kółka kierowniczego, osadzenie pod szyną ślizgacza zębatego łuku połączonego za pomocą kółka zębatego ślizgacza z korbką służącą do poruszania ślizgacza przy ogniu poszerzonym w ramach podziałki kreskowej i noniuszowej umieszczonej na szynie ślizgacza, wprowadzenie libelli, wprowadzenie dwóch lornetek polowych z podziałką kreskową, wprowadzenie dwóch żabek blaszanych z otworami do podkładania pod ostrogami nóg.

Projekt kpt. Samka rozpatrywano na 49. posiedzeniu Rady Artyleryjskiej 27.03.1928 r. Został on odrzucony ze względu na wysoki koszt modernizacji oraz ze względu na to, że nie usuwał podstawowej wady podstawy Schwarzlose, tj. jej słabości, dzięki której precyzyjny ogień z powodu dużych drgań był niemożliwy.

W 1928 r. opracowano w 1. pułku saperów kolejowych podstawę przeciwlotniczą do ckm. Model jej zbudowano w warsztatach tego pułku i poddano ją badaniom w lecie tego roku. Projekt przesłano Radzie ds. Technicznych Uzbrojenia do zaopiniowania. Na posiedzeniu 14.01.1929 r. Rada wydała opinię, iż konstrukcja tej podstawy, będącej trójnogiem, nadaje się wyłącznie do prowadzenia ognia plot. i że jej masa wynosząca 53 kg jest za duża. Zdecydowano jednak przesłać jej plany do CSS z myślą, że może będzie się nadawać do szkolenia przeciwlotniczego. W CSS projekt jednak odrzucono, stwierdzając, że podstawa nie nadaje się także do strzelań przeciwlotniczych.

W 1929 r. por. A. Boras z 43. pp opracował 4 urządzenia do strzelania plot. W CSS przeprowadzono próby z modelami, z wyjątkiem podstawy, której prototypu nie dostarczono. Podstawę do strzelania z ziemi stanowił dwumetrowy pręt bez jarzma. Pręt stabilizowano za pomocą świdra wkręconego na dużą głębokość w ziemię. Po wkręceniu świdra wkładało się w jego kanał pręt, przymocowując go śrubą do górnego końca świdra. Świder posiadał w górnej części ucho do wsadzania drążka, za pomocą którego wkręcało się go w ziemię. Ciężki karabin maszynowy zakładało się na jarzmo spoczywające na trzonie pręta. Do nadawania broni kąta nachylenia służyła podpórka kątowa z szyną obracalną na pręcie i połączona z ckm sprzęgaczem. Podpórka ta nie stabilizowała broni, a służyła jedynie do nadawania jej kąta przy strzelaniu metodą zapory ogniowej. Wysokość podstawy od ziemi do czopów jarzmowych ckm wynosiła od 1,53 do 1,83 m. Można ją było regulować przez odpowiednie przesuwanie pręta w świdrze. Masa całej podstawy bez broni wynosiła 20 kg, kąt ostrzału poziomego wynosił 360°, a pionowego od 0 do 90°. Komisja CSS uznała ten pomysł za chybiony z powodu czasochłonnego przygotowania broni do strzału i złej stabilizacji.

Trzecim projektem por. Borasa było urządzenie do strzelania z dachu. Założeniem konstruktora było wykorzystanie do OPL kominów. Podstawa składała się z pręta z jarzmem i podpórką kątową. Pręt był stabilizowany w 2 pierścieniach umieszczonych jeden nad drugim. Pierścienie te były utrzymywane przez łańcuchy o długości 3 m każdy, które opasywały komin. Łańcuchy były połączone zatrzaskiem, który po zamknięciu silnie je naprężał. Masa tego urządzenia, bez broni, wynosiła 11 kg. Komisja CSS odrzuciła projekt jako niepraktyczny i o zbyt małej stabilizacji.

Ostatnim pomysłem por. Borasa była podstawa do strzelania z wozu. Środkiem transportu i podstawą do strzelania była tu taczanka na resorach z zaprzęgiem dwukonnym i obsługą czteroosobową. Podstawę stanowił ten sam pręt, co w obu poprzednich przypadkach. Stabilizowało się go w świdrze umieszczonym w pochwie spoczywającej dolnym końcem osiowo na swojej podporze. Pochwa była utrzymywana w położeniu pionowym za pomocą oprawy przynitowanej do szyny poprzecznej platformy. Podpora pochwy leżała tylnym końcem na tylnej osi wozu, przednim zaś na uchu oprawy pochwy. Platforma taczanki składała się z ramy stalowej (szyny) oraz płyty drewnianej spoczywającej na 4 belkach leżących na ramie. Płyta miała 2 skrzydła rozszerzające ją dla zapewnienia swobodnego ruchu wokół podstawy celowniczemu w czasie strzelania. Masa podstawy wraz z ckm spoczywała na środkowej szynie poprzecznej. Na taczance znajdowały się 2 jaszcze: przedni — rekwizytowy i tylny — amunicyjny na 8 skrzynek po 280 naboi. Jaszcze były zamykane blaszanymi klapami od środka. Do stabilizowania platformy w czasie strzelania służył hamulec unieruchamiający tylne koła wozu.

Pomysł ten oceniono w Centralnej Szkole Strzelniczej negatywnie z powodu zbyt małej stabilizacji, chociaż podstawę strzelca, zmiany kierunku ognia i kąty podniesienia oceniono jako dobre.

W końcu czerwca 1929 roku kpt. P. Korzon z 41. pułku piechoty nadesłał do Centralnej Szkoły Strzelniczej dwa typy podstaw przeciwlotniczych do ckm Hotchkissa w celu przeprowadzenia z nimi prób. Pierwsza z nich miała kształt drążka z rury walcowatej przymocowanej w tylnej części wózka km do górnej ramy klatki amunicyjnej za pomocą obroży na zawiasie, a do dolnej za pomocą klamry. Na górną część zakładano dźwigar podstawy ckm z trójkątną lawetą pomocniczą, na którą wkładano broń. Drugi typ podstawy różnił się tym, że drążek był wykonany całkowicie ze stali i wraz z obrożą na zawiasie posiadał gwinty, co pozwalało, przy pokręcaniu pokrętłem, na zmianę wyso-

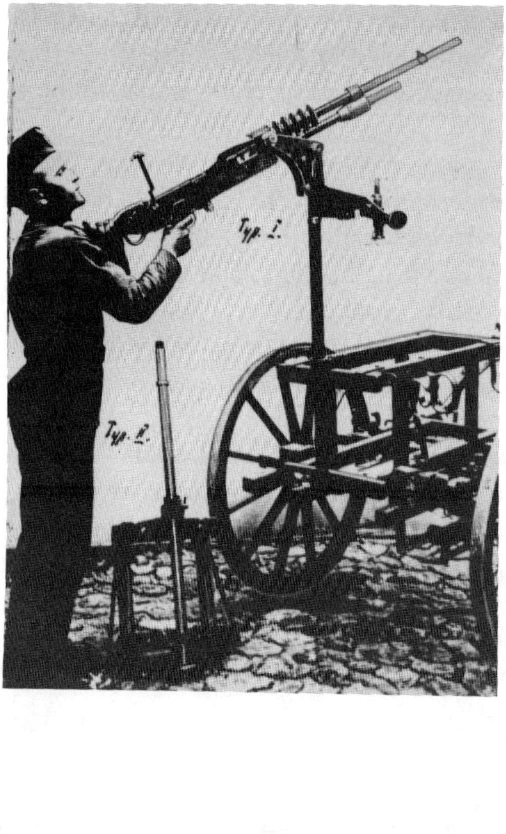

Rys. 18.5. Podstawa opracowana przez P. Korzona

Rys. 18.6. Podstawa opracowana przez Dachterę

kości do 150 mm. Komisja oceniła oba te rozwiązania jako zupełnie złe.

W czerwcu 1929 roku starszy majster wojskowy Dachtera z 63. pułku piechoty przyjechał do Torunia do Centralnej Szkoły Strzelniczej, przywożąc opracowaną przez siebie podstawę przeciwlotniczą. Miała ona kształt drążka z rury stalowej i była umieszczona na wózku km na osi lewego koła. Do

Rys. 18.7. Podstawa do ręcznego karabinu maszynowego. Laweta (typ I)

wózka była przymocowana trzema podpórkami bocznymi do zewnętrznej ściany klatki amunicyjnej. W górnej części znajdowało się jarzmo, do którego mocowano ckm wz. 1908, osadzone obrotowo na stalowym drążku. Regulowanie wysokości odbywało się za pomocą wsuwania i wysuwania drążka jarzma podstawy. Próby wykazały jednak zupełną nieprzydatność tego pomysłu.

W tym samym roku, z inicjatywy CSS przystąpiono do opracowania podstawy plot. do rkm wz. 1928 złożonej z trzech kb Mausera wz. 1898. Konstruktorem podstawy był por. F. Kurbiel z Komisji Doświadczalnej CSS. Podstawę tworzyły 3 kb spełniające rolę nóg trójnoga plot., żelazna obsada lawety i sama laweta. Obsada lawety składała się z pierścienia górnego i dolnego, płytki górnej i dolnej, trzech krótkich ramion na lufy kb, trzech długich ramion łączących, trzech zatrzasków i jednej pochwy. Pierścień górny był złączony na stałe z pochwą i tworzył oparcie dla śruby lawety. Posiadał on wgięcie o średnicy pochwy. Do pochwy wkładano oś lawety. Pod pierścieniem górnym znajdowała się płytka górna z trzema prostokątnymi występami, o które opierały się od spodu długie ramiona łączące nasadę z kb. Ramiona były w górnej części umocowane do płytki dolnej i dolnego pierścienia. Ponadto, w górnej części ramiona te były połączone nitami z krótkimi ramionami lufy. Długie ramiona

Rys. 18.8. Trójnóg CSS do ciężkiego karabinu maszynowego Hotchkissa

Rys. 18.9. Podstawa CSS do lekkiego karabinu maszynowego wz. 1908/15 na biedce

zachodziły swymi dolnymi końcami na nasadę bagnetu, zatrzaski zaś w odpowiednie wcięcia nasady bagnetu. Krótkie ramiona zachodziły na wyloty luf kb. Kąt między osią lawety a osią lufy każdego kb wynosił 29°. Masa obsady wynosiła 2,85 kg.

Badania tej konstrukcji prowadzono w okresie od lutego do lipca 1930 r. Ogółem podczas nich oddano 1500 strzałów wykonanych seriami po 12, przy czym po każdej serii badano lufy kb i przestrzeliwano je. Komendant CSS płk Staich stwierdził, że kontrolne strzelania z kb użytych jako element podstawy nie wykazały żadnego zużycia luf czy usterek broni. Samą konstrukcję oceniono pozytywnie. Nie stwierdzono również pogorszenia się celności rkm wz. 1928. Mimo pozytywnej oceny, konstrukcji tej nie wprowadzono do wyposażenia.

W 1929 r. por. Kurbiel przy współpracy pracowników Komisji Doświadczalnej CSS opracował 8 projektów podstaw plot. Były to: trójnóg drewniany, laweta do ckm wz. 1908, laweta do ckm Hotchkissa, laweta do lkm wz. 1908/15, uchwyt wzmacniający na zwykłą podstawę ckm wz. 1908, uchwyt wzmacniający na podstawę Hotchkissa oraz podstawy na biedkę i wóz taborowy. Z projektów tych wybrano po próbach do badań poligonowych w oddziałach trójnóg uniwersalny i lawety uniwersalne do ckm wz. 1908, do ckm Hotchkissa, lkm wz.

1908/15. Wybrane konstrukcje wykazały się podczas prób możliwościami strzału pod wysokimi kątami, dobrą stabilizacją, możliwością szybkiego przejścia do pozycji do strzelania naziemnego oraz możliwością zastosowania tej samej lawety do podstawy ziemnej, trójnoga, biedki i wozu taborowego.

Po usunięciu wykrytych podczas badań usterek w CSS wykonano po 12 tych podstaw i rozesłano je do oddziałów. Wynik prób poligonowych był pozytywny i postanowiono podjąć produkcję tego sprzętu na potrzeby WP. Podejmując taką decyzję, zdawano sobie sprawę, że sprzęt ten jest rozwiązaniem tymczasowym. Szef Departamentu Uzbrojenia zalecił traktowanie go jako sprzętu przejściowego do czasu wprowadzenia podstaw uniwersalnych. W późniejszym okresie przewidywano użycie go do szkolenia plot. i dla OPL stałych punktów.

Ogółem do końca roku budżetowego 1932/1933 wyprodukowano na potrzeby armii polskiej 2021 lawet plot. do ckm wz. 1908, 878 lawet plot. do lkm wz. 1908/15, 565 lawet plot. do ckm Hotchkissa, 3552 lawet plot. do rkm wz. 1928 (były to nieco zmodernizowane lawety do ckm), 2349 trójnogów uniwersalnych wz. 1929 oraz 696 obsad lawet plot. do strzelania z biedek.

Pod koniec lat dwudziestych kpt. S. Krzywobłocki z 1 paplot. i por. A. Dawidowicz z CWS opracowali zmotoryzowaną podstawę plot. do broni maszynowej. Podstawa ta składała się z metalowego trójnoga umieszczonego na dwukołowej przyczepce holowanej przez motocykl Harley-Davidson z wózkiem. Niestety, nie są znane wyniki prób tej podstawy.

Problem zapewnienia wojsku odpowiedniej podstawy uniwersalnej zaowocował ogłoszeniem w 1928 r. przez MSWojsk. konkursu. Napłynęły nań 4 projekty podstaw: kpt. Łukowicza, inż. Ślósarskiego, firmy „Borek" i rtm. Calewskiego. Po wykonaniu modeli tych podstaw przeprowadzono z nimi próby porównawcze, których wyniki przedstawiono w tablicy.

Po badaniach wstępnych odrzucono podstawę Łukowicza, zaś podstawę Calewskiego określono jako złą dla piechoty. Jej przydatność dla kawalerii miały określić oddzielne próby. Odnośnie konstrukcji Ślósarskiego i firmy „Borek" komisja stwierdziła, że uzupełniają się wzajemnie i powinna na ich podstawie powstać konstrukcja pośrednia.

Z podstawą rtm. Calewskiego przeprowadzono wszechstronne badania, trwające od listopada 1928 r. do października 1929 r., w CWKaw. w Grudziądzu oraz 1. i 6. pułku. Wykazały one pełną przydatność tej podstawy dla kawalerii zarówno w przewożeniu jukami, jak i na taczance. Jedynymi uwagami krytycznymi był brak na szynie ślizgacza podziałki w tysięcznych, zbyt miękkie jarzmo mocujące ckm oraz dłuższy czas zdejmowania z juków niż podstawy Schwarzlose. Podstawa Calewskiego była jednak lżejsza od tej ostatniej o ok. 10 kg i nadawała się do każdego systemu ckm po niewielkiej przeróbce jarzma i łącznika. Ponadto, konstrukcja umożliwiła juczenie jej na siodło wraz z bronią oraz prowadzenie o wiele celniejszego ognia niż z podstawy Schwarzlose. Mimo

Tablica 18.1. Zestawienie wyników konkursu z 1928 r. na podstawę uniwersalną

Warunki konkursu	Kpt. Łukowicz	Inż. Ślósarski	Firma „Borek”	Rtm. Calewski
Masa 20-30 kg. Najlepsza stabilizacja przy najmniejszej masie	masa 34 kg, stab. dobra	masa 31 kg, stab. dobra	masa 26 kg, stab. najlepsza	masa 25 kg, stab. najlepsza
Przenoszenie podstawy złożonej przez 1 żołnierza	4 miejsce	3 miejsce	1 miejsce	2 miejsce
Przenoszenie podstawy rozłożonej przez 1 żołnierza, gotowej do strzelania	niemożliwe	2 miejsce	niemożliwe	1 miejsce
Zdejmowanie i zakładanie ckm na podstawę w pozycji leżącej	4 miejsce	2 miejsce	1 miejsce	3 miejsce
Przenoszenie podstawy z ckm przez 1 żołnierza	niemożliwe	możliwość ciągnięcia po ziemi	niemożliwe	niemożliwe
Przenoszenie podstawy z ckm przez 2 żołnierzy	nie do przyjęcia	2 miejsce	nie do przyjęcia	1 miejsce
Możliwość ustawienia w najkrótszym czasie, w nierównym terenie	nie nadaje się	dobra	nie do przyjęcia (b. długi czas)	dobra
Wygodny strzał z pozycji leżącej	niemożliwe	niemożliwe	niemożliwe	dobry dzięki poduszkom
Zmiana wysokości podstawy od 350 do 850 mm	brak obu skrajnych wysokości	górna wys. dobra, dolna 450 mm	dolna 420 mm, górna dobra, ale wymaga długiego czasu	440-700 mm, ale pozycja leżąca
Poziomy kąt ostrzału bocznego 60^0	ma	ma	360^0	35^0
Obrót ckm o 360^0	ma	ma	najlepszy	nie ma
Podniesienie lufy od -10 do $+30^0$	dolna — ma, górna — nie ma	ma, ale przy zmianie wys. podstawy	najlepsza do $+90^0$	ma
Dokładne ograniczenie kośby pionowej	niedostateczne	najlepsze	dobre, lecz wymaga rekonstrukcji	brak
Dokładne ograniczenie kośby poziomej	najlepsze	dobre, ale gorsze od Łukowicza	dobre, ale gorsze od Łukowicza	brak
Wygodne pogłębianie ognia z odczytem o dokładności do 1 tysięcznej	4 miejsce	1 miejsce	3 miejsce	2 miejsce
Wygodne poszerzanie z dokładnością do 5 tysięcznych	dobre	dobre	dobre	dobre
Szybka zmiana dużych kątów pionowych i dokładna zmiana małych kątów	nie odpowiada	małe kąty b. dobre, duże nie odpowiada	bardzo dobre	bardzo dobre
Automatyczne poszerzanie i pogłębianie	nie zrealizowane	nie zrealizowane	nie zrealizowane	nie zrealizowane
Szybkie przejście do strzału plot.	3 miejsce	2 miejsce	1 miejsce	2 miejsce
Podstawa powinna być jednolita	odpowiada	odpowiada	odpowiada	odpowiada

Rys. 18.10. Podstawa opracowana przez Łukowicza

pozytywnych opinii, podstawy tej nie wprowadzono do wyposażenia WP. Jej konstrukcję zastrzeżono patentem udzielonym 23.07.1930 r. pod nr. 12344.

Jeśli chodzi o podstawy inż. Ślósarskiego i firmy „Borek", to nie udało się MSWojsk. namówić konstruktorów do współpracy i każdy z nich pracował oddzielnie. Po wprowadzeniu do obu podstaw zmian konstrukcyjnych przeprowadzono, od 23.09. do 4.10.1929 r. w CSS próby komisyjne pod przewodnictwem ppłk. dypl. A. Staicha. Dla celów porównawczych komisja włączyła też do badań podstawę bułgarską, która była ulepszoną, saneczkową odmianą niemieckiej podstawy kawaleryjskiej wz. 1909.

Badania wykazały, iż do przyjęcia nadaje się jedynie podstawa firmy „Borek", która w porównaniu z bułgarską wykazała: mniejszą o 7,3 kg masę, lepszą ustawność dzięki trójnogowi o dużej skali zmian długości nóg i kątów ich nachylenia, większe poziome i pionowe kąty ostrzału, posiadała ograniczenie poszerzania i pogłębiania, była łatwiejsza w przenoszeniu, dawała szybszą

Rys. 18.11. Podstawa opracowana przez Calewskiego

możliwość połączenia jej z ckm i szybszą zmianę własnej wysokości oraz możliwość przewozu w jukach. Komisja zaleciła jednocześnie wprowadzenie w podstawie firmy „Borek” następujących zmian:

1. Nogi przednie — zrezygnować z możliwości przesuwania ich względem siebie, zachowując możliwość składania ich do transportu.

2. Noga tylna — wzmocnić ją i nieco wydłużyć, dodać lemiesz, dodać oparcie na łokcie strzelca i siodełko, umożliwić umieszczenie lufy zapasowej, dodać dogodniejsze zaciski wszystkich nóg.

3. Głowica podstawy — obniżyć podstawę, zabezpieczyć głowicę i tryby od zanieczyszczeń i wilgoci, usunąć wadę zatrzymywania się łusek podczas poziomego strzału plot., przewidzieć zawieszenie tarczy ochronnej na dolnej — nieruchomej części głowicy.

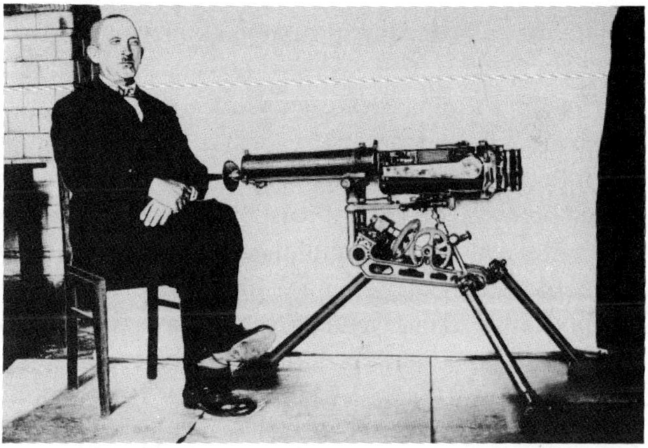

Rys. 18.12. Podstawa opracowana przez Ślósarskiego i jej konstruktor

4. Rygle — wykonać dogodniejszy uchwyt rygli, zmienić kierunek zamykania ich na „do siebie”.

5. Progi ograniczające poszerzanie — zmienić kierunek zamykania, kształt skrzydełek, umieścić na progach wskaźniki.

6. Wyłącznik — wzmocnić go i zmienić kierunek zamykania.

7. Ślizgacz — dać krąg podziałki nieruchomy z podziałką zerową w kierunku tylnej nogi, o dokładności 5 tysięcznych, dać wskaźnik do odczytu podziałki.

8. Kółko podnośnicy — zaokrąglić kanty, pogłębić wgłębienia na palce.

9. Sworznie — zabezpieczyć przed wysuwaniem się, zmniejszyć liczbę śrub.

W wyniku prób odrzucono podstawę inż. Ślósarskiego, stwierdzając, że obecny model jest gorszy do pierwotnego. Komisja stwierdziła wobec tego, iż nie widzi możliwości jego rekonstrukcji. Zwrócono jednak uwagę na zastosowany amortyzator zmniejszający rozrzut o ok. 30%.

W ciągu następnego roku trwały próby z podstawą firmy „Borek” w oddziałach liniowych oraz wprowadzano w jej konstrukcji ulepszenia.

Rys. 18.13. Podstawa firmy „Borek"

Badania te zakończono próbami komisyjnymi przeprowadzonymi w dniach 25-27.09. 1930 r. w CSS. Wykazały one, iż największą wadą podstawy była duża wrażliwość na zanieczyszczenia łuku zębatego. Wobec tego, firma „Borek" ponownie wzięła podstawę na warsztat i do lutego 1931 r. usunęła wszystkie wady. Przeprowadzone 5.02.1931 r. próby w Pracowni Broni Małokalibrowych w Rembertowie wykazały całkowite usunięcie wrażliwości łuku zębatego na zanieczyszczenia dzięki zamknięciu go w skrzynce położonej z prawej strony talerza podstawy. Po zakończeniu tych prób szef Departamentu Uzbrojenia zawnioskował zamówienie 525 podstaw firmy „Borek" dla ckm wz. 1908 i wz. 1910/28, które zostało w krótkim czasie zrealizowane. Podstawę tę opracowano w Urzędzie Patentowym w 1930 r. pod nr. 12285.

Wybór ckm wz. 1930 na typ zasadniczy oraz nowe żądania piechoty odnośnie konstrukcji podstaw spowodowały konieczność rozpisania nowego konkursu. Konkurs ogłoszono w 1930 r., ustalając następujące wymagania: masa podstawy 29-30 kg zapewniająca dobrą stabilizację, dostateczna sztywność we wszystkich położeniach, możliwy obrót ckm wokół osi poziomej o 360°, łatwa zmiana wysokości w zakresie 350-800 mm, szybka zmiana dużych kątów i precyzyjne nastawianie małych, możliwość przejścia do położenia plot. w czasie ok. 10 s, łatwe zakładanie i zdejmowanie ckm, mała widoczność podstawy.

Na konkurs wpłynęło szereg projektów podstaw do ckm wz. 1930. Jako jedni z pierwszych zgłosili swój udział kpt. J. Byrdy z CSS i F. Krzyżanek, którzy opracowali wspólnie taką trójnożną konstrukcję. Jej model wykonano częściowo w CSS, a częściowo w fabryce „Bom i Schutze" w Toruniu 15.05.1931 r. Próby wykazały, iż nie odpowiada ona, mimo wprowadzenia szeregu poprawek, wszystkim wymaganiom konkursu. Najniższe położenie wynosiło bowiem 410 mm, podstawa nie miała urządzenia do strzelania plot., niedogodne połączenie nóg z głowicą utrudniało przejście do różnych pozycji podniesienia lufy

Karabinek szturmowy kal. 7,62 mm

Pistolet maszynowy PM-84

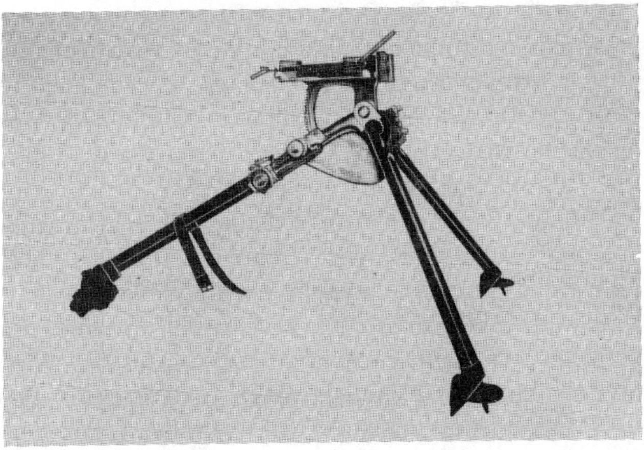

Rys. 18.14. Podstawa CSS nr 1

w położeniu górnym -10 do +35, utrudnione było ryglowanie kierunku przy najwyższym kącie podniesienia , utrudniony odczyt podziałek z pozycji klęczącej. Podstawa ta dawała dobrą stabilizację dzięki szerokiemu rozstawowi nóg, ale wymagało to jej złożenia do transportu. Jej masa wynosiła ok. 26 kg.

W związku z tymi zastrzeżeniami powołano w CSS zespół w składzie: kpt. Żukowski, kpt. Kapkowski i por. Daniuszewicz. Otrzymał on zadanie opracowania nowej podstawy, nie posiadającej wad poprzedniej. Miała ona być przystosowana do przewożenia ckm wz. 1930 bez jakichkolwiek zmian w konstrukcji broni. Miała umożliwić przewożenie ckm razem z podstawą za pomocą płóz. Zmusiło to jednak konstruktorów do modyfikacji jej górnej części. Podstawę, zwaną CSS nr 2, wykonano częściowo z odlewów brązowych, a nie ze stali, przez co jej masa wynosiła razem z lawetą 28,8 kg. Po wykonaniu wszystkich elementów ze stali masa miała się zmniejszyć o ok. 4 kg.

Była to podstawa trójnożna, przy czym noga tylna była wysuwana. Połączenie podstawy z ckm następowało za pomocą płóz, na które wsuwano ckm od tyłu. Konstrukcja jej umożliwiała strzelanie z pozycji leżącej, klęczącej i pośredniej. Niezależnie od pozycji umożliwiała strzał w kierunku od 0 do 1120 tysięcznych z możliwością unieruchomienia ckm w dowolnym kierunku w granicach ślizgacza i ograniczenie poszerzenia z dokladnością do 5 tysięcznych. Z pozycji najwyższej podstawa umożliwiała strzał w granicach od -29° do +35°30′. Wysokość podstawy była zmienna w granicach od 426 do 832 mm. Mechanizm podniesień umożliwiał szybką zmianę kątów za pomocą wyłącznika i unieruchomienie ckm w dowolnym położeniu. Poza tym, kółko podnośnicy pozwalało na dowolną zmianę kątów z możliwością ograniczenia w granicach od 0 do 35 tysięcznych, z dokładnością do 1 tysięcznej. Do strzelania plot. zastosowano dodatkową lawetę składającą się z osi, podstawki i widełek obrotowych z zatrzaskiem. Umożliwiała ona strzał w kierunku 360° i w pionie od

$+1°15'$ do $+79°30'$. Postawa była przystosowana do składania i przenoszenia przez jednego żołnierza. Składała się z 4 głównych elementów: głowicy z nogami i mechanizmem podniesień, ślizgacza z wycinkiem zębatym, uchwytu i lawety plot. Podstawa CSS nr 2 została zakwalifikowana przez komisję konkursową oprócz konstrukcji firmy „Borek", inż. Bialika i mjr. Skotnickiego z Warsztatów Rusznikarskich Zbrojowni nr 2.

W dn. 25.07.1931 r. odbyła się w Departamencie Uzbrojenia konferencja pod przewodnictwem pierwszego wiceministra spraw wojskowych gen. dyw. Fabrycego w sprawie wyboru podstawy do ckm wz. 1930. Uchwalono na niej wprowadzenie do uzbrojenia konstrukcji mjr. Skotnickiego jako odpowiadającej w pełni wymaganiom taktycznym i prostotą. Uchwalono jednocześnie, że otrzyma ona nazwę „podstawa wz. 1930 do ckm". Polecono także Departamentowi Uzbrojenia przystąpić do produkcji seryjnej po usunięciu wykrytych usterek. Wstępne badania umożliwiły ich wykrycie i usunięcie, wobec czego zamówiono 2.01.1932 r. w Zbrojowni nr 2 dwie kompletne nowe podstawy w cenie po 3000 zł. Po próbach, które potwierdziły usunięcie wszystkich usterek, przystąpiono do produkcji seryjnej podstaw wz. 1930, zamawiając ich w okresie od 25.10.1933 r. do 26.07.1934 r. 1816 sztuk za kwotę 1 525 240 zł.

Podstawa wz. 1930 była trójnogiem o masie 29,3 kg i wysokości w granicach od 380 do 880 mm, regulowanej przez zmianę nachylenia nóg skokami lub zmianę nachylenia nogi tylnej. Urządzenie do strzelania plot. stanowił maszt umieszczony w nodze tylnej. Do strzelania był on wkładany w otwór w obsadzie dźwigaru. Zmiana kątów podniesień w granicach od -38 do $+40°$ następowała przez obrót ckm wraz z dźwigarem za pomocą śruby samohamownej, a zmiana kątów kierunku przez obrót bronią wraz z dźwigarem. Ograniczenie kośby w głąb powodowały progi ograniczające, które mogły być wyłączane. Karabin był umocowany do podstawy za pomocą przetyczek zabezpieczonych łańcuszkami.

W toku produkcji podstawy wz. 1930 poddano modernizacji. Konstruktorom udało się zmniejszyć jej masę o 3 kg bez pogorszenia stabilizacji. Wprowadzono również zmiany w mechanizmie śruby podnośnicy, uzyskując zakres kątów ostrzału pionowego od -37 do $+35°$ oraz w tylnej nodze dodano uchwyt do przenoszenia.

Prace nad tą podstawą, która otrzymała oznaczenie wz. 1934, trwały prawdopodobnie do 1937 r., gdyż program prac i preliminarz Biura Studiów Fabryki Karabinów w Warszawie przewidywał jeszcze w 1936 r. studia i prace nad jej konstrukcją. Mimo to, podjęto produkcję seryjną, budując kilka tysięcy sztuk. Jeszcze 14.04.1939 r. Kierownictwo Zaopatrzenia Uzbrojenia zamówiło w Fabryce Karabinów 1030 podstaw wz. 1934 w cenie po 1070 zł za sztukę.

W 1932 r. przystąpiono w PWU do prac nad modernizacją i przystosowaniem podstawy firmy „Borek" dla potrzeb kawalerii, w związku

Rys. 18.15. Podstawa wz. 1934 z ciężkim karabinem maszynowym wz. 1930

z ogłoszeniem konkursu na ten temat. Uważając podstawę „Borek" za odpowiednią dla kawalerii, PWU zawarła umowę notarialną z inż. Zygmuntem Krotkiewiczem na nabycie praw patentowych na 4 zgłoszenia patentowe. Po wykonaniu modeli podstaw kawaleryjskich zamierzano przystąpić do prób komisyjnych. Podstawa miała masę 26,750 kg, najniższą wysokość podstawy plot. 1340 mm.

Na konkurs zgłoszono też podstawę oznaczoną symbolem WR, nad którą prace rozpoczęto w końcu 1931 r.

Pierwsze modele, poddane badaniom w pierwszej połowie 1932 r., wykazały konieczność wprowadzenia pewnych poprawek. Należały do nich: zapewnienie oliwienia czopa kadłuba z zewnątrz przez obsługę, zabezpieczenie chłodnicy ckm przed pogięciem przy uderzeniu o ostrą krawędź u nasady kołyski, poprawienie umocowania ślizgacza, poprawienie rygla kierunkowego i podniesień. Komisja zażądała także pomalowania na czarno ślizgacza, cyfr na czerwono i biało.

Po wykonaniu tych poprawek przystąpiono w CWPiech. w Rembertowie do dalszych prób, które odbyły się w dniach 9-21.09.1932 r. W ich wyniku komisja doszła do wniosku, iż umieszczenie rygla kierunkowego i podniesień jest niepraktyczne. Postulowano rygiel kierunkowy przenieść na lewą stronę, a rygiel podniesień na prawą. Zwrócono też uwagę na niepewne ryglowanie tylnej nogi powodujące poruszanie się jej i opadanie ckm na ziemię.

Wystąpiły ponadto trudności przy nastawianiu progów na żądaną wielkość poszerzenia, przy manipulacji nimi, i trudności odczytywania kąta nastawiania. Ostanim niedomaganiem podstawy WR była trudność w posługiwaniu się suwakiem. Przedstawiciele Komisji Doświadczalnej CWPiech. zaproponowali zmianę suwaków na ślizgaczu na typ opracowany przez siebie. Ze względu jednak na ślimakową konstrukcję, propozycję tę odrzucono. Zalecono jednocześnie prowadzenie prac nad ulepszeniem suwaków. Podstawa ta miała masę 29,250 kg, najniższą wysokość 428 mm, najwyższą 913,5 mm przy wysokości podstawy plot. 1420 mm.

Następna była podstawa kawaleryjska PWU oznaczona także jako PC-33. Opatentowano ją w Polsce pod nr. 18258, a patentu udzielono 8.04.1933 r. Właścicielem wynalazku był inż. Krotkiewicz z firmy „Borek", od którego PWU odkupiła prawo własności. Konstrukcja ta stanowiła udoskonaloną wersję podstawy YCA opracowaną przez PWU. Miała ona masę 20,950 kg, najniższą wysokość 370 mm, najwyższą 838 mm przy wysokości podstawy plot. 1335 mm. Zastosowano w niej nowatorskie rozwiązanie, jakim był amortyzator odrzutu. Równoważył on uderzenie ckm skierowane wzdłuż lufy, dzięki sprężynie znajdującej się w maszcie plot. Jej siła była tak dobrana, że rozprężenie nie mogło nastąpić przed kolejnym wystrzałem. Warto zaznaczyć, że podobne rozwiązanie stosowała w tym czasie tylko duńska firma „Madsen". Nogi podstawy miały układ niezależnej regulacji za pomocą tulei konstrukcyjnych, co zapewniało im dużą elastyczność w dostosowaniu do różnych warunków terenowych. Podstawa ta umożliwiała prowadzenie każdego rodzaju ognia.

Wszystkie 3 podstawy kawaleryjskie poddano w styczniu 1933 r. próbom porównawczym, po czym ich modele przekazano do użytkowania oddziałom w warunkach poligonowych. W okresie 20.09.-18.10.1933 r. przeprowadzono z nimi ponowne próby komisyjne. Uzyskano następujące wyniki:

1. Podstawa WR — zalety — silna konstrukcja, płynny ruch obrotowy w kierunku, pewne w działaniu i wygodne w uchwycie rygle, wygodna do przenoszenia; wady — trudne do użycia urządzenie do łączenia z ckm, trudny w użyciu mechanizm usztywniający tylną nogę, za mało dokładna podziałka kierunkowa, trudne w użyciu progi ograniczające poszerzanie, duża masa, dwudzielność urządzenia plot., niewygodne do nastawiania urządzenie pogłębiania, ostre zakończenia sworzni i nakrętek.

2. Podstawa firmy „Borek" — zalety — jednolite urządzenie plot., jednolite urządzenie pogłębiania; wady — zawodność mechanizmu włączającego mechanizm podniesień, niewygodny w użyciu i szybko wyrabiający się rygiel kierunkowy, samoczynne opadanie masztu plot., trudne w użyciu progi ograniczające poszerzanie.

3. Podstawa PWU — zalety — mała masa, wygodne w użyciu urządzenie pogłębiania i urządzenie plot., jednolite urządzenie podniesienia, gładka konstrukcja bez ostrych kantów i śrub; wady — słaba konstrukcja nóg, trudne w użyciu nogi przednie, niewygodny i szybko wyrabiający się rygiel kierunkowy, trudne w użyciu progi ograniczające poszerzanie.

Na podstawie wyników badań konstrukcyjnych i strzelań komisja konkursowa zakwalifikowała do dalszych prac podstawę PWU, zalecając usunięcie w jej konstrukcji wszelkich wad. Prace nad modernizacją trwały bardzo długo, gdyż zakończono je dopiero w 1938 r. W ich trakcie udało się między innymi zmniejszyć masę podstawy do 17,0 kg.

Zapadła też wtedy decyzja o podjęciu jej produkcji seryjnej pod oznaczeniem wz. 1936 (miała też oznaczenie PC-35k). Do marca 1939 r. planowano wyprodukowanie 1100 tych podstaw. Na prace związane z opracowaniem rysunkowym, wykonanie modeli, próby i przygotowanie produkcji wydano ogółem niebagatelną sumę 129 816,15 zł.

Na konkurs zgłoszono taże podstawę poznańskich zakładów „H. Cegielski", oznaczoną H.C.P. 5 wz. 1931. Była ona badana w maju 1933 r. i porównywano ją wtedy z podstawą wz. 1930, stwierdzając, iż nie jest gorsza od niej. W tym samym czasie badano także drugą podstawę „Cegielskiego" H.C.P. 7 wz. 1931. Była to podstawa piechoty i próbowano ją w 3 baonie strzelców w Rembertowie. Wobec produkowania już podstaw wz. 1930 nie wprowadzono jej do wyposażenia.

W 1933 r. firma „H. Cegielski" skonstruowała typ podstawy stałej do sprężonych podwójnie ckm. Przeznaczono ją głównie do prowadzenia ognia plot. Szef Departamentu Uzbrojenia płk Maciejowski zwracał uwagę, iż może ona mieć bardzo szerokie zastosowanie, gdyż nadaje się do umieszczania na samochodach ciężarowych, platformach kolejowych, statkach itp. Według niego, jej ewentualne użycie pozwoliłoby na wyeliminowanie wszystkich stosowanych podstaw tego typu, bardziej lub mniej prymitywnych, zwłaszcza że jej koszt 1500 zł za szt. nie był wysoki. Płk Maciejowski polecił w związku z tym kierownikowi IBMU przygotować na terenie CBBal. w Zielonce pokaz strzelania z tej podstawy. Dalsze losy wynalazku nie są znane. Wiadomo tylko, że w 1935 r. firma opatentowała podstawę pod nr. 21470.

W tym samym roku Departament Kawalerii opracował wymagania dla specjalnej podstawy plot. do rkm wz. 1928. Konieczność opracowania takiej konstrukcji wynikała stąd, iż w wyposażeniu kawalerii znajdowały się dotychczas jedynie drewniane trójnogi wz. 1929, ciężkie, długie (150 cm), nie nadające się do przewożenia w jukach. Według przedstawionych 5 lipca wymagań, podstawa ta miała być trójnogiem o prostej i trwałej konstrukcji składającej się z dwuczęściowych, wysuwanych nóg, o masie ok. 10 kg, o długości w stanie złożonym do 80 cm. Miała ona zapewnić strzelanie do celów powietrznych przy wysokości ok. 130 cm, a do celów naziemnych przy wysokości 110 cm.

W marcu 1936 r. Fabryka Karabinów w Warszawie wykonała model przypominający niemiecką podstawę plot. do lkm Dreysego wz. 1913, przy czym laweta była podobna do użytej w trójnogu uniwersalnym wz. 1929. Model ten spełniał wszystkie wymagania z wyjątkiem długości w stanie złożonym, wysokości plot. i naziemnej, czego nie udało się zachować przy warunku wysuwalności tylko jednego człona nogi. Uznano jednak. że osiągnięta długość w stanie złożonym równa 90 cm jest do przyjęcia. Masa podstawy wynosiła 7,3 kg, kąt podniesienia lufy +90°, wysokość spoziomowanych przyrządów celowniczych plot. nad terenem — 140 cm.

W marcu 1936 r. podstawę poddano próbom w CWPiech., a w maju w CWKaw. Wykazały one, iż podstawa spełnia wszystkie wymagania. Po wprowadzeniu drobnych zmian Departament Kawalerii przeprowadził od sierpnia do października 1936 r. próby z 6 podstawami w jednostkach liniowych i CWKaw.

Po ich zakończeniu Departament wydał pozytywną opinię, postulując wprowadzenie podstawy do wyposażenia kawalerii pod oznaczeniem PR wz. 1936k. Argumentowano przy tym, iż posiadanie jej przez kawalerię umożliwi maksymalne wykorzystanie szczupłej liczby rkm we wszystkich warunkach, a w szczególności będzie ona przydatna przy zwalczaniu samolotów szturmowych, gdy ważna jest nie tyle donośność, co giętkość ognia.

Odmienne stanowisko zajęło CWKaw., którego przedstawiciele stwierdzili, iż użycie tej podstawy w praktyce będzie bardzo rzadkie i to tylko w czasie postoju. Nawet jednak wtedy prościej będzie użyć jako podpórki drzewa, płotu, stojącego ułana itp. W połowie kwietnia 1937 r. odbyło się na ten temat powiedzenie KSUS, na którym postanowiono i przyjęto wniosek o tymczasowym wstrzymaniu decyzji co do wprowadzenia podstawy PR wz. 1936k do

Tablica 18.2. Ogólne zestawienie liczby podstaw i lawet będących w bieżącej rezerwie dyspozycyjnej MSWojsk. oraz w oddziałach na dzień 1.07.1938 r., oraz przewidywany stan ogólny na dzień 1.04.1939 r.

Nazwa podstawy	Liczba podstaw w dyspozycji MSWojsk.	Uwagi
Podstawa wz. 1934	3 980	
Podstawa wz. 1936k	1 100	
Podstawa wz. 1930	3 222	
Podstawa niemiecka wz. 1908	5 150	
Podstawa „Borek”	525	
Podstawa austriacka dostosowana do ckm wz. 1908	587	
Podstawa francuska wz. 1925	1 147	
Podstawa francuska wz. 1914	1 253	w tym 7 wybrakowanych i 16 nietypowych bułgarskich
Podstawa francuska St. Etienne dostosowana do ckm wz. 1914	460	
Trójnóg do lkm wz. 1908/15 i wz. 1915	10 159	
Laweta OPL do lkm wz. 1908/15	912	+1 600 w produkcji
Laweta OPL do ckm wz. 1908	1 943	+1 100 w produkcji
Laweta OPL do ckm francuskiego	531	+600 w produkcji
Laweta OPL do rkm wz. 1928	4 640	+150 w produkcji
Trójnóg uniwersalny wz. 1929	4 939	
Podstawa dodatkowa OPL do strzelania z biedki km	662	
Podstawa pomocnicza OPL do ckm wz. 1908	1 500	

wyposażenia kawalerii. Postulowano jednocześnie przeprowadzenie dłuższych i gruntowniejszych prób z nią w kilku pułkach kawalerii. W ich wyniku zdecydowano o przydatności tej podstawy tylko w warunkach specjalnych, co jednak nie upoważniało do jej wprowadzenia, gdyż w większości przypadków sprzęt ten stanowiłby niepotrzebne obciążenie.

Doświadczenie zdobyte przy opracowaniu podstaw do ckm wykorzystano przy konstruowaniu dwóch ostatnich typów opracowanych przed wybuchem wojny. Były nimi podstawy do km chłodzonych powietrzem typu C. Pierwszą z nich oznaczono P2 IB, wykonano ją w Zbrojowni nr 2 na Pradze. Była przeznaczona do izb bojowych w obiektach fortyfikacyjnch dla podwójnie sprzężonych km 7,9 C4. Drugą była podstawa PL 7,9 B konstrukcji inż. L. Kowalewicza i W. Waszkiewicza. Był to uniwersalny trójnóg o masie poniżej 15 kg przeznaczony dla km 7,9 C3 oraz projektowanego km typu B.

Do wybuchu wojny armia polska otrzymała znaczną liczbę różnego rodzaju podstaw i lawet do broni maszynowej.

19
Konstrukcje powojenne — podstawy do 7,62 mm ckm systemu Goriunowa wz. 1943

W 1940 r. zespół radzieckich konstruktorów pod kierunkiem Piotra Maksymowicza Goriunowa opracował 7,62 mm ckm chłodzony powietrzem, działający na zasadzie odprowadzania gazów prochowych przez boczny otwór w lufie. Masa nowego ckm była o ok. 20 kg mniejsza do ckm Maxima wz. 1910, zaś budowę mechanizmu ryglującego znacznie uproszczono. Ryglowanie zamka następowało przez przekoszenie jego tylnej części w płaszczyźnie poziomej. Zasilanie broni odbywało się ze specjalnie skonstruowanej taśmy metalowej z możliwością stosowania dotychczasowej taśmy parcianej. Do ckm zastosowano uniwersalną podstawę kołową konstrukcji W.A. Diegtariewa, z metalową tarczą ochronną i sprężynowym amortyzatorem. Specjalnie zaprojektowany ogon podstawy umożliwiał prowadzenie ognia do celów powietrznych.

W 1943 r. ckm wprowadzono do uzbrojenia armii radzieckiej, lecz tylko w nielicznych egzemplarzach znalazł się on w uzbrojeniu Ludowego Wojska Polskiego. Dopiero w okresie powojennym stał się podstawową bronią zespołową jednostek piechoty, a jego produkcję rozpoczął w 1953 r. krajowy przemysł zbrojeniowy w oparciu o radziecką licencję.

W czasie eksploatacji ckm okazało się, że ich podstawy mają również pewne wady i niedomagania, a szczególnie:
— dość dużą masę (28,5 kg) i utrudnione przenoszenie przez strzelca,

Rys. 19.1. 7,62 mm radziecki ciężki karabin maszynowy Goriunowa wz. 1943

— brak regulacji luzu kół oraz otwarte piasty wrażliwe na zanieczyszczenia,
— luzy występujące po dłuższej eksploatacji broni, powodujące przemieszczanie się linii celownika.

Dążąc do wyeliminowania usterek, w 1953 r. Dowództwo Artylerii LWP sprecyzowało szczegółowe założenia taktyczno-techniczne, jakim powinna odpowiadać nowa podstawa dla 7,62 mm ckm Goriunowa wz. 1943.

W myśl tych założeń powinna to być podstawa kołowa z możliwością wykorzystania jej do zwalczania celów powietrznych. Ponadto:
— poziomy kąt ostrzału nie powinien być mniejszy od 100,
— pionowy kąt ostrzału w granicach od -5 do +30,
— całkowita masa podstawy mniejsza od 28 kg,
— długość do 1200 mm.

Rys. 19.2. Podstawa zaprojektowana w Instytucie Mechaniki Precyzyjnej

Już na przełomie lat 1954/1955 wykonano w kraju dwa prototypy postaw skonstruowane przez dwie różne instytucje.

Podstawa pierwsza, konstrukcji Centralnego Badawczego Poligonu Artyleryjskiego, posiadała w porównaniu z oryginalną podstawą Diegtariewa odmienne rozwiązanie łoża dolnego, kół oraz mechanizmu kierunkowego. Oryginalnym rozwiązaniem było zaopatrzenie łoża w przeguby, które można było składać pojedynczo lub podwójnie. Rozwiązanie to ułatwiało dogodne przenoszenie podstawy oraz pozwalało na uzyskanie bardzo małych gabarytów po jej całkowitym złożeniu (60 × 62 × 38 cm).

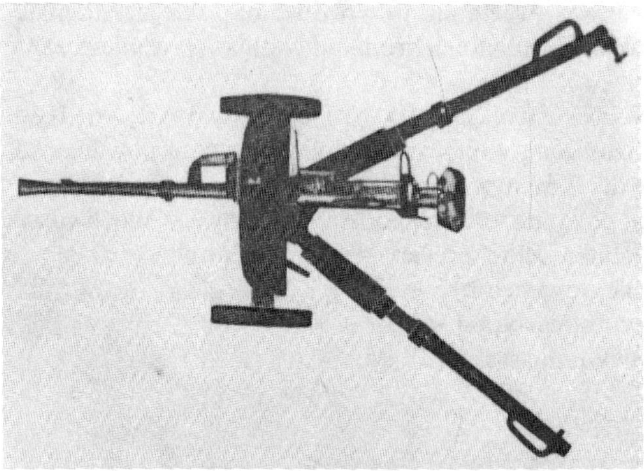

Rys. 19.3. Podstawa CNBPArt. w położeniu transportowym (widok z góry)

Drugi prototyp stanowiła podstawa zaprojektowana w Instytucie Mechaniki Precyzyjnej w Warszawie; zastosowano w niej dwa rozstawne ogony (podobnie jak w łożach artyleryjskich), które w zależności od potrzeb mogły być składane. Łoże górne wykonano w postaci segmentu łukowego stanowiącego równocześnie część mechanizmu podniesieniowego, w którym umieszczono amortyzator odrzutu.

Obie podstawy ułatwiały prowadzenie ognia plot. oraz zostały zaopatrzone w ogumione koła tłoczone z blachy stalowej z możliwością regulacji ich luzu.

Na początku 1956 r. rozpoczęto poligonowe badania porównawcze. Prowadzono je przy użyciu fabrycznie nowego ckm, montując go kolejno na poszczególnych podstawach; strzelania prowadzono na odległość 100, 200 i 300 m, w różnych warunkach terenowych i atmosferycznych. Ponadto prowadzono próby holowania podstaw na odległość 50 km.

Dane taktyczno-techniczne:

	Podstawa Diegtariewa	Podstawa CNBPArt.	Podstawa IMP
Ogólna długość podstawy z ckm SG wz. 1943 [mm]	1720	1650	1680
Długość podstawy bez ckm [mm]	1350	1320	1190
Całkowita wysokość podstawy z ckm [mm]	633	646	622
Masa podstawy [kg]	28,5	29,9	30,25
Poziomy kąt ostrzału []	180	180	116
Czas przejścia z położenia marszowego w bojowe (bez ckm), [s]	6	6	15
Czas przejścia położenia marszowego w plot. (bez ckm), [s]	3	3	13
Średni promień rozrzutu na odległość [cm/100 m]	13,6	36	12,5

Jak widać, konstruktorom nie udało się uzyskać założonej masy podstaw, ponadto wymagały one dopracowania i usunięcia zauważonych usterek.

Niezależnie od prac prowadzonych w CNBPArt. i IMP, również w WAT prowadzono prace nad nową podstawą dla ckm. Zostały one jednak wstrzymane wobec wprowadzenia w ZSRR zmodernizowanej wersji ckm Goriunowa. Broń tę, noszącą oznaczenie SGM, zaopatrzono w podstawy nowego wzoru. Podstawy te bez tarczy ochronnej wykonano w dwu wersjach — kołowej i trójnożnej. W ckm zmniejszono również masę lufy, wykonując w lufie podłużne rowki, co znacznie poprawiło jej chłodzenie i wpłynęło na wydłużenie żywotności. Karabiny maszynowe SG i SGM znajdujące się w LWP w latach siedemdziesiątych zastąpiono nowoczesnym km konstrukcji Kałasznikowa typu PK/PKS.

20
Najcięższe karabiny maszynowe

Pierwsze najcięższe karabiny maszynowe pojawiły się pod koniec I wojny światowej w Niemczech. Opracowano tam wtedy nkm TuF przeznaczony do zwalczania celów powietrznych i opancerzonych. Dopiero jednak druga połowa lat dwudziestych przyniosła rozwój i wzrost zainteresowania bronią tego typu.

Tendencje w tej dziedzinie były uważnie śledzone przez polską prasę wojskową, która przekazywała informacje o zaletach i wadach, zasadach działania, skuteczności nowo powstałych nkm.

W Polsce szybko doceniono znaczenie tej broni. Już w 1930 r. polskie władze wojskowe podkreślały konieczność wyposażenia WP w nkm. W 1931 r. poddano w kraju badaniom 20 mm nkm Oerlikon i 13 mm nkm Hotchkissa. Obie te konstrukcje uznano wtedy za nieskuteczne zarówno do obrony plot., jak i ppanc. Jednak, MSWojsk. zakupiło 24 nkm Hotchkissa, które przydzielono 1 paplot. W pewną ilość tej broni uzbrojone były jednostki pływające Polskiej Marynarki Wojennej.

Również lotnictwo wykazało zainteresowanie nkm. Już w 1933 r. na pierwszym prototypie samolotu myśliwskiego PZL P-24 zamontowano dwa 20 mm nkm Oerlikon FF. W latach późniejszych nkm tej firmy były montowane w seryjnie produkowanych samolotach P-24 (wersje A, E, F, G).

Wzrost napięcia międzynarodowego oraz całkowita bezbronność piechoty wobec czołgów i nowoczesnych samolotów działających na niskim pułapie spowodowały wydanie w 1935 r. polecenia wszechstronnego zbadania zagranicznych modeli nkm.

Zakupiono i poddano wtedy próbom 20 mm nkm Solothurn i 20 mm najcięższy karabin samopowtarzalny Solothurn. Obie konstrukcje uznano za nieodpowiadające stawianym wymaganiom. W tym samym czasie lotnictwo badało 20 mm nkm Oerlikon także z miernym wynikiem.

Ponieważ konstrukcje zagraniczne nie odpowiadały stawianym wymaganiom, a firmy je produkujące nie chciały dokonywać przeróbek, zrodziła się konieczność rozpoczęcia własnych studiów nad nkm i amunicją do nich.

W 1936 r., w wytycznych opracowanych przez Instytut Techniczny Uzbrojenia, Dowództwo Broni Pancernych i Instytut Techniczny Lotnictwa, sprecyzowano warunki, jakim musi odpowiadać nkm dla lotnictwa, obrony ppanc. i plot. Zostały one zatwierdzone przez Komitet ds. Uzbrojenia i Sprzętu, który polecił Fabryce Karabinów w Warszawie wykonanie modelu polskiego nkm i przeprowadzenie do 1.01.1938 r. prób porównawczych z konstrukcjami zagranicznymi.

Badania z zakupionymi nkm firmy „Oerlikon", „Madsen" i „Hispano-Suiza" przeprowadzono w drugiej połowie 1937 r. Uznano wtedy, iż żaden z nkm nie nadaje się jako broń uniwersalna.

Jednocześnie, od 1936 r. trwały intensywne prace nad modelem polskiego nkm.

20 mm najcięższy karabin maszynowy wz. 38FK

Projekt pierwszego polskiego nkm został opracowany przez pracownika Fabryki Karabinów inż. Bolesława Jurka, obliczenia zaś wykonał inny pracownik FK — inż. Wawrzyniec Lewandowski.

Prototyp nkm, określonego jako model A, wykonano w FK w Warszawie do listopada 1937 r. i jeszcze w tym samym miesiącu poddano go wstępnym próbom w Centrum Badań Balistycznych w Zielonce. W ich trakcie ujawniły się niedokładności w wykonaniu różnych elementów broni. Zostało to spowodowane pośpiechem. Konieczność usunięcia wykrytych wad spowodowała, iż do prób komisyjnych przystąpiono dopiero w marcu 1938 r., a więc już po terminie zaleconym przez KSUS.

Badania te przeprowadzono od 2.03. do 20.05.1938 r. na poligonach w Zielonce i Rembertowie. Cykl prób był identyczny z programem, jakiemu poddano nkm konstrukcji zagranicznych.

Po zakończeniu badań, w czasie których nkm nie wykazał żadnych wad konstrukcyjnych, komisja oceniła przydatność nkm model A dla wojska następująco:

— dla broni pancernych — lepszy od zagranicznych,
— dla lotnictwa — za mała szybkostrzelność, wymagane donoszenie taśmowe,
— dla piechoty i kawalerii jako broń plot. — dobry,
— dla piechoty i kawalerii jako broń ppanc. — za ciężki.

Ogólna ocena nkm w opinii komisji wypadła bardzo dobrze. Podkreślano jego prostą budowę, wygodny kształt, łatwość składania i rozkładania, celność, prostotę użycia, pewność działania, wytrzymałość oraz dużą szybkość początkową pocisku, która została zachowana nawet po oddaniu 5000 strzałów. Zwrócono też uwagę, że przy zbliżonej do nkm zagranicznych masie, celności i szybkostrzelności, polskim karabinem uzyskuje się lepszą przebijalność płyt pancernych. Przy kącie uderzenia pocisku równym 90° nkm model A przebijał pancerne blachy jednorodne o grubości 40 mm z odległości 200 m, a pancerne blachy nawęglane o grubości 20 mm z odległości 300 m.

Rys. 20.1. Najcięższy karabin maszynowy model A z magazynkiem płaskim dziewięcionabojowym

Dobre wyniki uzyskane w trakcie prób z prototypem nkm model A spowodowały, że Kierownictwo Zaopatrzenia Uzbrojenia zamówiło w FK 21.05.1938 r. 2 następne egzemplarze tej broni w cenie po 43 791 zł w celu przeprowadzenia dalszych badań.

W lipcu 1938 r. zapadła decyzja o przejściowym wprowadzeniu do uzbrojenia WP nkm model A dla broni pancernej i ewentualnie obrony plot., do czasu zakończenia prac nad udoskonalonymi wersjami nkm.

Rys. 20.2. Najcięższy karabin maszynowy model A z magazynkiem bębnowym

W maju 1938 r. przeprowadzono pierwsze próbne strzelanie plot., które dało wynik negatywny. Było to spowodowne posiadaniem niewielkiej ilości amunicji oraz użyciem muszki kołowej od Oerlikona, która uniemożliwiała wzięcie odpowiedniego wyprzedzenia. Z tego powodu PZO przystąpiły do opracowania własnych przyrządów celowniczych.

Dla nkm model A przewidywano dwa typy podstaw — lekką i ciężką. Podstawa lekka typu PL 20A powstała wg projektu J. Skrzypińskiego, w opracowaniu L. Kowalewicza. Był to lekki, piętnastokilogramowy trójnóg dla nkm ppanc., dla czołowych oddziałów piechoty. Model tej podstawy zamówiono z terminem realizacji do 1.06.1938 r. Podstawa ciężka typu PC 20A została zaprojektowana i opracowana przez L. Kowalewicza. Powstała ona w wyniku modyfikacji łoża 37 mm armaty ppanc. wz. 1936. Dwukołowa podstawa miała 3 nogi, z czego 2 przednie łamane. Napęd podnośnicy i obrotnicy wzorowano na rozwiązaniu firmy „Oerlikon". Masa podstawy wynosiła 400-500 kg. Termin wykonania jej rysunków technicznych ustalono na 1.06.1938 r. Prawdopodobnie z powodu niedotrzymania tego terminu model podstawy PC 20A zamówiono dopiero w grudniu 1930 r. w Zakładach Stowarzyszenia Mechaników Polskich z Ameryki w Pruszkowie. W maju 1939 r. gotowa podstawa z ustawionym na niej nkm przeszła próby holowania za ciągnikiem kołowym PZInż. 303.

Na przełomie maja i czerwca nkm model A poddano ponownym próbom strzelania plot. na poligonie w Rembertowie. Wyniki strzelania były rewelacyjne. Wszystkie 4 rękawy, holowane przez samoloty PZL P-11, zestrzelono w krótkim czasie. Wyniki te osiągnięto przede wszystkim dzięki zastosowaniu nowego typu przyrządów celowniczych opracowanych przez PZO. Były one wzorowane na przyrządach 40 mm armaty plot. wz. 1936. Posiadały dwa przezierniki i przelicznik, na którym nastawiano wysokość lotu samolotu, jego prędkość w m/s, kurs oraz odległość. Po nastawieniu tych danych przelicznik automatycznie nadawał kąt wyprzedzenia lufy w stosunku do przezierników.

Broń ta, która otrzymała oznaczenie 20 mm nkm wz. 38FK, miała być produkowana w Sanoku. Lufy natomiast miano produkować w Zakładach Stowarzyszenia Mechaników Polskich z Ameryki w Pruszkowie. Już 26.08.1938 r. zamówiono tam 150 luf do nkm, bez hamulców wylotowych, z terminem dostawy do 1.09.1939 r. Z nieznanych przyczyn do 1.06.1939 r. wykonano zaledwie 20 sztuk.

W lipcu 1939 r. fabryka „Zieleniewski Sp. Akc." rozpoczęła produkcję seryjną nkm. Planowano, iż docelowa produkcja osiągnie liczbę 100 sztuk miesięcznie.

Ogólna liczba nkm wz. 38FK, które zamierzano wyprodukować nie jest znana. Miano w nie uzbroić czołgi pływające PZInż. 130 i czołgi rozpoznawcze TP oraz przezbroić wszystkie tankietki. Planowano także, iż wszystkie wielkie jednostki WP otrzymają po 8 nkm na podstawach kołowych do obrony plot.

Rys. 20.3. 20 mm najcięższy karabin maszynowy wz. 38FK (model A) zamontowany na czołgu rozpoznawczym TKS

Również wszystkie przeciwlotnicze kompanie ckm miały być przezbrojone w tę skuteczną broń.

Rzeczywistość przekreśliła te ambitne plany. Do wybuchu wojny zdołano wyprodukować jedynie ok. 50 nkm, z czego ok. 23 zainstalowano na tankietkach. Wrzesień 1939 r. w pełni ukazał zalety tego karabinu. Uzbrojone w nie tankietki niezwykle skutecznie zwalczały niemieckie czołgi i samochody pancerne.

Równocześnie z podjęciem budowy prototypu 20 mm nkm model A rozpoczęto prace nad amunicją do niego.

Najcięższy karabin maszynowy model A był bronią opartą na zasadzie krótkiego odrzutu lufy. Posiadał lufę połączoną z suwadłem. Do przedniej części suwadła przymocowano dwie dźwignie, których ramiona były ustawione pod kątem. Jedno z ramion każdej dźwigni dotykało krzywki znajdującej się na pokrywie, drugie zaś urządzenia zamkowego. Urządzenie zamkowe składało się z zamka z wyciągiem i wyrzutnikiem, z symetrycznymi ryglami wchodzącymi w wycięcia znajdujące się na wewnętrznych powierzchniach bocznych suwadła. Pod zamkiem umieszczono stalową bryłę w postaci pryzmatu prostokątnego, zwaną „masą", na którą była przenoszona energia kinetyczna odrzutu lufy. „Masa" była połączona z zamkiem za pomocą dwóch dźwigni — górnej i dolnej, połączonych ze sobą przegubowo. Górna dźwignia za pomocą sworznia była połączona z zamkiem, dolna zaś z „masą". Dzięki takiemu połączeniu „masa" mogła się poruszać względem zamka, przy czym dolna dźwignia powodowała podnoszenie i opuszczanie się górnej dźwigni. Górna dźwignia była połączona z ryglami, dzięki czemu zmuszała je do ruchu w górę i w dół. Do „masy" przymocowano iglicę. Pod tylną częścią komory zamkowej było umieszczone urządzenie spustowe do ognia ciągłego i strzałów pojedynczych. Aby złagodzić uderzenia części ruchomych w części stałe broni (komora zamkowa, tylce) przy końcu odrzutu, broń zaopatrzono w amortyzatory. Ponadto, dla usunięcia nadmiaru energii odrzutu wyposażono lufę w hamulec wylotowy w tłumikiem płomieni. Zasilanie nkm odbywało się z magazynków płaskich na 5 i 10 naboi lub magazynków bębnowych na 15 i 100 naboi.

Dane techniczne:

kaliber	20 mm	masa naboju	320 g
masa broni	57,6 kg	długość naboju ćwiczebnego	205 mm
masa lufy z hamulcem wylotowym	21,2 kg	długość łuski	140 mm
długość całkowita	2015 mm	maksymalna prędkość początkowa uzyskana podczas prób	856 m/s
długość lufy z hamulcem wylotowym	1470 mm	szybkostrzelność teoretyczna	320 strz./min
szerokość z rączkami zamkowymi	202,5 mm	obsługa przy użyciu nkm jako ppanc. kbsp	3 ludzi
donośność	5000-7000 m(?)	obsługa przy użyciu nkm do strzelań plot. na podstawie PC 20A	6 ludzi
pułap skuteczny	ok. 2000 m		
masa pocisku ćwiczebnego	134 g		

Najcięższy karabin maszynowy model B

Projekt tego nkm, jak i dwóch następnych, powstał w wyniku prac zmierzających do uzyskania broni uniwersalnej. Model B został zaprojektowany przez inż. Wawrzyńca Lewandowskiego prawdopodobnie na początku 1938 r. Broń miała działać na zasadzie pobierania gazów z lufy. Dolny tłok gazowy miał uruchamiać zamek klinowy (rygiel), a następnie przez dwa przyśpieszniki sprężone — lekki trzon zamkowy z łuską.

Konstrukcję zamka wzorowano na 25 mm działku Boforsa. Górny donośnik taśmowy wzorowano na donośniku stosowanym w ckm wz. 1930. Miał on być napędzany od tłoka gazowego, który po strzale miał napinać sprężynę donośnika zwalnianą przez trzon po wyciągnięciu naboju z taśmy.

Donoszenie miało się odbywać za pomocą taśmy parcianej lub metalowo-ogniwkowej na 200 naboi lub z magazynka o donośniku sprężynowym. Odpalenie miało następować przy zamku zaryglowanym. Komora zamkowa miała być krótka, lecz wysoka.

Z bliżej nieznanych przyczyn nie podjęto budowy nkm model B, nawet w postaci prototypu. Wykonano jedynie zestawienie szkicowe. Obliczeniowa szybkostrzelność praktyczna miała wynosić 400 strz./min.

Najcięższy karabin maszynowy model C

20 mm nkm model C miał zaspokoić potrzeby wszystkich rodzajów broni jako konstrukcja uniwersalna o dużej szybkostrzelności i zmniejszonej masie. Model C był karabinem całkowicie przepracowanym, opartym na doświadczeniach uzyskanych z nkm model A i D. Broń powstała na życzenie i na podstawie warunków opracowanych przez ITU i ITL dla artylerii plot. i lotnictwa.

Autorem projektu pierwotnego nkm model C był inż. S. Rytwiński, opracowanie zaś wykonali wspólnie S. Rytwiński i W. Lewandowski.

Prototyp nkm miał zostać wykonany do października 1938 r., jednak już we wrześniu 1938 r. Kierownictwo Zaopatrzenia Uzbrojenia zamówiło 2 następne egzemplarze w cenie po 47 757 zł.

Brak materiałów archiwalnych uniemożliwia ocenę tej broni. Według nie potwierdzonych informacji nkm model C poddano próbom komisyjnym w maju 1939 r. na poligonie w Rembertowie, w obecności ministra spraw wojskowych gen. T. Kasprzyckiego.

20 mm nkm model C miał być stosowany w samolotach jako lotnicza broń pokładowa, jako ppanc. karabin samopowtarzalny z lżejszą lufą i pięcionabojowym magazynkiem oraz do obrony plot. na podstawie kołowej PC 20A.

Działał na zasadzie poboru gazu z przewodu lufy. Sposób ryglowania i napęd mechanizmu zamkowego wzorowano na szybkostrzelnym działku firmy „Hispano-Suiza". Ryglowanie odbywało się na drodze o długości 60 mm. Rygiel był samohamowny, podpierany przy strzale, a następnie podnoszony skosem suwaka-listwy w osi broni. Suwak-listwa otrzymywał napęd od górnego tłoka gazowego za pośrednictwem związanych z tłokiem dwóch popychaczy. Popychacze te oddawały po rozryglowaniu zamka resztę energii tłoka przez dwa przyśpieszniki sprężynowe na uruchomiony już trzon zamkowy. Tłok po wystrzale napinał sprężynę donośnika zwalnianą przez podajnik po wyciągnięciu naboju z taśmy lub magazynka. Odpalanie odbywało się przy zamku zaryglowanym. Naboje w tym modelu nie wymagały smarowania.

Szybkostrzelność broni można było regulować za pomocą ilości pobieranych z lufy gazów lub przez wyjęcie przyśpieszników. Była ona ograniczona wytrzymałością szyjki łuski.

Broń charakteryzowała się niezwykle prostą budową. Zamek można było łatwo rozbierać, zaś wyjęcie lufy wymagało jedynie przekręcenia tulei gazowej. Po obróceniu lufy o 60° nkm dzielił się na dwie części o zbliżonej masie.

Zasilanie mogło się odbywać za pomocą taśmy metalowo-ogniwkowej lub parcianej na 200 naboi, magazynka bębnowego na 100 naboi lub płaskich magazynków Boforsa na 5-10 naboi.

Dane techniczne:

kaliber	20 mm	prędkość początkowa pocisku	920 m/s
masa broni z donośnikiem	45-50 kg	szybkostrzelność	300-750 strz./min
długość lufy	1500 mm		

Najcięższy karabin maszynowy model D

Jednym z podstawowych zarzutów, jakie stawiano nkm model A, była zbyt mała szybkostrzelność. Jej zwiększenie było jednak możliwe tylko przy wykorzystaniu w konstrukcji zasady wykorzystania prądu gazu. W oparciu o tę zasadę powstał nkm model D. Jego konstruktorem był inż. Bolesław Jurek, który wykorzystał przy projektowaniu broni szereg elementów nkm model A.

Zastosowanie innej zasady działania niż w nkm model A umożliwiało zmniejszenie masy części ruchomych, dzięki czemu broń stała się lżejsza o około 30%.

W maju 1938 r. prototyp nkm model D znajdował się w próbach fabrycznych. Później poddano go prawdopodobnie badaniom komisyjnym, jednak braki w dokumentach archiwalnych uniemożliwiają odtworzenie wyników badań. Musiały one być jednak pozytywne, ponieważ zamówiono 4 następne egzemplarze modelu D, w cenie 41 998 zł, z terminami wykonania do 10.06. i 1.07.1939 r.

20 mm nkm model D miał być bronią przejściową przeznaczoną przede wszystkim dla lotnictwa, gdyż całkowicie spełniał wymagania ITL co do szybkostrzelności i sposobu donoszenia. Karabin, występujący jako 20 mm nkm FK 38D, miał być instalowany na samolotach: myśliwskich P-50 Jastrząb, wielozadaniowych — P-38 Wilk i P-48A Lampart oraz w samolotach bombowych P-49 Miś.

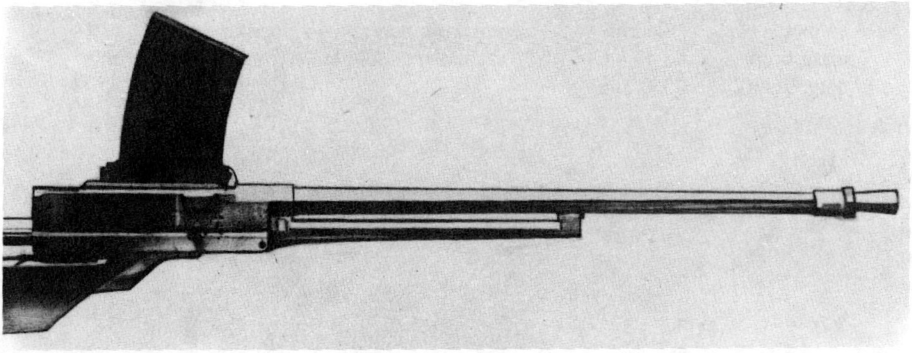

Rys. 20.4. Najcięższy karabin maszynowy model D z magazynkiem płaskim

Warto w tym miejscu podkreślić, że samolot Wilk wystawiony na XVI Międzynarodowym Salonie Lotniczym w Paryżu (25.11.-11.12.1938 r.) został nazwany z powodu swojego uzbrojenia *Tankbuster*, tj. niszczyciel czołgów.

Praktyczne działanie nkm w samolocie sprawdzono latem 1938 r. na poligonie pod Warszawą.

Nkm model D planowano także zastosować na okrętach jako broń plot. W tym celu ITU opracował, wg wymagań i na zlecenie Kierownictwa Marynarki Wojennej, warunki dla nkm plot. model D dla jednostek pływających.

Donoszenie miało się odbywać z magazynka bębnowego na 25-35 naboi, a podstawa miała być wzorowana na francuskiej podstawie R4 Hotchkissa i przystosowana do osadzenia na niej sprzężonych podwójnie nkm. Karabiny miały otrzymać celowniki opracowane przez PZO.

W pierwszej serii zamierzano zamówić 10 podwójnie sprzężonych nkm model D, z terminem dostawy do 1.01.1941 r.

Nkm model D działał na zasadzie przekazywania energii z dolnego tłoka gazowego. W karabinie tym zastosowano tzw. trzecią masę rozrządową, która pod wpływem impulsu wykonywała wszystkie czynności związane z przygotowaniem broni do następnego strzału. Duża masa tłoka i suwadła napędzała lekki trzon. Sposób ryglowania był podobny jak w modelu A, na drodze o długości 55 mm. Dwa boczne rygle były podpierane dźwigniami złączonymi przegubowo z suwadłem. W celu zmniejszenia siły odbicia suwadła od komory — w czasie ryglowania i odpalania — zastosowano przedni amortyzator ze stożkami ciernymi. Urządzenie spustowe było wzorowane na nkm model A. Aby uniknąć podnoszenia naboju w magazynku w czasie ruchu trzonu, umieszczono na trzonie łapkę dosyłacza, która wybijała nabój z magazynka.

Zasilanie miało się odbywać za pomocą różnego typu magazynków płaskich i bębnowych oraz taśmy.

Szybkostrzelność miała być regulowana za pomocą gazu.

Dane technicze:

kaliber	20 mm	prędkość początkowa pocisku	960 m/s
masa broni	ok. 40 kg	szybkostrzelność teoretyczna	600 strz./min
długość lufy	1350 mm		

21
Broń sportowa i pneumatyczna

Broń małokalibrowa bocznego zapłonu

W 1845 r. francuski rusznikarz Nicolas Flobert opatentował nabój zespolony bocznego zapłonu przeznaczony do broni sportowej. W dziesięć lat później amerykańska firma „Smith i Wesson" udoskonaliła nabój Floberta przez przedłużenie łuski i wypełnienie jej prochem czarnym. Wkrótce po tym oprócz naboju 0,22 *short* (5,6 mm krótki), powstały naboje 0,22 *long* (długi) i *long rifle* (tzw. długi sztucerowy). Amunicja ta znalazła duże uznanie w USA i Wielkiej Brytanii, a później również w innych krajach europejskich. Zapoczątkowała ona rozwój masowego sportu strzeleckiego. Broń bocznego zapłonu znalazła zastosowanie także w wojsku, gdzie jest wykorzystywana jako sprzęt pomocniczy w szkoleniu strzeleckim.

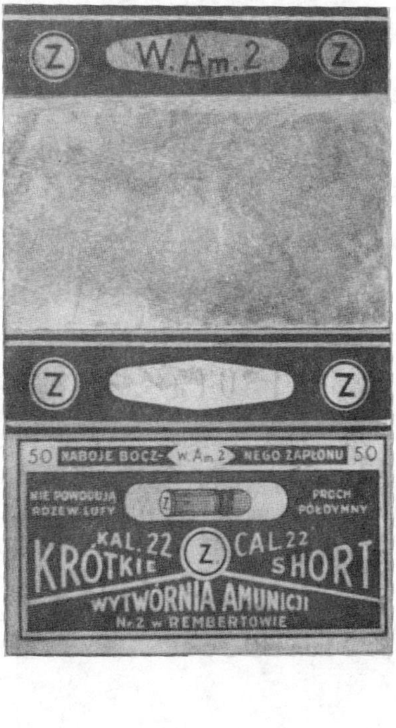

Rys. 21.1. Opakowanie 5,6 mm amunicji sportowej typu *short* produkcji Wytwórni Amunicji nr 2 w Rembertowie

W pierwszych latach po odzyskaniu niepodległości w WP, wobec braku broni bocznego zapłonu, wykorzystywano amunicję śrutową (wg ówczesnej nomenklatury tzw. izbową amunicję karabinową). Strzelanie z pocisków śrutowych prowadzono z odległości 10 m do figur bojowych i tarcz pięciokrotnie zmniejszonych. Amunicję tę wykorzystywano wielokrotnie, ale jej przygotowanie do strzelania było dosyć pracochłonne.

Zorganizowany ruch strzelecki zaczął się rozwijać w kraju w 1921 r., gdy Związek Strzelecki opracował program strzelectwa sportowego i przejął tym samym część zadań w tej dziedzinie od MSWojsk., a następnie od Państwowego Urzędu Wychowania Fizycznego i Przysposobienia Wojskowego. Ponadto, szkoleniem strzeleckim zajmowały się liczne organizacje paramilitarne. W tym czasie w kraju nie było odpowiedniej ilości broni i amunicji sportowej. Wychodząc naprzeciw społecznemu zapotrzebowaniu, na początku lat trzydziestych polski przemysł zbrojeniowy przystąpił do produkcji broni bocznego zapłonu własnej konstrukcji. Rozpoczęcie produkcji poprzedziły badania i próby szeregu modeli najlepszych karabinów firm zagranicznych.

Karabinki sportowe produkcji krajowej przyjęto również w wojsku. Używano w nim przede wszystkim dwu typów kbks.

Pierwszy, produkcji Państwowej Fabryki Karabinów w Warszawie, był zewnętrznie zbliżony do 7,92 mm kbk Mausera wz. 1898, od którego różnił się budową zamka i kalibrem. Jego zamek miał zakrzywioną iglicę, dostosowaną do

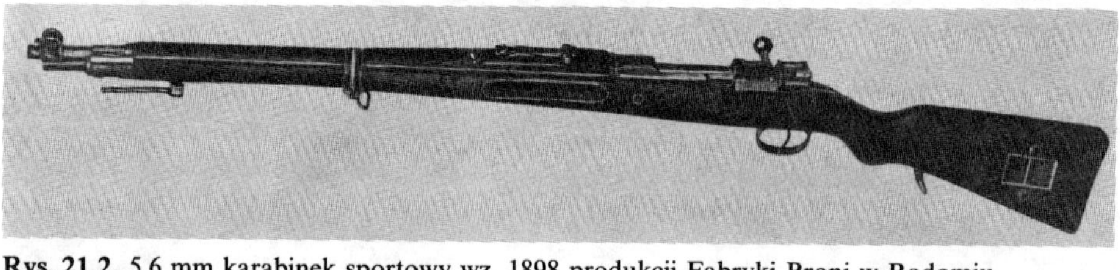

Rys. 21.2. 5,6 mm karabinek sportowy wz. 1898 produkcji Fabryki Broni w Radomiu

naboi bocznego zapłonu, i odpowiednio ukształtowany pazur wyciągu. Do broni zastosowano celownik z kbk wz. 1898, z podziałką od 300 do 2000 m. Aby określić odległość strzału, należało wskazania celownika podzielić przez 10. Karabinek miał łoże wykonane z drewna bukowego i nakładkę z wypaloną na niej liczbą 22 oznaczającą kaliber. Broń otrzymała znaczenie jako kbks wz. 1929 i była również produkowana przez Fabrykę Broni w Radomiu. Masa karabinka wynosiła 3,95 kg, szybkostrzelność — 5 strz./min, donośność — ok. 800 m.

Drugim typem był 5,6 mm kbks wz. 1931, którego produkcję podjęto w 1932 r. w Radomiu. Wyglądem zewnętrznym przypominał on 7,92 mm kbks wz. 1929, różniąc się od niego budową komory zamkowej, zamkiem, kształtem krzywizny celownika. Celownik w tym modelu miał podziałkę od 20 do 100 m. Tłokowy zamek z bezwładną iglicą miał zaczep umieszczony w rączce, utrzymujący zamek w położeniu zamkniętym. Zamek nie posiadał pazura wyciągu

Rys. 21.3. 5,6 mm karabinek sportowy wz. 1931

— wyciąganie łusek następowało przez przesunięcie do tyłu dolnej płaszczyzny wycinka komory nabojowej w czasie otwierania zamka. Ponadto, broń nie miała podstawy do rozbierania zamka z lewej strony kolby, jak również sworznia wzmacniającego łoże. Masa — 4,4 kg, szybkostrzelność — 5 strz./min, donośność ok. 850 m.

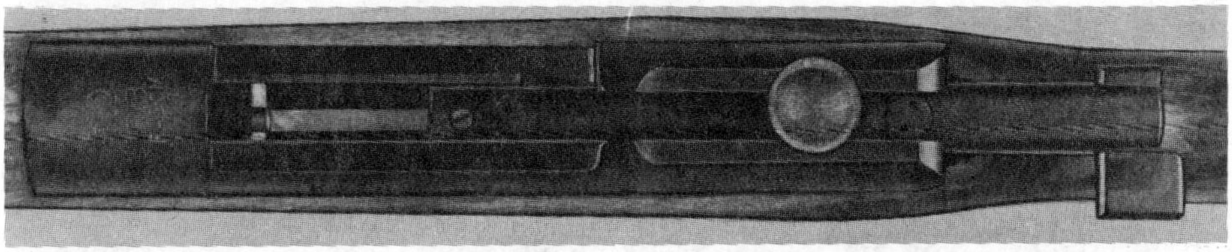

Rys. 21.4. Komora zamkowa karabinka sportowego wz. 1931 (zamek w tylnym położeniu)

Oba kbks były jednostrzałowe, dostosowane do amunicji typu *short* i posiadały okucia typowe dla karabinów Mausera z nasadą do osadzania bagnetu.

W celach sportowych Fabryka Karabinów w Warszawie uruchomiła produkcję kbks wz. 1930 w kilku odmianach. Była to broń jednostrzałowa dostosowana do amunicji *long rifle* lub *short* typu AW, AN, AL.

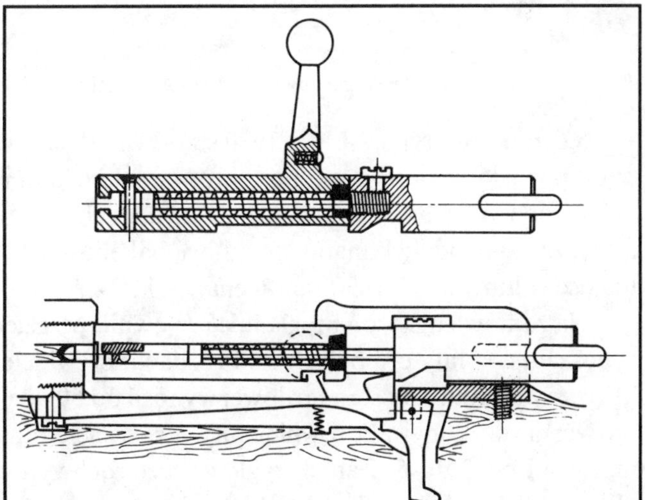

Rys. 21.5. 5,6 mm karabinek sportowy wz. 1931 — mechanizm zamkowy

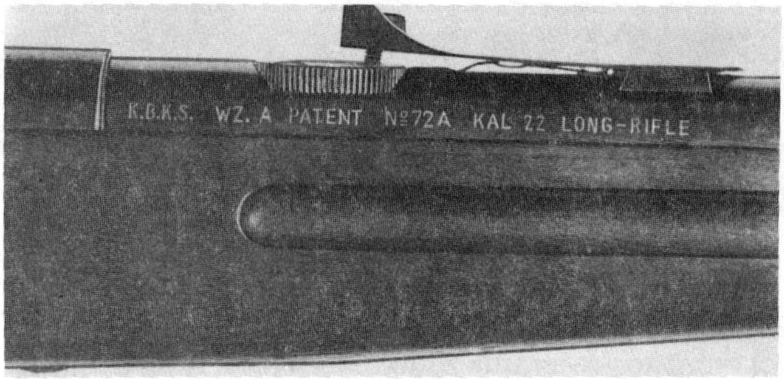

Rys. 21.6. Celownik śrubowy karabinka sportowego wz. 1930 AL — przedmiot patentu polskiego nr 16123

5,6 mm kbks typu AW wz. 1930 — dostosowany do amunicji *long rifle* — miał lufę o długości 600 mm i przyrządy celownicze typu otwartego. Zastosowany celownik śrubowy mógł być nastawiany dowolnie w zakresie od 25 do 125 m. (Rozwiązanie celownika było przedmiotem patentu polskiego nr 16123, udzielonego PWU 30.03.1932 r.). Muszkę broni zabezpieczono osłoną. Łoże typu wojskowego lub sportowego wykonywano z impregnowanego drewna bukowego. Masa — 3,30 kg, długość całkowita — 1054 mm.

5,6 mm kbks typu AN wz. 1930 — dostosowany do amunicji *short* lub *long rifle* — miał łoże typu sportowego z lekkimi okuciami i trzewikiem bakelitowym. Masa — 3 kg, długość całkowita 1060 mm.

Produkcji kbks typu AN (*Anort*) na amunicję *short* zaniechano w 1934 r. wobec małego popytu i braku zamówień (cena — 135 zł).

Rys. 21.7. 5,6 mm karabinek sportowy wz. 1930 AL produkcji Fabryki Karabinów w Warszawie

5,6 mm kbks typu AL wz. 1930 stanowił luksusową odmianę broni. Różnił się od pozostałych długością lufy, która miała 630 mm. Łoże typu sportowego wykonano z orzecha polerowanego, z szyjką i chwytem moletowanym. Trzewik kolby, zależnie od wykonania, mógł być bakelitowy lub rogowy. Masa — 3 kg, długość całkowita — 1090 mm (cena — 165 zł).

Na zamówienie broń mogła mieć celownik przeziernikowy. Karabinki były wyposażone w lufy o 6 polach i 6 bruzdach, o gwincie prawym. Dopuszczalny fabryczny rozrzut lufy standardowej wynosił od 50 do 60 mm na odległość 50 m. Wytwórnia wykonywała również lufy o rozrzucie od 45 do 24 mm oznaczone numerami od 2 do 5. Zamek ryglowy, czterochwytowy, był rozbierany przez odkręcenie rączki trzona. Miał on dwa symetrycznie umieszczone pazury wyciągów obejmujące łuskę. Skrzydełkowy bezpiecznik umieszczono z prawej strony komory zamkowej.

Państwowa Fabryka Karabinów w Warszawie prowadziła również próby z odmianą kbks pięciostrzałowego dostosowanego do naboi *short* i *long rifle*; świadczy o tym patent nr 15399 udzielony PWU 12.01.1932 r. (kbks wz. 1930 w tej odmianie nie był jednak produkowany seryjnie).

Do broni stosowano krajową amunicję sportową. Nabój krótki 5,6 mm Z miał pocisk ołowiany o długości 8,5 mm i masie 1,77 g; był on elaborowany prochem półdymnym Strzelec lub prochem bezdymnym Kruk. Masa naboju wynosiła 2,4 g, długość 16,8 mm. Długość naboju *long rifle* wynosiła 25,1 mm, masa 3,62 g, długość pocisku 11,8 mm, a masa 2,67 g.

Jakość amunicji krajowej odbiegała znacznie od importowanych do Polski naboi sportowych renomowanych firm zagranicznych. Powołany w 1933 r. Polski Związek Strzelectwa Sportowego przez cały okres swej działalności czynił starania o poprawę jakości amunicji krajowej, obniżenie ceny kbks bocznego zapłonu oraz o uruchomienie produkcji kbks dowolnego typu. W wyniku tych starań udało się zainteresować Departament Uzbrojenia MSWojsk. sprawami amunicji. Dążono do udoskonalenia stopu używanego do produkcji pocisków, zmiany kształtu pocisku oraz opracowania nowej receptury smaru, którym byłyby powlekane pociski.

W 1937 r. wytwórnia amunicji nr 2 i zakłady „Pocisk" przystąpiły do szczegółowych prac nad nową amunicją, której produkcję seryjną planowano uruchomić w sierpniu 1938 r. W dziedzinie produkcji broni postulowano, aby Fabryka Broni w Radomiu opracowala model kb dowolnego na 7,92 mm amunicję wojskową. Ponadto, skonstruowaniem nowego typu kbks miała się zająć Fabryka Karabinów w Warszawie we współpracy z Instytutem Badań Technicznych Uzbrojenia i przedstawicielami delegowanymi do tego celu przez PUWF, PW, PZSS.

W tym celu, w 1936 r. „Przegląd Strzelecki i Łuczniczy" rozpisał wśród czytelników ankietę, w której zawarto następujące pytania:
— jaki kształt kolby dowolnej jest najbardziej pożądany,
— jaki kształt kolby jest najlepszy wśród wzorów zagranicznych,
— jaki stosować kształt grzybka,
— jaka powinna być waga kbks i jakie przyrządy celownicze.

Nowy kbks, dostosowany do amunicji *long rifle*, miał być wytwarzany w wersji sportowej i wojskowej. Według założeń konstrukcyjnych w wersji wojskowej powinien on mieć spust dwuoporowy, a w sportowej spust regulowany; na żądanie język spustowy miał być moletowany. Zmianie miała ulec również konstrukcja zamka, przez skrócenie skoku iglicy i przekonstruowanie mechanizmu wyciągania łusek. Przewidywano także pogrubienie lufy u wylotu przy zachowaniu jej długości 740 mm w obu wzorach.

Prace podjęto i we wrześniu 1937 r. w czasie 12. Narodowych Zawodów Strzeleckich w Wilnie zademonstrowano prototyp nowego kbks, który wzbudził duże zainteresowanie.

Tablica 21.1. Podstawowe dane techniczne polskich karabinków sportowych z okresu międzywojennego

Dane	Wzór				
	wz. 1898	wz. 1930 AN	wz. 1930 AN	wz. 1930 AL	wz. 1931
Typ naboju	*short*	*long rifle*	*short* / *long rifle*	*long rifle*	*short*
Masa karabinka [kg]	3,95	3,30	3,00	3,00	4,4
Długość lufy [mm]	600	600	600	630	600
Długość broni [mm]	1100	1045	1060	1090	1100
Podziałka celownika [m]	300-2000	25-125	25-125	25-125	20-100
Prędkość początkowa pocisku [m/s]	280	320	320	330	320
Donośność [m]	800	1150	1150	1150	850

Krótka broń małokalibrowa

Pistoletów i rewolwerów bocznego zapłonu w Polsce w okresie międzywojennym nie produkowano, a potrzeby sportu strzeleckiego zaspokajano importem, głównie z Niemiec i USA. Pomimo dotacji udzielanych klubom i organizacjom sportowym przez Polski Związek Strzelectwa Sportowego na zakup broni i amunicji, na rynku nadal odczuwano brak taniej i popularnej krótkiej broni małokalibrowej. Jak już wcześniej wspomniano, próby rozwiązania tego problemu w kraju podjęto dopiero w końcu lat trzydziestych (adaptacja rewolweru Ng wz. 30 i pistoletu Vis do 5,6 mm naboi sportowych). Niezależnie od tego poszukiwano także innych rozwiązań.

Jednym z nich było prezentowane na łamach „Sportu Strzeleckiego” (nr 4 z 1937 r.); dotyczyło ono adaptacji pistoletu Parabellum wz. 1908 do amunicji 22 *short*.

Przedstawiony przez ppor. pil. Jana Borkowskiego pomysł polegał na zastąpieniu 9 mm oryginalnej lufy 5,6 mm lufą z przewodem ustawionym mimośrodowo względem iglicy. Po dokręceniu lufy specjalnym kluczem zajmowała ona położenie jak na rysunku.

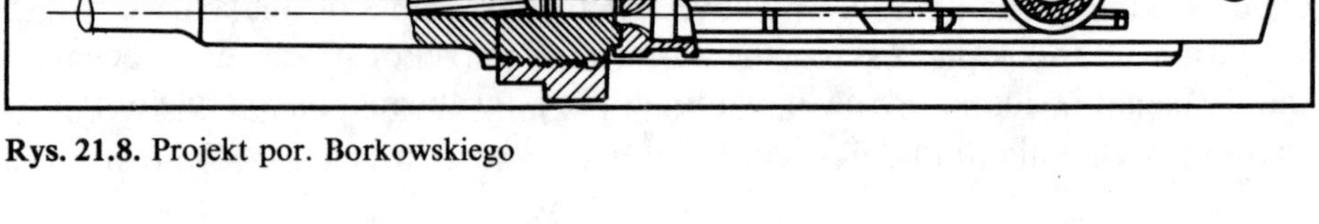

Rys. 21.8. Projekt por. Borkowskiego

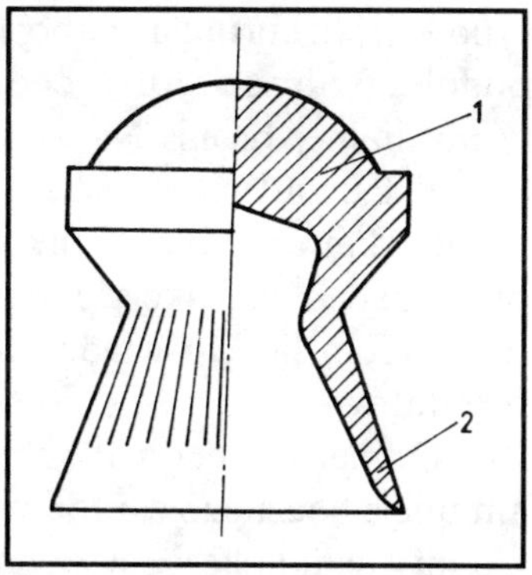

Rys. 21.9. 4,5 mm pocisk grzybkowy Diabolo: *1* – część głowicowa, *2* – ogon

Zalety rozwiązania wynikały z niskiego kosztu lufy (28 zł) oraz stosunkowo taniej amunicji, wadę zaś stanowiło to, że z broni można było oddawać tylko strzały pojedyncze.

Dopiero w 1939 r. dążąc do ograniczenia kosztów szkolenia w strzelaniu z pistoletów wojskowych ViS wz. 35 w Fabryce Broni w Radomiu zaprojektowano specjalną wkładkę redukcyjną pozwalającą na stosowanie naboi sportowych bocznego zapłonu w broni bojowej. Idea pomysłu polegała na tym, że do lufy normalnego pistoletu wkładano drugą lufę kalibru 5,6 mm o średnicy 8,8 mm, kontrowaną u wylotu moletowaną nakrętką. Do strzelania stosowany był tzw. nabój zastępczy wz. 39 o wymiarach łuski naboju parabellum, wewnątrz którego umieszczano nabój sportowy kalibru 22 typu short. Od tyłu łuskę zamykano metalowym korkiem zawierającym urządzenie odpalające. W przeciwieństwie do pistoletu ViS kalibru 5,6 mm znajdującego się w Muzeum Wojska w Budapeszcie będącego bronią samopowtarzalną z magazynkiem o pojemności 10 naboi, użycie wkładki wymagało ręcznego przeładowania broni po każdym strzale, zaś w magazynku mogło się mieścić tylko 8 naboi zastępczych.

Zachowana dokumentacja techniczna wkładki „WK wz. 39" nosi datę 12.01.1939 r., co może świadczyć, że do chwili wybuchu wojny wyprodukowano i wprowadzono do wyposażenia wojska ograniczoną ilość tych urządzeń.

Adaptacja broni maszynowej do naboi bocznego zapłonu

Do ciekawych prac konstrukcyjnych tego okresu należy zaliczyć jeszcze dwie adaptacje ckm i rkm do 5,6 mm amunicji sportowej *long rifle*.

W grudniu 1933 r. rozpisano konkurs na urządzenie umożliwiające strzelanie amunicją małokalibrową z rkm i ckm. Zadanie polegało na wprowadzeniu takich zmian konstrukcyjnych, aby czynności strzelca zarówno w broni typowej, jak i broni na nabój o sile zmniejszonej, były takie same oraz zapewniały podobne odczucia, tzn. chodziło o zwiększenie siły odrzutu do wielkości jak w normalnej broni. Na konkurs wpłynęło 6 prac, z czego inż. Komierowski zgłosił 1 urządzenie do ckm i 1 do rkm, inż. Maroszek 1 rozwiązanie dla ckm i 2 dla rkm oraz inż. Kulikowski 1 urządzenie dla ckm. W 1934 r. rozpoczęto prace nad konstrukcją ckm na amunicję sportową. Rozwiązania były badane przez Komisję Doświadczalną CWPiech., jednak nie dały one zamierzonych rezultatów.

Dopiero w maju 1937 r. ITU wykonał sprawnie działający model ckm na amunicję bocznego zapłonu. Zwiększony odrzut osiągnięto tu przez zastosowanie lufy składającej się z 2 części — krótszej, w której mieściła się łuska, oraz dłuższej o normalnym przeznaczeniu. Przy takim rozwiązaniu ciśnienie, jakie stwarzał nabój amunicji sportowej, działało na większy przekrój, powodując zwiększenie siły odrzutu. Zasobniki były taśmowe, podobne do zasobników taśm normalnych. Autorem rozwiązania był inż. Maroszek.

Tuż przed wybuchem wojny udało się również pomyślnie zaadaptować rkm wz. 1928 do amunicji sportowej. W związku z tym, w roku budżetowym 1940/1941 zamierzano zakupić pierwszą partię tych rkm. Przewidywano, że każda kompania piechoty będzie posiadała jeden taki rkm do celów ćwiczebnych. Wprowadzenie rkm na amunicję bocznego zapłonu do oddziałów miało dać oszczędność w zużyciu amunicji bojowej w kwocie ok. 3000 zł na każdy pułk piechoty.

Wybuch wojny przerwał prace nad rozwojem broni małokalibrowej oraz nie pozwolił na zrealizowanie tego przedsięwzięcia.

Broń pneumatyczna

Początki broni pneumatycznej sięgają XVII stulecia, w którym do strzelań tarczowych zaczęto używać broni zwanej wiatrówką. Do miotania pocisków służyła w niej energia sprężonego powietrza. Najstarsze wiatrówki miały w kolbie lub pod lufą mosiężny zbiornik — tzw. recipient, w którym przed strzelaniem sprężano powietrze. Zamiast zamka skałkowego z prawej strony broni był umieszczony zamek wentylowy, często o bardzo złożonej konstrukcji. Przy strzale otwierał on na chwilę igłowy zawór i wypuszczał część powietrza do przewodu lufy. Rozprężające się powietrze wyrzucało ołowiany pocisk. Lufy wiatrówek były gładkie lub gwintowane, kal. ok. 13 mm. Broń strzelała bez huku, a jej donośność wynosiła do 400 kroków. Każdy następny strzał powodował spadek ciśnienia w zbiorniku tak, że kolejne strzały miały coraz mniejszy zasięg.

Specyficzne działanie wiatrówek oraz ich bezgłośność spowodowały, że w drugiej połowie XIX w. prawie we wszystkich państwach wydano zakaz ich stosowania jako broni niebezpiecznej.

W 1829 r. czeski rusznikarz Josef Rutt skonstruował karabin pneumatyczny, w którego kolbie znajdował się skórzany miech z dwoma żelaznymi ramionami osadzonymi na czopach. Miech ściskała silna podwójna sprężyna. Mechanizm broni napinano specjalną korbą. Do karabinu stosowano walcowate strzałki o różnej wielkości. W przedniej części strzałki były zakończone ostro spłaszczonym grotem, w tylnej — pędzelkiem ze szczeciny. Karabin miał kal. ok. 10 mm i lufę gładką. Broń ta, później udoskonalona, służyła do strzelań w pomieszczeniach i na strzelnicach rozrywkowych.

Za prekursora współczesnej broni pneumatycznej uważa się jednak rusznikarza Michaela Flürscheima, który w Eisenwerk Gaggenau zaczął wyrabiać pistolety i karabinki własnej konstrukcji. Jego broń miała komorę rurową, w której poruszał się tłok napędzany sprężyną spiralną. Ładowanie broni następowało poprzez złamanie lufy — podobnie jak w broni myśliwskiej — i wprowadzenie ołowianego pocisku do komory nabojowej.

Od 1908 r. do broni pneumatycznej zaczęto stosować specjalne pocisku typu Diabolo.

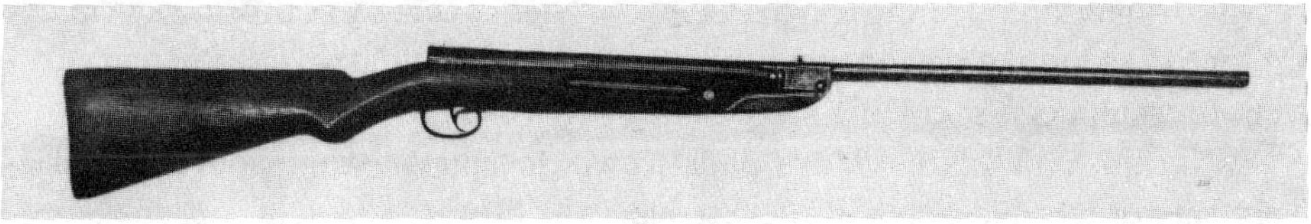

Rys. 21.10. 4,5 mm karabinek pneumatyczny wytwórni „Bracia Pasławscy" w Warszawie

Broń pneumatyczna Flürscheima szybko została rozpowszechniona i wyparła karabinki z miechem oraz amunicję izbową do broni palnej. Wkrótce też się okazało, że ma ona wiele zalet. Prosta konstrukcja, możliwość strzelania w pomieszczeniach oraz niska cena broni i amunicji powodowały, że broń ta nadawała się do nauki strzelania. Jednocześnie, zaawansowanym strzelcom dawała ona możliwość utrzymania wysokiej sprawności strzeleckiej.

Broń pneumatyczna w Polsce w latach 1918-1939

W Polsce w okresie międzywojennym broń pneumatyczną szeroko stosowano do szkolenia w organizacjach paramilitarnych i sportowo-strzeleckich, jak również przez osoby prywatne do celów sportowo-rozrywkowych. W handlu znajdowało się wiele typów i systemów broni pneumatycznej, głównie firm niemieckich. Z polskich konstrukcji tego okresu należy odnotować karabinek pneumatyczny warszawskiej wytwórni „Bracia Pasławscy".

Rys. 21.11. Ogólny widok wkładki pneumatycznej (bez przewodu doprowadzającego powietrze)

Karabinek ten, o klasycznej konstrukcji z lufą łamaną, składał się z 5 podstawowych zespołów:
— lufy z przyrządami celowniczymi,
— napinacza w kształcie ruchomego ramienia,
— tłoka ze sprężyną umieszczonego w komorze powietrznej,
— urządzenia spustowego,
— łoża wraz z kolbą.

Złamanie lufy karabinka powodowało przesunięcie napinacza, który powodował ściśnięcie sprężyny z równoczesnym cofnięciem tłoka w komorze sprężania do chwili jego zazębienia o występ urządzenia spustowego. Nacisk na spust zwalniał tłok, który — przesuwając się do przodu — sprężał powietrze, to zaś szukając ujścia wyrzucało pocisk z lufy.

W drugiej połowie lat trzydziestych w Niemczech i Czechosłowacji przystąpiono do produkcji magazynowych karabinów pneumatycznych przeznaczonych do wstępnego szkolenia strzeleckiego w wojsku.

W kraju, najwyższe władze państwowe doceniając wagę sportu strzeleckiego, utworzyły Naczelną Radę Strzelectwa, która nadawała kierunek programowy i ramy organizacyjne różnym organizacjom strzelecko-obronnym. Z inicjatywy Rady w maju 1936 r. odbyła się w Państwowym Urzędzie Wychowania Fizycznego i Przysposobienia Wojskowego konferencja w sprawie wiatrówki. W konferencji udział wzięli przedstawiciele zainteresowanych władz, urzędów oraz fabryk. Postanowiono utrzymać karabinek pneumatyczny jako broń pomocniczą w szkoleniu strzeleckim, ale jednocześnie poszukiwać nowych środków umożliwiających osiągnięcie jak najlepszych wyników oraz zmniejszenie kosztów szkolenia ogniowego.

Jednym z takich rozwiązań byla opracowana w Polsce wkładka pneumatyczna do strzelań z km. (Patent polski nr 19881 — Karol Maciejowski — Warszawa „Zamienna lufa do strzelania śrucinami z karabina maszynowego" udzielony twórcy 22.03.1934 r.). Można ją było stosować do lkm Maxima wz. 1908/15 i ckm Maxima wz. 1908 po wyjęciu wewnętrznych mechanizmów broni oraz lufy. Umożliwiała ona strzelanie seriami lub, po zredukowaniu ciśnienia, strzałami pojedynczymi.

Komplet wkładki pneumatycznej składał się z 7 podstawowych zespołów:
— 5,75 mm lufy gładkiej,

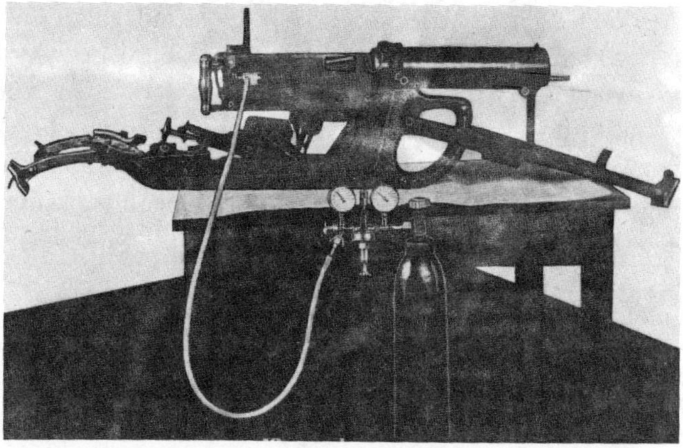

Rys. 21.12. Wkładka pneumatyczna do strzelania śrutem zainstalowana na ciężkim karabinie maszynowym Maxima wz. 1908

— korpusu z komorą zaworów i zespołów sprężyn,
— urządzenia spustowego,
— magazynka z bębnowym donośnikiem,
— reduktora z zaworem bezpieczeństwa i zespołem manometrów,
— wysokociśnieniowego przewodu doprowadzającego powietrze,
— dwu butli stalowych ze sprężonym powietrzem.

Wkładka działała pod wpływem sprężonego powietrza doprowadzanego z butli pod dużym ciśnieniem przez zawór redukcyjny i wąż doprowadzający. Powietrze dozowane urządzeniem spustowym przedostawało się do komory sprężenia przez tłok, który pod jego wpływem cofał się, ściskając sprężynę powrotną, przy czym jednocześnie był dociskany zawór do gniazda zamykający szczelnie wylot lufy.

Podczas ruchu tłoka do tyłu, kalibrowany śrut — opadając pod wpływem własnego ciężaru — dostawał się z cylindrycznego magazynka do donośnika wykonanego w postaci obrotowego bębna. Bęben ten obracając się, napełniał się pociskami wpadającymi do jego otworów i donosił je pojedynczo nad otwór, przez który dostawały się one do lufy. Przy dalszym cofaniu się tłoka w komorze sprężania trzpień zaworu odrywał go od gniazda i umożliwiał wolny wylot sprężonego powietrza przez lufę (otwieranie zaworu powodowało strzał). Wskutek spadku ciśnienia w komorze sprężania spowodowanego otwarciem zaworu sprężyna, uzyskując przewagę, gwałtownie wypychała tłok do przodu, przy czym zawór zostawał zamknięty. Przesuwający się tłok (za pomocą pazura popychacza) powodował obrót bębna donośnika i wprowadzenie następnego pocisku. Działanie to powtarzało się samoczynnie dopóty, dopóki nie został przerwany dopływ sprężonego powietrza, tj. do chwili, w której zaprzestano naciskania na język spustowy.

Przy ciśnieniu roboczym 1,46 MPa i kącie podniesienia lufy od 30 do 40° wkładka pneumatyczna zapewniała donośność do 300 m.

W latach 1933-1934 Komisja Doświadczalna CWPiech. przebadała prototyp wkładki pomysłu inż. Maciejowskiego, potwierdzając w pełni jej zalety. W związku z tym komendant CWPiech. wystąpił z wnioskiem o przystosowanie wkładki do ckm wz. 1930. Po wykonaniu modelu przez warsztaty CWPiech. w 1935 r. ponowiono badania. Pozytywne wyniki prób spowodowały, że jeszcze w tym samym roku wykonano partię próbną, którą rozesłano do jednostek, a w 1936 r. partię wkładek ulepszonych.

W kwietniu 1938 r. Departament Artylerii MSWojsk. rozesłał wkładki pneumatyczne wraz z tymczasową instrukcją ich użytkowania do jednostek z takim wyliczeniem, aby każda kompania ckm otrzymała 1 komplet do celów ćwiczebnych.

Na podobnej zasadzie jak opisana wyżej wkładka pneumatyczna działał również opracowany w 1937 r. prototyp pistoletu Wuem. Broń ta, skonstruowana na zamówienie Polskiego Związku Strzeleckiego, charakteryzowała się dobrymi własnościami balistycznymi na odległość 10 m oraz małym kosztem amunicji i eksploatacji (ok. 3 gr za 10 strz.). Pistolet ten był bronią samopowtarzalną zasilaną z cylindrycznego magazynka umieszczonego równolegle do osi lufy. Czynnikiem miotającym było sprężone powietrze dostarczane giętkim wężem z butli. Brak jednak bliższych danych zarówno o twórcy projektu, jak i szczegółach konstrukcyjnych broni.

Powojenne konstrukcje broni małokalibrowej

Odradzający się w kraju po zakończeniu działań wojennych sport strzelecki borykał się od początku z wieloma trudnościami. Brak było strzelnic oraz odpowiedniej broni szkoleniowo-sportowej, co w znacznym stopniu ograniczało rozwój sportu masowego i utrudniało organizację zawodów. O ile pierwszą barierę można było pokonać siłami członków i aktywistów klubów, o tyle druga zależała już od przemysłu. Wychodząc naprzeciw społecznemu zapotrzebowaniu, w końcu lat czterdziestych podjęto w kraju produkcję kbks bocznego zapłonu. Należy podkreślić, że było to pierwsze własne opracowanie polskich konstruktorów uzbrojenia. Ogólne założenie koncepcyjne broni oparto na przedwojennym kbks wz. 1931. Jednak, w celu zmniejszenia kosztów produkcji

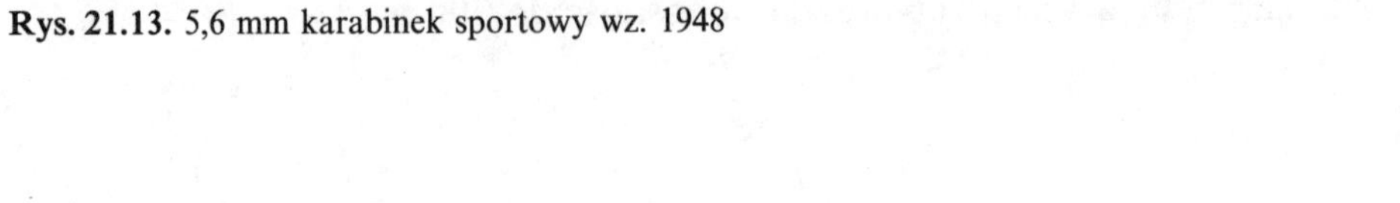

Rys. 21.13. 5,6 mm karabinek sportowy wz. 1948

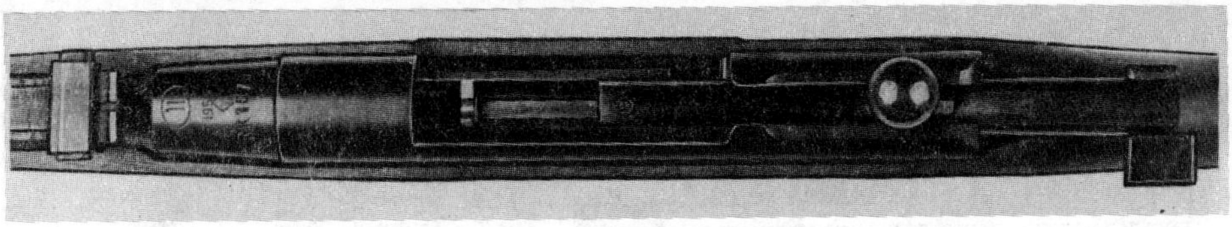

Rys. 21.14. Komora zamkowa karabinka sportowego wz. 1948 (zamek w tylnym położeniu)

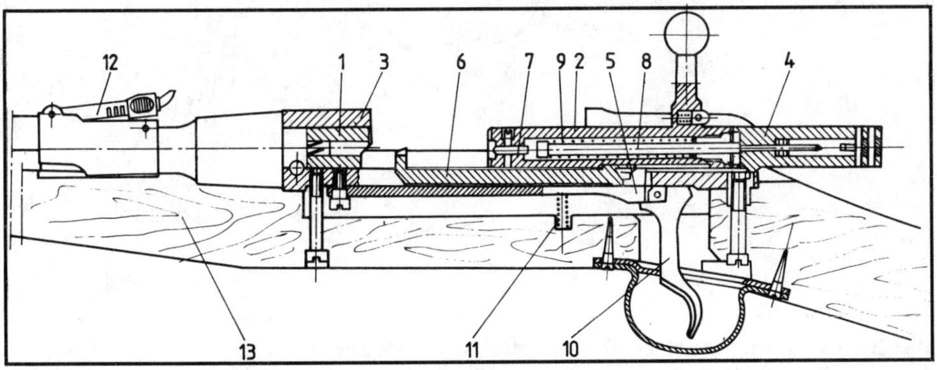

Rys. 21.15. 5,6 mm karabinek sportowy wz. 1948:
1 — lufa, *2* — trzon zamkowy, *3* — komora zamkowa, *4* — tylna część zamka z bezpiecznikiem, *5* — zaczep kurka, *6* — wyciąg, *7* — iglica, *8* — bijnik, *9* — sprężyna bijnika, *10* — spust, *11* — sprężyna spustu, *12* — celownik, *13* — łoże

wykorzystano w broni niektóre elementy i zespoły pochodzące z 7,62 mm radzieckiego kbk Mosina wz. 1944, którego licencyjną produkcję uruchamiał właśnie przemysł krajowy.

Broń oznaczono jako wz. 1948, zaś pierwszy wyprodukowany po wojnie kbks z numerem seryjnym 0001 otrzymał ówczesny minister przemysłu maszynowego — Hilary Minc.

Kbks wz. 1948 był bronią ćwiczebną jednostrzałową dostosowaną do 5,6 mm nabojów *long rifle*. Broń była wyposażona w zamek tłokowy z bezwładną iglicą (identyczny jak w kbks wz. 1931), zaopatrzony w zaczep umieszczony w rączce — utrzymujący zamek w położeniu zamkniętym. Zamek nie posiadał pazura wyciągu, zaś wyciąganie łusek następowało przez wyciągnięcie dolnego wycinka komory nabojowej w czasie otwierania zamka. Lufa o gwincie prawoskrętnym posiadala 6 pól i 6 bruzd. Otwarte przyrządy celownicze składały się z suwakowego celownika z podziałką odległości od 25 do 100 m oraz słupkowej muszki zabezpieczonej tunelową osłoną.

Broń odznaczała się prostą budową oraz dużą żywotnością i chociaż w założeniach miała ona pełnić rolę broni szkolnej, to jednak przez długi czas używano jej w Polsce w sporcie wyczynowym. Jeszcze dziś kbks wz. 1948 można napotkać w wojsku, jak również są one z powodzeniem wykorzystywane do szkolenia i treningu w szkołach i organizacjach paramilitarnych.

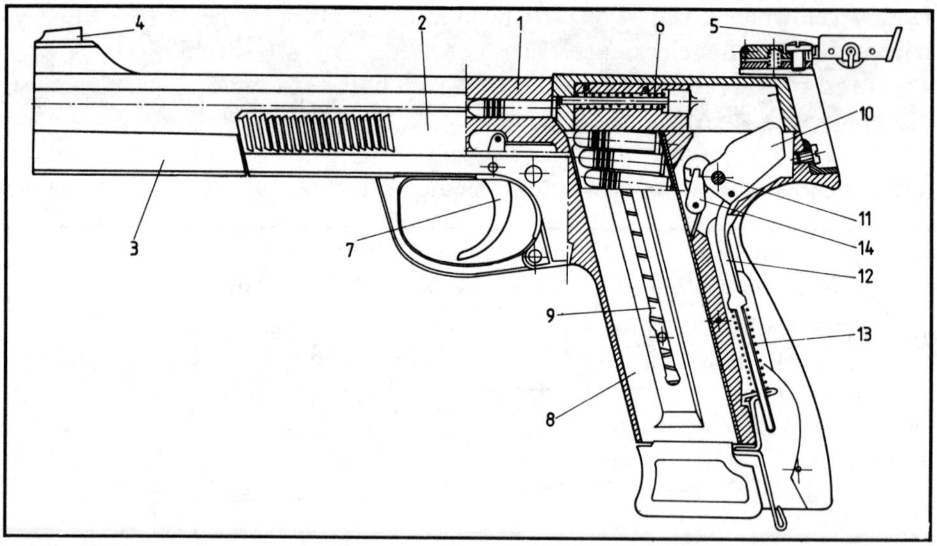

Rys. 21.16. 5,6 mm pistolet sportowy konstrukcji Ernesta Durasiewicza:
1 – lufa, *2* – zespół zamka, *3* – zespół stabilizatora, *4* – muszka, *5* – celownik, *6* – iglica, *7* – spust, *8* – zespół szkieletu, *9* – magazynek, *10* –kurek, *11* – oś kurka, *12* – żerdź sprężyny kurka, *13* – sprężyna kurka, *14* – zaczep kurka

W 1958 r., w celu zaspokojenia potrzeb krajowego sportu strzeleckiego oraz uniezależnienie rynku wewnętrznego od kosztownego importu, w Zakładach Metalowych im. gen. Waltera w Radomiu rozpoczęto prace nad prototypem kbks nowej konstrukcji. Broń ta miała być przeznaczona do nauki strzelania oraz zawodów w konkurencji kbk z otwartymi przyrządami celowniczymi. Do zasilania broni przewidziano magazynek o pojemności 5 naboi. Twórcy kbks — inżynierowie: Ryszard Białostocki, Ryszard Chełmicki i Ernest Durasiewicz — za powyższe rozwiązanie uzyskali patent polski nr 42660. I chociaż kbks ten nie wszedł do produkcji seryjnej, prace nad bronią małokalibrową kontynuowano.

Konstrukcje broni sportowej muszą bowiem spełniać wiele wymagań, dotyczy to m.in. dokładności wykonania przewodu lufy, płynności działania mechanizmu spustowego, zminimalizowania odrzutu, właściwego rozłożenia masy broni i odpowiedniego położenia środka ciężkości, dużej precyzji przy-

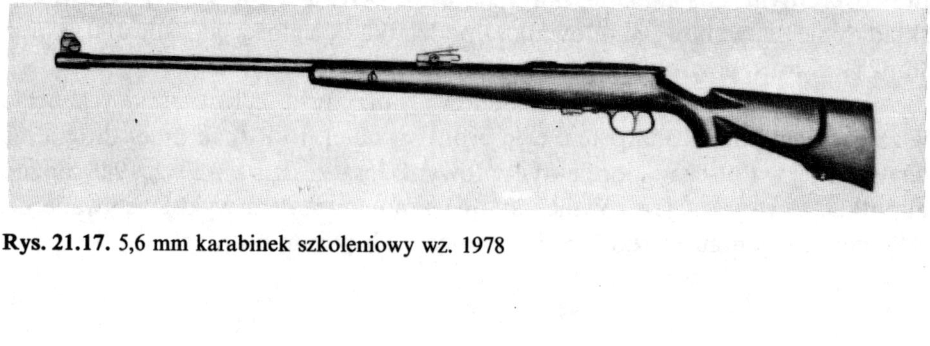

Rys. 21.17. 5,6 mm karabinek szkoleniowy wz. 1978

rządów celowniczych itp. Ponadto, broń musi odpowiadać przepisom Międzynarodowej Unii Strzeleckiej (UIT).

I tak np. dla pistoletów szybkostrzelnych bocznego zapłonu wymagania są następujące:

— kal. 5,6 mm (naboje bocznego zapłonu),
— masa pistoletu wraz z wyposażeniem i pustym magazynkiem nie może przekraczać 1160 g,
— długość lufy nie może być większa niż 153 mm (6 cali),
— odległość między muszką a szczerbinką nie może wynosić więcej niż 220 mm,
— siła spustu przynajmniej 1000 g,
— pistolet musi mieć wymiary takie, by mógł się zmienić w pudełku prostokątnym o wymiarach wewnętrznych 300 × 150 × 50 mm.

Te wszystkie parametry spełniał opracowany w 1970 r. model 5,6 mm pistoletu klasy „standard" konstrukcji inż. Ernesta Durasiewicza. Broń ta swymi rozwiązaniami nie ustępowała konstrukcjom renomowanych firm zagranicz-

Rys. 21.18. 5,6 mm karabinek sportowy klasy standard wz. 1979

nych, zaś zewnętrzny kształt pistoletu był zbliżony do pistoletów Hämmerli znanej szwajcarskiej wytwórni „SIG". Do zasilania służył jednorzędowy magazynek pudełkowy o pojemności 10 naboi.

Do najnowszych polskich opracowań z zakresu broni sportowej należą konstrukcje mgr. inż. Antoniego Szymańskiego i inż. Ernesta Durasiewicza z Ośrodka Badawczo-Rozwojowego „Predom-Łucznik" w Radomiu.

Kbks wz. 1978 (kl. 154) jest bronią ryglowaną powtarzalną, przeznaczoną do wstępnego szkolenia strzeleckiego oraz zawodów. Podstawowymi zespołami kbks są: zespół lufy wraz z komorą zamkową, zamek oraz urządzenie spustowe z obsadą magazynka. Drewniane łoże stanowiące całość z kolbą ma zamocowany kabłąk, strzemię przednie i tylne oraz trzewik z tworzywa sztucznego. Dwuoporowe urządzenie spustowe umożliwia płynną regulację siły spustu w zakresie od 0,5 do 2,0 kg. Broń jest zasilana z jednorzędowego pudełkowego magazynka o pojemności 5 naboi. Otwarte przyrządy celownicze składają się z regulowanej muszki i celownika z nastawą 25, 50, 75 i 100 m. Na specjalne zamówienie odbiorcy kbks może być wyposażony w celownik o płynnej regulacji szczerbinki w pionie i poziomie.

Dla celów sportowych i szkolenia wyczynowego przewidziano kbks Standard wz. 1979 (kl. 153). W odróżnieniu od wersji szkoleniowej jest on jednostrzałowy. Ma wiele wspólnych części i zespołów z kbks wz. 1978 z tą różnicą, że zamiast ramki z wślizgiem nabojowym, oknem magazynka i wyrzutnikiem umieszczono w nim wkładkę stanowiącą prowadnicę pojedynczego naboju. Ponadto posiada on cięższą lufę, o większej średnicy zewnętrznej. Jest wyposażony w wymienne muszki oraz celownik przeziernikowy umieszczony na komorze zamkowej o płynnej regulacji. Masywne łoże odpowiada przepisom UIT, ma ono prowadnice do mocowania i regulacji pasa oraz gumowy trzewik, który można podnosić lub opuszczać zależnie od indywidualnych potrzeb strzelca. Producentem nowych kbks jest Kombinat Maszyn Włókienniczych „Wifama" w Łodzi.

Tablica 21.2. Podstawowe dane techniczne 5,6 mm karabinków sportowych

Dane	Rodzaj karabinka		
	wz. 1948	kl. 154 (wz. 1978)	kl. 153 (wz. 1979)
Długość karabinka [mm]	1130	1130	1130
Długość linii celowniczej [mm]	530	600	810
Długość lufy [mm]	630	663	663
Liczba bruzd w przewodzie	6	8	8
Prędkość początkowa pocisku [m/s]	350	ok. 320	ok. 320
Przyrządy celownicze	otwarte	otwarte	przeziernikowe
Siła spustu [N]	25	5-20	5-20
Pojemność magazynka [szt.]	jednostrzałowy	5	jednostrzałowy
Masa karabinka [kg]	3,8	3,6	5,0

Broń pneumatyczna szkoleniowo-sportowa

Po wojnie produkcję broni pneumatycznej uruchomiły Zakłady Metalowe im. gen. Waltera w Radomiu. Produkowany tam od 1956 r. 4,5 mm kbk pneumatyczny Łucznik (kl. 187) miał prostą budowę oraz mechanizm sprężynowo-tłokowy o klasycznej konstrukcji, cechujący się dużą trwałością działania. Karabinek był zaopatrzony w przyrządy celownicze typu otwartego składające się z celownika suwakowego i muszki z tunelową osłoną. Mechanizm zatrzasku lufy posiadał specjalną dźwignię, której odciągnięcie umożliwiało „złamanie lufy".

Rys. 21.19. 4,5 mm karabinek pneumatyczny „Łucznik" kl. 187

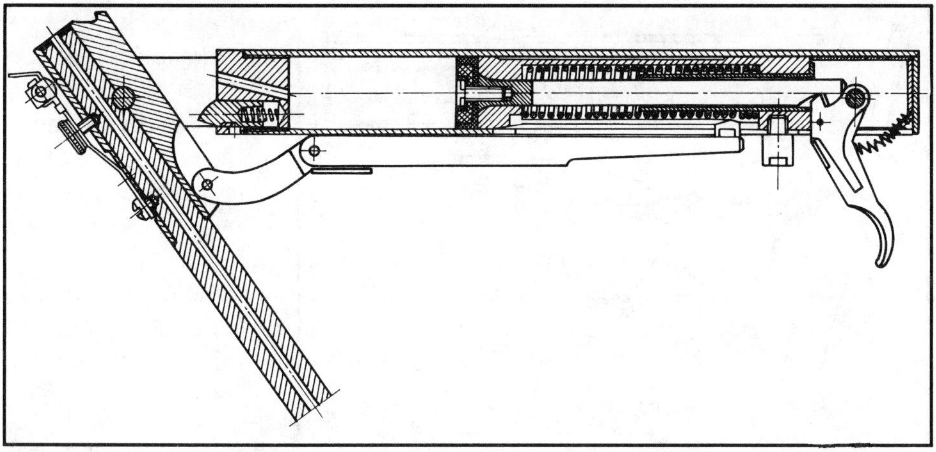

Rys. 21.20. 4,5 mm karabinek pneumatyczny Łucznik kl. 187 w położeniu ze „złamaną" lufą

Później, na bazie produkowanego kbk opracowano jego dwie następne wersje:

1. Karabinek (kl. 141) — typ lekki — przeznaczony głównie dla młodzieży stawiającej pierwsze kroki w sporcie strzeleckim. W porównaniu z poprzednim wzorem miał on znacznie mniejszą masę i wymiary. Nie posiadał tunelowej osłony muszki.

2. Karabinek (kl. 188) — typ ciężki — był bronią sportową używaną jako typ przejściowy przed przystąpieniem do szkolenia z broni wyczynowej. Różnił się od wzoru podstawowego zastosowaniem łoża typu sportowego, co uczyniono na życzenie importerów zagranicznych.

Uruchomienie w kraju produkcji broni pneumatycznej pozwoliło na zaspokojenie bieżących potrzeb rozwijającego się sportu strzeleckiego, jak również wpłynęło na ograniczenie importu tej broni z b. NRD i Czechosłowacji. W klubach i organizacjach paramilitarnych nadal jednak odczuwano brak krótkiej broni pneumatycznej tak bardzo przydatnej do wstępnego szkolenia w strzelaniu z pistoletu wojskowego. Pierwsze próby rozwiązania tego problemu czynił Polski Związek Strzelectwa Sportowego już w 1954 r. W zbiorach autora znajdują się rysunki konstrukcyjne prototypu pistoletu pneumatycznego, który

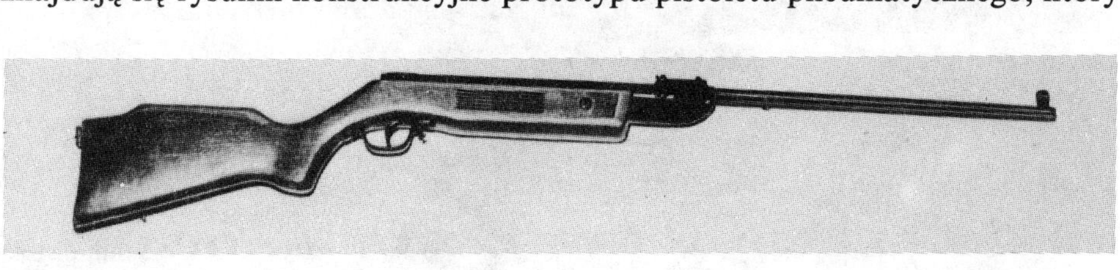

Rys. 21.21. 4,5 mm karabinek pneumatyczny Łucznik kl. 188

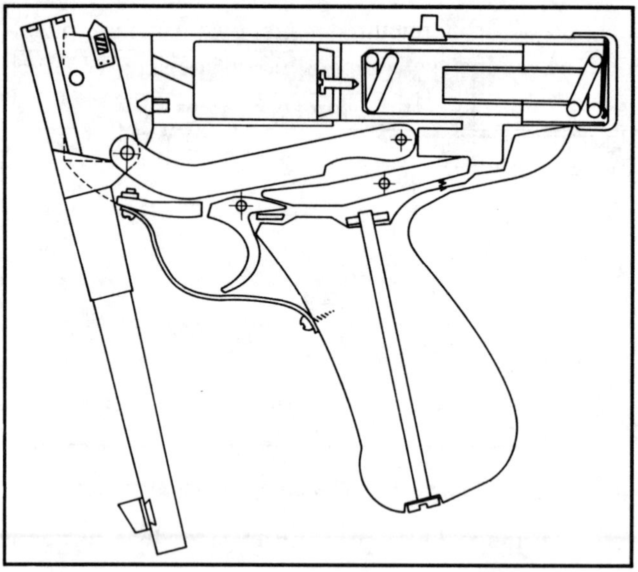

Rys. 21.22. Prototyp polskiego pistoletu pneumatycznego z lat pięćdziesiątych w położeniu z odchyloną lufą

miał być wykonany w zakładach „Ferrum" w Szczecinie. Dopiero w latach siedemdziesiątych przemysł krajowy rozpoczął seryjne wytwarzanie krótkiej broni pneumatycznej.

Opracowany w Polsce 4,5 mm pistolet pneumatyczny Łucznik wz. 1970 (kl. 170) był bronią ćwiczebną przystosowaną do strzelania pociskami grzybkowymi typu Diabolo. Broń miała nowoczesną konstrukcję i funkcjonalny kształt — wzorowany na zachodnioniemieckim pistolecie Walther LP 53, w którym tłokowy mechanizm ze sprężyną główną był umieszczony w rękojeści. Oryginalnym pomysłem zwiększającym bezpieczeństwo użytkowania pistoletu było wprowadzenie automatycznego bezpiecznika w prawej ściance szkieletu. Bezpiecznik ten uniemożliwiał zwolnienie spustu przy niedomkniętej lufie (rozwiązanie to jest przedmiotem polskiego patentu). Broń miała otwarte przyrządy celownicze regulowane w płaszczyźnie poziomej i pionowej, przewód lufy gwintowany, o 12 bruzdach i skoku gwintu 550 mm.

Rys. 21.23. 4,5 mm pistolet pneumatyczny Łucznik wz. 1970 (kl. 170)

Należy wspomnieć, że polska broń pneumatyczna była również przedmiotem opłacalnego eksportu na trudne rynki zachodnioeuropejskie. W latach siedemdziesiątych znaczną liczbę kbk kl. 188 i pistoletów kl. 170 dostarczono odbiorcom w Finlandii, Hiszpanii, RFN i Wielkiej Brytanii.

Jednak, wobec stopniowego zaniechania produkcji wytwarzanych modeli w latach 1975-1977 oraz w celu zasadniczego zmodernizowania procesu produkcji, w okresie 1977-1985 opracowano nowe wzory broni sportowej, spośród których 2 typy kbk pneumatycznych zatwierdzono do produkcji seryjnej.

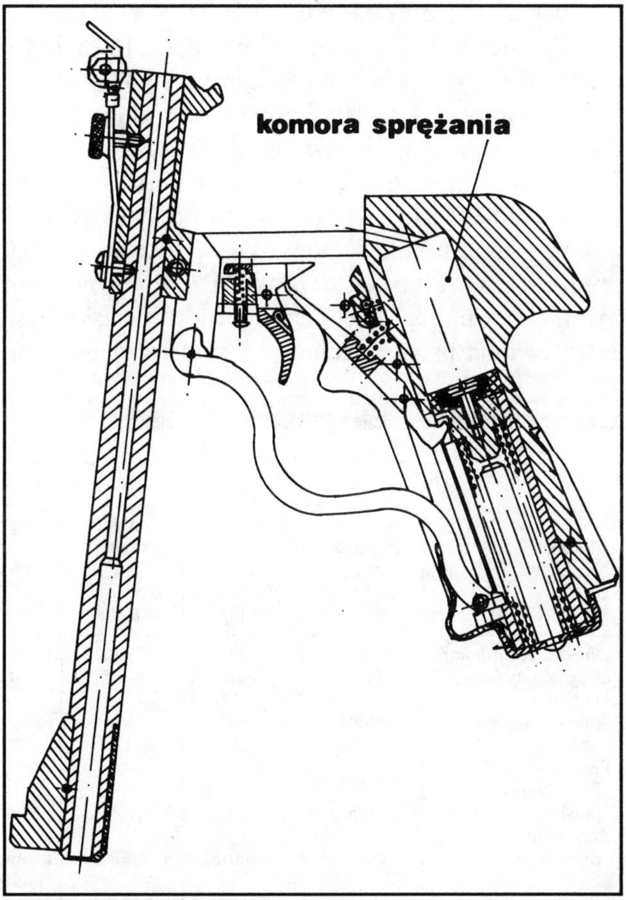

Rys. 21.24. Pistolet pneumatyczny Łucznik wz. 1970 w położeniu ze „złamaną" lufą

1. Karabinek pneumatyczny szkoleniowy wz. 1982 (kl. 167) — jest bronią jednostrzałową dostosowaną do 4,5 mm ołowianych pocisków grzybkowych typu Diabolo. Broń ma mechanizm tłokowy, w którym napinanie tłoka następuje poprzez odchylanie bocznej dźwigni znajdującej się z prawej strony karabinka. Dźwignia ma zabezpieczenie blokujące jej powrót przy ewentualnym

niepełnym odciągnięciu tłoka w skrajne tylne położenie, ponadto kbk jest wyposażony w amortyzator olejowy, który kompensuje wpływ ruchu masy zwolnionego tłoka na broń i strzelca. Mechanizm spustowy umożliwia regulację siły spustu. Właściwy dobór materiałów i dokładność wykonania zapewnia, że maksymalny rozrzut pocisków mieści się w kole o średnicy 30 mm na odległość 10 m.

2. Karabinek pneumatyczny sportowy Standard wz. 1983 (kl. 168) — różni się od wersji podstawowej większą masą oraz lepszą precyzją strzału. Maksymalny rozrzut pocisków na odległość 10 m mieści się w kole o średnicy 20 mm. Broń ma masywne łoże dostosowane kształtem i wymiarami do wymagań UIT oraz przeziernikowe przyrządy celownicze.

Produkcję kbk pneumatycznych kl. 167 i 168 uruchomiono w końcu lat osiemdziesiątych w Kombinacie Maszyn Włókienniczych „Wifama" w Łodzi.

W ostatnich latach w kraju opracowano również nowy typ kbk pneumatycznego, w którym w układzie sprężania zastosowano tłok dwudzielny powodujący udarowe sprężanie powietrza w komorze. Przyjęcie takiego rozwiązania umożliwiło znaczną poprawę własności balistycznych broni. W prototypowym kbk uzyskano prędkość początkową pocisku ok. 220 m/s. Tak znaczny wzrost prędkości początkowej, tj. o ok. 31% w porównaniu z rozwiązaniami klasycznymi, zapewnia bardziej płaski tor lotu pocisku, daje więc większe możliwości zastosowania broni pneumatycznej w szkoleniu wojskowym.

Tablica 21.3. Podstawowe dane techniczne broni pneumatycznej

Dane	Rodzaj broni					
	karabinek pneumatyczny typ średni kl. 187	karabinek pneumatyczny typ lekki kl.141	karabinek pneumatyczny typ ciężki kl. 188	pistolet pneumatyczny wz. 1970 kl. 170	karabinek pneumatyczny szkolny kl.167	karabinek pneumatyczny standard kl. 168
Długość broni [mm]	1105	920	1096	320	1150	1180
Długość lufy [mm]	483,5	369,5	483,5	150	470	470
Długość linii celowniczej [mm]	464	350	464	240	650	880
Liczba bruzd	12	12	12	12	12	12
Predkośc początkowa pocisku [m/s]	175	110	175	100	110	110
Przyrządy celownicze	otwarte	otwarte	otwarte	otwarte ryglowane	otwarte	przeziernikowe
Siła spustu [N]	ok. 25	ok. 25	ok. 25	—	2-5	2-5
Masa broni [kg]	3,0	1,65	3,6	1,1	4	5
Energia początkowa pocisku [J]	7,5	3	7,5	2,5	—	—

22
Broń gazowa

Nasilenie się w naszym kraju zagrożenia przestępczością spowodowało wzrost zainteresowania bronią gazową. Broń ta stała się praktycznie dostępna dla każdego, kto uzyskał stosowne zezwolenie policji na jej zakup i posiadanie. Rynek oferuje dość bogaty wybór pistoletów i rewolwerów gazowych. Prym wiodą modele firm niemieckich. W mniejszym wyborze spotkać można też polską i włoską broń gazową. Ta ostatnia nie cieszy się jednak większym popytem, głównie z powodu niskiej jakości materiałów stosowanych do jej produkcji.

W Polsce prace nad bronią gazową zostały zapoczątkowane w Biurze Uruchomień Sprzętu Specjalnego w Warszawie w grudniu 1989 roku. Autorzy koncepcji broni: Henryk Andruczyk, Witold Czepukajtis, Wiesław Madej, Tadeusz Naperty i Karol Wilk postanowili wykorzystać wycofane z wojska i organów MSW 7,62 mm pistolety pw wz. 33 i przystosować je do dopuszczonej do obrotu w kraju importowanej amunicji gazowej kalibru 8 mm. Podstawowa trudność polegała na tym, że istnieje zasadnicza różnica między dynamiką strzału słabym nabojem gazowym o małej energii a stosunkowo silnym nabojem pistoletowym kalibru 7,62 mm × 25. Prace konstrukcyjne wymagały doświadczalnego dobrania właściwego przekroju dyszy tłumiącej tak, aby zapewnić odpowiednie rozprężanie się gazów, a jednocześnie spowodować wytworzenie wystarczających sił działających na zamek, aby nastąpiło przeładowanie broni. Ponadto, z racji słabej amunicji, w konstrukcjach broni gazowej stosowana jest zwykle lufa stała, zaś pistolet pw ma lufę ruchomą. Z tego powodu w pistolecie BUSS zastosowano dość oryginalne rozwiązanie z lufą ruchomą.

Konstruktorom udało się połączyć cechy charakterystyczne występujące w broni bojowej i gazowej. Rozwiązanie to jest przedmiotem zgłoszenia patentowego, w którym możemy przeczytać: „Nowość polega na tym, że pomiędzy zgrubieniem pozbawionej rygli lufy a występem ryglowym zamka znajduje się pewien luz. Zapewnia on swobodny ruch zamka, przy chwilowo nieruchomej lufie. W tym czasie zamek nabiera maksymalnej prędkości wywołanej efektem rozprężania gazów w łusce i komorze nabojowej. Łuska w tym momencie działa na zamek jak tłok pneumatyczny. Zamek po uzyskaniu maksymalnej prędkości, przemieszczając się do tyłu, opiera się występem ryglowym o zgrubienie lufy, zabierając ją w tylne położenie, po czym następuje wyrzucenie wystrzelonej łuski i ustawienie wślizgu komory nabojowej lufy, poprzez jej obrotowe

Rys. 22.1. 8 mm pistolet gazowy 90 GS

obniżenie na łączniku, w minimalnej odległości od magazynka w celu wprowadzenia następnego naboju do komory nabojowej. Dla zapewnienia prawidłowego działania pistoletu przy użyciu nabojów różnych producentów, zastosowano wstępną komorę rozprężania gazów poza objętością łuski, wykonaną w postaci tulejki z dyszą, wtłoczonej do powiększonej komory nabojowej".

W celu zmniejszenia masy i gabarytów broni, skróceniu uległa lufa, sprężyna powrotna wraz z żerdzią oraz zamek i iglica. Zmianie uległa także konstrukcja magazynka, w którym naboje zostały przysunięte bliżej przedniej ścianki, co znacznie skróciło ich drogę dosyłania. Ponadto wprowadzono prostszą technologicznie sprężynę spiralną, zaś wolna przestrzeń za nabojami została wykorzystana do umieszczenia szczoteczki do czyszczenia lufy. Po przejściu niezbędnych prób i badań oraz po uzyskaniu koncesji na wyrób i obrót

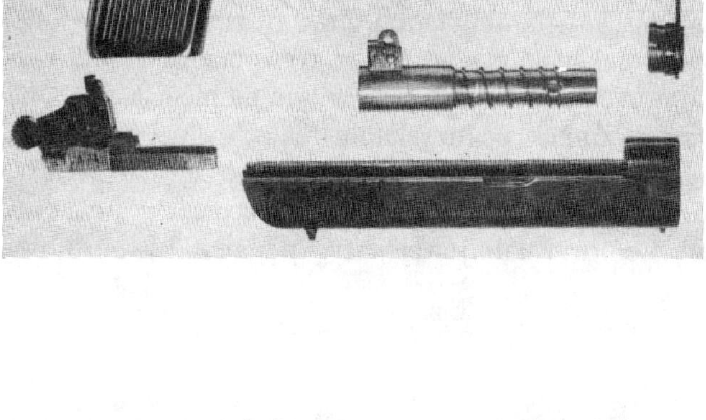

Rys. 22.2. Podstawowe części i zespoły pistoletu 90 GS

bronią gazową, co nastąpiło w drugiej połowie 1990 r., broń znalazła się w sprzedaży. Początkowo pistolety oznaczone symbolem 90 GS wytwarzane były na nabój 8 mmK (8 mm × 20). Jak wykazała praktyka broń najlepiej funkcjonowała przy użyciu amunicji niemieckiej firmy „WADIE". W końcu 1990 r. do produkcji wszedł również pistolet dostosowany do mocniejszego naboju typu 9 mm P.S. (9 mm × 22). Aktualnie „BUSS" produkuje pistolety gazowe kalibru 8 i 9 mm w kilku wersjach różniących się wykończeniem i okładkami rękojeści.

Rys. 22.3. Pistolety gazowe opracowane w biurze Uruchomień Sprzętu Specjalnego w różnych wersjach

Niezależnie od pistoletów, oferowanych przez Biuro Uruchomień Sprzętu Specjalnego w Warszawie, w 1991 r. Spółka „KERBEROS" z Krakowa wprowadziła na polski rynek broni gazowej pistolety o nazwie KRUK. Broń ta, podobnie jak pistolet 90 GS, stanowi adaptację pistoletu wojskowego TT wz. 33 dostosowaną do nowej amunicji akustycznej i gazowej typu 9 mm × 26, występującej handlowo jako naboje kalibru 35. Ten nowy silny nabój, opracowany w RFN, odznacza się zwiększonym efektem akustycznym i dużą skutecznością działania. W porównaniu z modelem 90 GS, pistolet KRUK posiada nieco dłuższy zamek i lufę, poza tym występują niewielkie różnice w konstrukcji poszczególnych części i zespołów. Oprócz zasadniczego modelu wytwarzana jest również wersja dostosowana do amunicji 9 mm P.A.

W celu ujednolicenia wymagań technicznych, związanych z niezawodnością i bezpieczeństwem użytkowania broni gazowej, od 1.07.1991 r. obowiązuje w kraju Polska Norma Techniczna ustalająca parametry jakościowe tej broni. Jednocześnie zarządzenie Nr 19 prezesa Polskiego Komitetu Normalizacji Miar i Jakości nakłada na producentów i importerów obowiązek atestacji broni. Dokonują tego następujące placówki:

— Wojskowy Instytut Chemii i Radiometrii w Rembartowie,

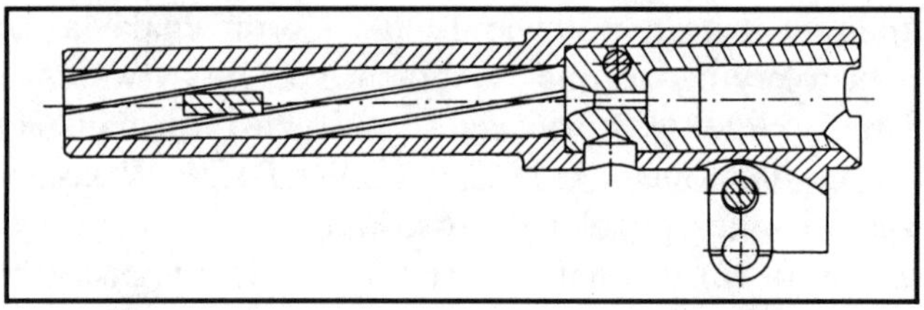

Rys. 22.4. Lufa z wkładką do pistoletu konstrukcji BUSS

— Wojskowy Instytut Techniczny Uzbrojenia w Zielonce,
— Ośrodek Badawczo-Rozwojowy „Skarżysko" w Skarżysku-Kamiennej,
— Ośrodek Badania Uzbrojenia w Stalowej Woli.

Każda z tych jednostek wydaje odpowiednie świadectwo kwalifikacji zaświadczające, że przystosowana broń jest bezpieczna i dopuszczona do obrotu.

Wszystkie wymagania jakościowe spełnia nowy polski pistolet, oznaczony symbolem P-83G, skonstruowany w Zakładach Metalowych „Łucznik" w Ra-

Rys. 22.5. 9 mm pistolet gazowy KRUK

domiu. Stanowi on zmodyfikowaną wersję 9 mm pistoletu wojskowego wzór 1983 (P-83). Broń ta, konstrukcji inżynierów Ryszarda Chełmickiego i Mariana Gryszkiewicza, działa na zasadzie odrzutu zamka swobodnego. Pistolet P-83G został dostosowany do importowanej amunicji typu 9 mm P.A. i zasadniczo służy do samoobrony na krótkich odległościach, ale może być również wykorzystany do miotania rac sygnałowych lub jako broń startowa. Pistolet został wyposażony w mechanizm spustowo-uderzeniowy podwójnego działania, z samonapinaniem kurka oraz w bezpiecznik skrzydełkowy blokujący iglicę. Ogólna budowa i działanie broni, podobne są do pistoletu wojskowego P-83. Zasadnicza różnica odnosi się do zespołu lufy, gdzie wprowadzono odpowiednie przegrody tłumiące oraz gwint do nakręcania nasadki. Na podstawie testów i badań porównawczych stwierdzono, że pistolet wytrzymuje ponad 1000 strzałów, zaś liczba zacięć nie przekracza 2 proc., a dobroć broni wynosi ponad 96 proc. Tak zwana „dobroć broni" — jest nowym parametrem określonym przez Polską Normę Techniczną, która zakłada, że procentowy udział gazów wydostających się z lufy broni do całości gazów wytworzonych w momencie strzału nie powinien być niższy niż 80 proc.

W skład wyposażenia pistoletu wchodzi nasadka standard do wystrzeliwa-

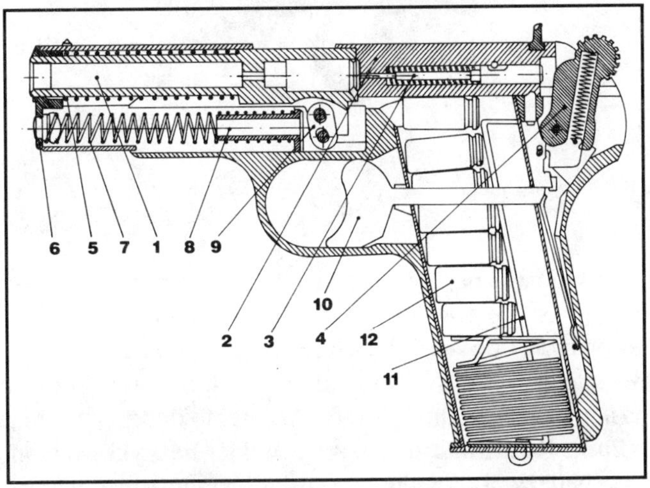

Rys. 22.6. Przekrój pistoletu KRUK:
1 — lufa,
2 — zamek,
3 — iglica,
4 — kurek,
5 — sprężyna,
6 — łożysko lufy,
7 — sprężyna powrotna,
8 — żerdź sprężyny powrotnej,
9 — wodzik lufy,
10 — spust,
11 — magazynek,
12 — nabój,

nia rac świetlnych, olejarka z olejem Antykor N oraz instrukcja obsługi. Ponadto na życzenie użytkownika za dodatkową opłatą producent oferuje wyposażenie specjalne w postaci nasadki czterogwiazdkowej i skórzanego futerału.

Rozwój rodzimego marketingu i duży popyt na broń gazową spowodował, że do grona wytwórców dołączy w najbliższym czasie Kombinat Maszyn Włókienniczych „Wifama" w Łodzi. Zakład ten specjalizujący się także w produkcji broni sportowej przedstawił w 1990 r. prototyp rewolweru

Rys. 22.7. 9 mm pistolet gazowy P-83G

Rys. 22.8. Prototyp 9 mm rewolweru gazowego konstrukcji Widzewskiej Fabryki Maszyn Włókienniczych w Łodzi

gazowego własnej konstrukcji. Broń dostosowana jest do naboju 9 mm × 17R (.380), cechuje się niewielką masą i gabarytami oraz dużą niezawodnością i stałą gotowością do strzału. Rewolwer zaopatrzony jest w mechanizm spustowo-uderzeniowy systemu „duble action", zaś ładowanie i rozładowanie broni następuje przez złamanie lufy. Autorem koncepcji broni jest inż. Tomasz Podgórski z Biura Konstrukcyjnego Widzewskiej Fabryki Maszyn Włókienniczych.

Należy podkreślić, że polska broń gazowa, w porównaniu z analogicznymi modelami sprowadzanymi z zagranicy, wykonana jest z jakościowo lepszych materiałów, co w znacznym stopniu zwiększa jej wytrzymałość i żywotność oraz bezpieczeństwo użytkownika. Znane są bowiem przypadki rozerwania pistoletu po oddaniu kilku strzałów.

Kończąc przegląd krajowych opracowań i konstrukcji wypada wspomnieć jeszcze o dwu typach broni bocznego zapłonu, znajdujących się na naszym rynku. Pierwszy to rewolwer OLYMPIC-6 kalibru 6 mm dostosowany do

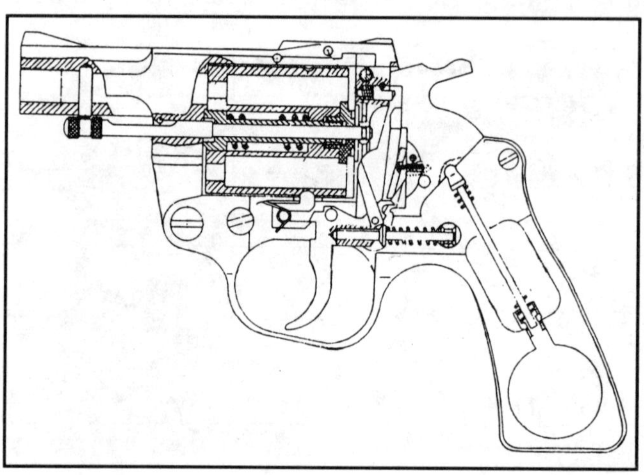

Rys. 22.9. Przekrój rewolweru gazowego

Rys. 22.10. 6 mm pistolet

amunicji akustycznej i gazowej bocznego zapłonu typu *long* (5,6 mm × 15,6). Rewolwer posiada lufę stałą oraz bębenek z 8 komorami nabojowymi odchylany w bok (w lewo) oraz mechanizm spustowo-uderzeniowy podwójnego działania. Broń ta wytwarzana jest w Polsce przy użyciu włoskich form firmy S.G.S. INCORSA, jako odlew ciśnieniowy z miękkich stopów, co powoduje, że rewolwer odznacza się niską żywotnością poszczególnych części i zespołów. Drugi to 6 mm pistolet startowy o nazwie START, produkowany przez Spółdzielnię Rzemieślniczą Metalowców i Elektryków we Wrocławiu. Broń produkowana od 1981 r. nawiązuje konstrukcją do niemieckich pistoletów startowych (zwanych popularnie straszakami) firmy „EM-GE" z okresu międzywojennego.

Tablica 22.1. Podstawowe dane techniczne broni gazowej polskiej produkcji

Nazwa broni	90 GS	Kruk	P-83 G	Rewolwer Wifama	Olympic-6	Start
Typ naboju	8 mm K 9 mm P.A.	cal. 35 9 mm P.A.	9 mm P.A. 8 mmK*	9 mm × 17R	6 mm	6 mm
Długość broni (mm)	165	175	165	185	155	100
Wysokość broni (mm)	130	130	125	122	107	79,5
Szerokość broni (mm)	30	30	30	37	29	21,5
Masa broni bez naboi (g)	770	770	730	850	385	250
Pojemność magazynka-bębenka (szt.)	8	8	8	6	8	6
Skuteczna odległość rażenia (m)	1-6	1-6	3-5	3-5	1,8	1

* W przypadku większych zamówień producent gotów jest dostarczyć broń w kalibrze 8 mmK

23
Znaki i cechy występujące na polskiej broni strzeleckiej

Celem niniejszego rozdziału jest zaprezentowanie Czytelnikon charakterystycznych przykładów znakowania polskiej broni palnej. Brakuje bowiem w naszym piśmiennictwie publikacji poświęconej w całości temu zagadnieniu, zaś nieliczne wydane w kraju książki i katalogi muzealne ujmują ten problem fragmentarycznie, zajmując się częściej bronią białą lub myśliwską.

Zagadnienie wydaje się jednak dość istotne, gdyż znajomość cech i sygnatur występujących na broni palnej pozwala na ustalenie wytwórni, roku produkcji, lub też wielkości serii produkcyjnej oraz kraju, w którym broń była używana lub przechodziła naprawy czy renowacje. Zdarza się również często tak w praktyce muzealnej, jak i kryminalistycznej, że mamy do czynienia z bronią składaną z kilku egzemplarzy i w tej sytuacji identyfikacja cech występujących na broni jest szczególnie przydatna i pomocna. Ponadto przyjęte w niektórych krajach systemy cechowania broni pozwalają na dokładne ustalenie, czy dany egzemplarz stanowi wojskową, policyjną, czy też jej komercyjną odmianę.

Aktualnie system znakowania broni komercyjnej (cywilnej) regulują przepisy *Umowy Brukselskiej* z 1975 r. w sprawie wzajemnego uznawania znaków legalizacyjnych i cech probierczych (kontrolnych), stosowanych na broni strzeleckiej i amunicji. Sygnatariuszami umowy są: Austria, Belgia, CSRF, Chile, Hiszpania, Francja, Jugosławia, RFN, Węgry oraz Wielka Brytania. Nad przestrzeganiem zasad umowy czuwa stała międzynarodowa komisja (CIP) z siedzibą w Liège (Belgia), która okresowo publikuje znaki legalizacyjne i kontrolne, stosowane na broni i amunicji w państwach będących sygnatariuszami powyższej umowy.

Odzyskanie niepodległości w 1918 r. oraz utworzenie zrębów własnego przemysłu zbrojeniowego, w oparciu o powstałe zbrojownie i wojskowe warsztaty naprawcze, powodowały, że w początkowym okresie istnienia państwa polskiego brak było jednolitego **systemu cechowania broni**. Wśród nielicznych zachowanych zabytków z tego okresu w Muzeum Wojska Polskiego w Warszawie znajduje się tablica, stanowiąca przegląd asortymentu produkcji Warsztatów DOG we Lwowie. Umieszczone na niej detale i części zamienne do broni strzeleckiej cechowane są tam własnym tłokiem wytwórni. Tłok ten w formie owalu posiada na swym obwodzie napis: „Warsztaty broni DOG

Rys. 23.1. Pistolet sygnałowy kolbowy Warsztatów Broni DOG Lwów

Lwów". Także prowadzone w warsztatach przeróbki broni austriackiej oznaczone są tą cechą. W tym wypadku mamy do czynienia z podwójnym znakowaniem, bowiem broń posiada napisy i cechy, typowe dla broni wojskowej wytwarzanej w monarchii austro-węgierskiej oraz znaki polskie. Podwójne znakowanie występuje również na karabinach Mosina i Mausera przerabianych w Polsce na karabinki lub przechodzących renowacje w warsztatach lub fabrykach broni.

Rys. 23.2. Zbliżenie odcisku tłoka (puncy) Warsztatów Broni DOG Lwów na pistolecie sygnałowym kolbowym (wzór Warsztatów Broni 1919)

W latach 1923-1927 część z posiadanych zasobów 7,62 mm rosyjskich karabinów Mosin wz. 1891 została przerobiona i dostosowana do 7,92 mm amunicji typu Mauser.

Broń ta, produkowana w czasie I wojny światowej w zakładach zbrojeniowych w Tule, Iżewsku i Sestroriecku oraz fabrykach Remingtona w USA, może posiadać niektóre cechy tych wytwórni, jak również cechy polskie w postaci niewielkiego orzełka zbliżonego kształtem to orła wz. 1919 wybijanego zwykle na komorze nabojowej karabinka. (Czasami cecha ta wybijana jest podwójnie — na komorze zamkowej i komorze nabojowej).

Ponadto, jak stwierdza kpt. W. Kolendo w skrypcie wydanym dla zbrojmistrzów (*Nauka o broni — broń ręczna, maszynowa towarzysząca piechocie, biała*

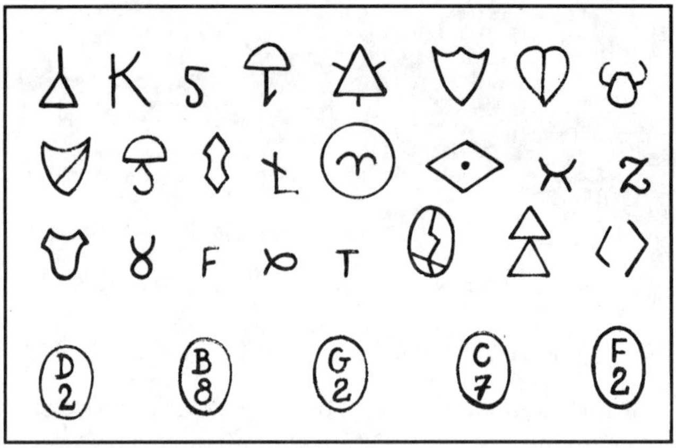

Rys. 23.3. Cechy stosowane w latach 1922-1939 na broni produkcji polskiej: od góry) cechy kontroli technicznej; od dołu) cechy odbioru wojskowego

Warszawa 1935.), broń może posiadać wybitą na komorze nabojowej literę „W" — co oznacza, że lufa karabinu była badana na wysoki ostrzał lub literą „C" — oznaczającą, że karabinek był przestrzeliwany na celność. Trzeba zaznaczyć, że orzełkiem podobnego wzoru cechowała swoje wyroby w latach dwudziestych Zbrojownia nr 4, znajdujące się w Krakowie.

Powstałe warsztaty i zbrojownie nie stanowiły jednak kompleksu wytwórni zdolnych do zaspokojenia bieżących potrzeb armii. Sprawa to została uregulo-

Rys. 23.4. Komora nabojowa 7,92 mm karabinka wz. 1929, produkcji Fabryki Broni w Radomiu

Rys. 23.5. Cechy stawiane na kb Mauser wz. 1898, przechodzących renowację w Fabryce Broni w Radomiu

wana dopiero specjalną uchwałą z 29 czerwca 1922 r., kiedy to Komitet Ekonomiczny Rady Ministrów zdecydował o utworzeniu w Polsce przemysłu wojennego. Na mocy zapadłej uchwały zostało powołane do życia przedsiębiorstwo państwowe z własnym statutem pod nazwą **Centralny Zarząd Wytwórni Wojskowych.** Przedsiębiorstwo to objęło rozproszone po kraju warsztaty

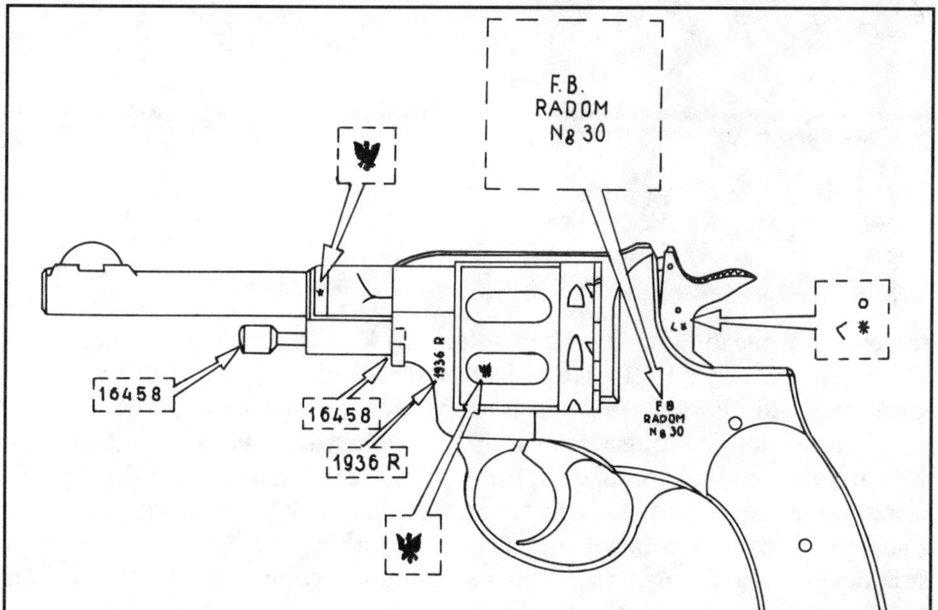

Rys. 23.6. Znaki i cechy stawiane na rewolwerach służbowych Nagant wz. 1930

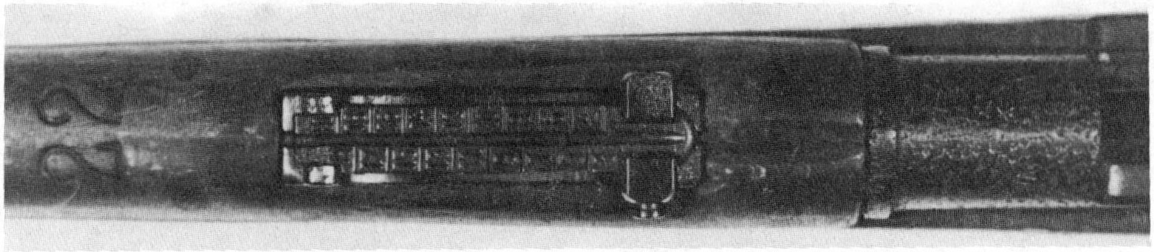

Rys. 23.7. 5,6 mm karabinek sportowy wz. 1929 produkcji P.F.K. w Warszawie, na nakładce wypalona cyfra 22

Rys. 23.8. Komora nabojowa 7,92 mm rkm wz. 1928, produkcji P.W.U.-F.K. Warszawa

sprzętu wojennego oraz urządzenia fabryki karabinów, które w myśl postanowienia z 22 lipca 1921 r. Komisji Podziału Mienia Państwowego Poniemieckiego przypadły Polsce, z likwidacji fabryki w Gdańsku.

Uruchomiona w drugie połowie 1922 r. **Państwowa Fabryka Karabinów w Warszawie** podjęła produkcję 7,92 mm karabinów Mauser wz. 1898 w oparciu o urządzenia i zapasy surowców dostarczone z Gdańska. Wytwórnia przyjęła system znakowania swych wyrobów podobny do systemu niemieckiego z okresu I wojny światowej. Polegał on na umieszczeniu symbolu wytwórni — w Polsce zaś godła państwowego — zwykle na komorze nabojowej oraz nazwy wytwórni i roku produkcji. Na bocznej płaszczyźnie komory nabojowej znajdował się numer seryjny, składający się zazwyczaj z kombinacji literowo-cyfrowej. System ten z niewielkimi modyfikacjami został przyjęty przez Fabrykę Broni w Radomiu i był stosowany do wybuchu II wojny światowej. Ponadto, na każdym egzemplarzu broni występują również cechy (znaki) techniczne, wśród których można wyróżnić:

— cechę ostrzału na zwiększone ciśnienie — stanowiącą orzełek państwowy, wysokości 3 mm, który był wybijany na komorze zamkowej, lufie i zamku karabinu;
— cechę ostrzału na celność i skupienie — w postaci orzełka wysokości 5 mm wystawianego w fabrykach polskich na łożu;
— cechy kontroli technicznej i odbioru części lub broni — w postaci znaków literowych i punc wystawianych na różnych częściach broni.

Należy zaznaczyć, że cechy brakarzy i odbioru wojskowego przypisane były imiennie do każdego kontrolera lub członka nadzoru technicznego. I tak np. cechą D-2 posługiwał się mjr Dzierżyński w Radomiu, cecha G-2 należała do kpt. Gadomskiego z Warszawy, zaś cecha C-2 stanowiła własność kpt. Czumy ze

Rys. 23.9. Charakterystyczny stylizowany orzełek, stosowany na broni maszynowej — ckm Browning wz. 1930, produkcji P.W.U.-F.K. Warszawa

Skarżyska. Oprócz przedstawionych wyżej znaków fabrycznych, na niektórych egzemplarzach broni może występować tzw. cechowanie rejestracyjne — stosowane w jednostkach wojskowych w celu umożliwienia szybkiej identyfikacji przedmiotów podlegających szczególnej ewidencji. Do cechowania rejestracyj-

Rys. 23.10. Cechy ostrzału i odbioru wojskowego na karabinie przeciwpancernym wz. 1935

Rys. 23.11. Zamek 9 mm pistoletu VIS wz. 1935, z umieszczonym numerem patentu

Rys. 23.12. 5,6 mm karabinek sportowy wz. 1930 (strona prawa i lewa)

nego używano zazwyczaj cechy prostokątnej z umieszczonymi na niej literami formacji oraz datą przyjęcia do użytku przydzielonego sprzętu. Przykładem cechowania rejestracyjnego może być znajdujący się w Muzeum Oręża Polskiego w Kołobrzegu 7,92 mm karabinek wz. 1898, na którego trzewiku kolby, pod górnym wkrętem, został wybity dwurzędowy napis:

162
1 P. SZ. W

co świadczy, że broń ta stanowiła własność 1. pułku szwoleżerów stacjonującego w Warszawie.

Rys. 23.13. Pistolet sygnałowy wz. 1944. Widoczna seria jednoliterowa

W 1927 r. rozpoczyna produkcję broni duży zakład zbrojeniowy Rzeczypospolitej — **Państwowa Fabryka Broni w Radomiu.**

Pierwsze serie Mausera wz. 1898 wytwarzane w Radomiu w latach 1927-1928 posiadają oznaczenie w postaci godła państwowego, symbolu wytwórni składającego się z dwurzędowego napisu:

P.W.B.
RADOM

oraz roku produkcji. Od 1929 r. fabryka zastępuje skrót P.W.Bku (Państwowa Wytwórnia Broni) skrótem F.B. (Fabryka Broni). Skrót ten występuje w postaci cechy, w kształcie trójkąta zwróconego podstawą ku górze, stawianej na kb i kbk Mausera produkcji niemieckiej przechodzących remont i renowacje w Fabryce Broni w Radomiu w latach 1933-1936.

Jedynym odstępstwem od przyjętej zasady znakowania broni są produkowane od 1931 r., dla potrzeb Policji Państwowej i funkcjonariuszy Ministerstwa Poczt i Telegrafów, 7,62 mm rewolwery służbowe Nagant. Broń ta bowiem posiada na szkielecie z lewej strony umieszczony napis: „F.B. RADOM Ng. 30" — określający wytwórcę, lecz bez roku produkcji i charakterystycznego orła stosowanego dla broni wojskowej. (Rok produkcji rewolweru został wybity na szkielecie z lewej strony broni w mniej eksponowanym miejscu).

Na uwagę zasługują także 5,6 mm karabinki sportowe bocznego zapłonu wz. 1929, używane w wojsku i organizacjach paramilitarnych jako broń

Rys. 23.14. Pistolet sygnałowy wz. 1944. Widoczna seria jednoliterowa

pomocnicza w szkoleniu strzeleckim. Produkowano je równolegle w PWK w Warszawie i w FB w Radomiu — posiadają one typowe znakowanie jak karabinki bojowe z tą różnicą, że na drewnianej nakładce chroniącej rękę strzelca przed oparzeniem, powyżej celownika znajduje się wypalona cyfra 22, określająca kaliber broni w calach.

Rys. 23.15. Komora nabojowa 5,6 mm karabinka sportowego wz. 1948. Pod liczbą „1956" (określającą rok produkcji), widoczna cecha odbioru wojskowego oraz seria dwuliterowa

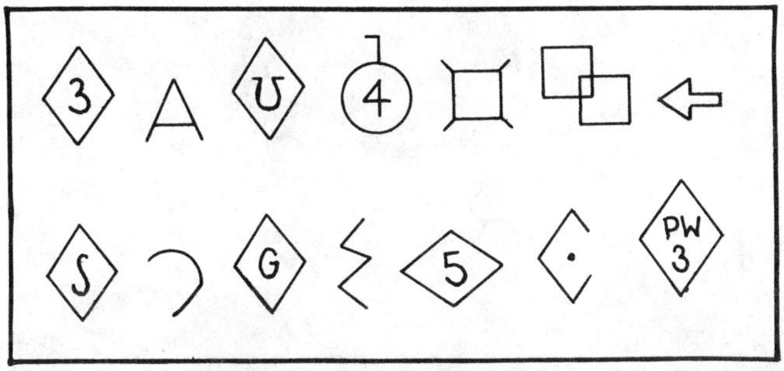

Rys. 23.16. Cechy kontroli technicznej i odbioru wojskowego stosowane na broni produkcji polskiej w latach 1948-1965

Reorganizacja Centralnego Zarządu Wytwórni Wojskowych i utworzenie w 1927 roku przedsiębiorstwa pod nazwą **Państwowe Wytwórnie Uzbrojenia** w skrócie „P.W.U." znalazło również swoje odzwierciedlenie w znakowaniu broni stosowanym przez Fabrykę Karabinów w Warszawie. Od tej pory wytwórnia ta zaczyna umieszczać na swych wyrobach stosowany napis — „P.W.U. FABRYKA KARABINÓW WARSZAWA". Skrótu P.W.U. nie stosuje jednak Fabryka Broni w Radomiu, która pozostaje przy swym dotychczasowym systemie znakowania.

W końcu lat dwudziestych na broni produkowanej w Polsce zaczyna się pojawiać dodatkowa informacja określająca również wzór broni. Odpowiedni napis jest umieszczany na górnej części komory nabojowej np. rkm wz. 1928 lub na bocznej płaszczyźnie komory zamkowej, karabinek sportowy wz. 1929, ckm wz. 1930, pistolet VIS wz. 1935, pm Mors wz. 1938. W tym czasie niezależnie od orła zbliżonego swym kształtem do godła państwowego, który był stosowany przez wytwórnie państwowe do oznaczania wyrobów wojskowych, w tym broni ręcznej — fabryka karabinów w Warszawie wprowadza nowy wzór orła, którym zaczyna oznaczać broń maszynową. Orzeł ten oparty był na stylizowanym rysunku orła projektu W. Jastrzębskiego, przyjętego dla monet drobnej wartości, wprowadzonych do obiegu z datą 1923. Orłem tego typu znakowany był również prototyp 9 mm pistoletu maszynowego Mors wz. 1938.

Obok typowych oznaczeń wytwórni spotykane są egzemplarze broni maszynowej opatrzone napisami związanymi z prowadzoną w latach 1936-1939 akcją zbiórek pieniężnych składanych na Fundusz Obrony Narodowej (FON). Broń ta przekazywana uroczyście wojsku przez społeczeństwo, zaopatrzona była w grawerowane mosiężne tabliczki, jak np. zachowany w zbiorach MWP w Warszawie ckm *Browning* wz. 1930 — *Dar Ziemi Wieluńskiej*.

Przedstawione wyżej prawidłowości występujące w znakowaniu broni, nie odnoszą się jednak do 7,92 mm karabinu przeciwpancernego wz. 1935. Broń ta prawdopodobnie ze względu na znaczne jej utajnienie pozbawiona była charakterystycznego dużego orła znajdującego się zwykle nad napisem określającym wytwórcę. Brak jest również napisów wskazujących producenta, określających wzór broni i rok jej produkcji. Na lufie karabinu występuje jedynie numer seryjny oraz cechy technologiczne i wytrzymałościowe. Broń posiada na komorze

Rys. 23.17. Znaki zakładów produkcyjnych stosowane w latach 1948-1985

zamkowej z lewej strony wybite „7,8”, cechę odbioru wojskowego („G-2” w owalu), cechę ostrzału na zwiększone ciśnienie w postaci małego orzełka i numer seryjny.

Również w broni sportowej produkowanej na rynek cywilny widzimy pewne różnice. Opracowane w 1930 r. w dziale broni sportowej PFK w Warszawie karabinki sportowe bocznego zapłonu wz. 1930 typu „A" posiadają z prawej strony komory zamkowej napis: „PWU FABRYKA KARABINÓW WARSZAWA" oraz numer seryjny, z lewej zaś: „K.B.K.S. WZ. A PATENT Nr 72A KAL. 22 LONG RIFLE". Broń nie posiada typowego orła występującego na broni wojskowej. W wytłoczonym napisie występuje również pewna niekonsekwencja. Patent nr 72 A nie jest bowiem zbieżny z numerami patentów dotyczącymi karabinka sportowego jak to np. w przypadku pistoletu VIS wz. 1935, gdzie umieszczony na zamku patent nr 15567 odpowiada w Urzędzie Patentowym RP dokumentacji tego pistoletu.

Przyjęty po wojnie **system znakowania wojskowej broni strzeleckiej** polegał na wprowadzeniu arabskiej cyfry w owalu, stanowiącej kod zakładu produkcyjnego. Znak ten umieszczany był zwykle na komorze nabojowej lub bocznej płaszczyźnie broni. Ponadto na każdym egzemplarzu wybijana jest seria jedno- lub dwuliterowa, numer oraz rok produkcji. Broń posiada również znaki i cechy wynikające z procesu technologicznego jej wytwarzania. Obejmują one cechy brakarzy poszczególnych punktów technicznych, cechy prób na wysokie ciśnienie i wysoki ostrzał oraz znaki odbioru wojskowego.

Do najczęściej spotykanych kodów oznaczeń zakładów produkcyjnych należą cyfry 6, 11, 12, 53. Jedynym wyjątkiem od tej zasady są pistolety maszynowe systemu PPS wz. 1943 produkowane w końcu lat czterdziestych przez **Zakłady Hipolita Cegielskiego w Poznaniu**. Broń ta cechowana jest własnym

Rys. 23.18. Znak firmowy Zakładów Hipolita Cegielskiego w Poznaniu, umieszczony na osłonie nabojowej 7,62 mm pistoletów maszynowych PPS wz. 1943

znakiem zakładów w postaci dużych liter „HCP" umieszczonych w okręgu. Oprócz typowych oznaczeń na broni mogą występować napisy informacyjne, ustalające jej przeznaczenie, np. napis „SZKOLNY" oznacza, że broń pozbawiona jest cech używalności i może być używana do celów dydaktycznych lub wystawowych. Podobnie treningowa wersja pistoletu TT wz. 1933 posiada po lewej stronie zamka napis „SPORTOWY", podkreślający, iż broń ta dostosowana jest do amunicji sportowej bocznego zapłonu. Wprowadzone do uzbrojenia w drugiej połowie lat 60-tych nowe wzory broni strzeleckiej mają oprócz numeru seryjnego, kodu wytwórni i roku produkcji dodatkowe napisy określające kaliber i nazwę broni, np. „9 mm P-64".

W 1967 r. podczas uroczystych promocji prymusi akademii wojskowych i szkół oficerskich za uzyskanie I lokaty otrzymali w formie nagrody od ministra Obrony Narodowej pistolety P-64 zaopatrzone w imienne dedykacje, wygrawerowane na zamku pistoletu. Zwyczaj ten został później usankcjonowany w *Regulaminie dyscyplinarnym Sił Zbrojnych PRL*, który jako jedną z form wyróżnień żołnierzy zawodowych WP, wprowadził nagrodzenie żołnierza bronią palną lub białą z dedykacją.

Na zakończenie warto może wspomnieć, że w latach sześćdziesiątych część rewolwerów Nagant wz. 1895, znajdujących się w zasobach MSW, została dostosowana w Fabryce Broni w Radomiu do amunicji ślepej kalibru 6,3 mm. Broń ta była wykorzystywana do treningu psów służbowych, stąd w poszczegól-

Rys. 23.19. Zamek 9 mm pistoletu P-64 (strona prawa). Widoczna cecha producenta, seria i numer oraz rok produkcji

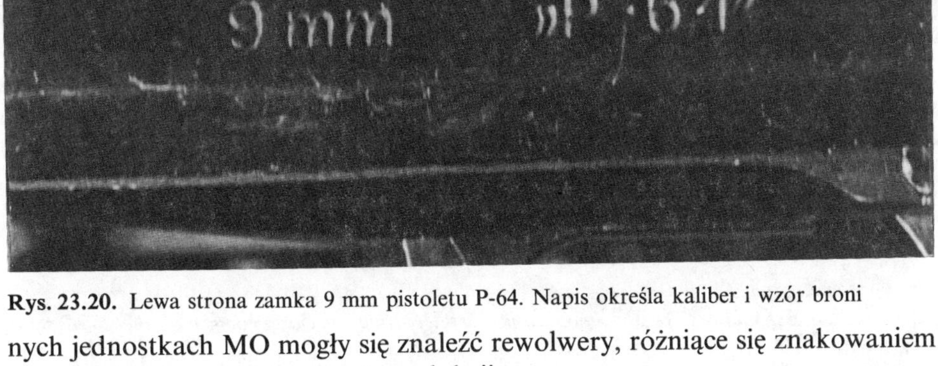

Rys. 23.20. Lewa strona zamka 9 mm pistoletu P-64. Napis określa kaliber i wzór broni

nych jednostkach MO mogły się znaleźć rewolwery, różniące się znakowaniem oraz pochodzące z różnych lat produkcji.

Jako ciekawostkę można również przytoczyć fakt, że pierwsze pistolety maszynowe RAK pochodzące z serii informacyjnej miały na lewej stronie zamka poniżej celownika wybitego orla w formie godła państwowego. Producent broni Zakłady Metalowe „Łucznik" w Radomiu chciał w ten sposób nawiązać do tradycji cechowania swych wyrobów sięgającej okresu międzywojennego. Innowacja ta jednak nie znalazła uznania w oczach ówczesnych decydentów. Do pomysłu tego udało się powrócić po blisko 30 latach i w czasie targów uzbrojenia INTERARMS — Sopot 92 broń prezentowana w stoisku firmowym „Łucznika" cechowana była orłem w koronie i napisem RADOM.

Rys. 23.21. Znaki firmowe stosowane na 7,62 mm rewolwerach Naganta w latach 1895-1945

Przedstawione Czytelnikom charakterystyczne przykłady znakowania polskiej broni strzeleckiej wymagają jeszcze pogłębionych studiów i badań. Nie uwzględniono bowiem broni produkowanej w latach 1919-1939 przez wytwórnie prywatne. Opracowanie nie obejmuje również broni wytwarzanej konspiracyjnie, broni myśliwskiej oraz pneumatycznej broni sportowej. Pominięte zostały także egzemplarze prototypowe oraz broń pamiątkowa, wykonana często w wykończeniu luksusowym i wręczana w formie darów osobom zasłużonym lub delegacjom zagranicznym.

Bibliografia

Adamczyk M.: *Nowa broń strzelecka — 9 mm pistolet wz. 1964.* WPT 1969 nr 1.
Adamczyk M.: *Pistolet maszynowy PM-63.* Warszawa, 1972.
Badalik V.: *Amunicja strzelecka.* Maszynopis w zbiorach ZG.
Białczak B.: *Podstawy budowy amunicji i broni strzeleckiej.* Radom, 1982.
Biul. Urzędu Patentowego 1973 nr 29 i 1975 nr 3.
Bogdan M.: *Odnaleziono legendarnego Morsa.* Ilustr. Kurier Polski 1984 nr 203.
Brodacki J.: *Amunicja małokalibrowa.* Warszawa, 1983.
Bronikowski A.: *Punkt na Lesznie.* W: *Polska technika w walce z okupantem* (katalog wystawy), cz. 1. Warszawa, 1965.
Broń pneumatyczna. Temat 1981 nr 5 i 6.
Chamberlain P., Gander T. J.: *Small arms, artillery and special weapons of the third reich.* Londyn, 1979.
Chełmicki R., Dudek J.: *Polska broń sportowa.* WPT 1988 nr 10.
Chodkiewicz L. *Broń przeciwpancerna piechoty.* Warszawa, 1959.
Chodkiewicz L.: *Działanie odrzutu broni ramiennej na strzelca.* Prz. Tech. Specjalnej 1956 nr 2.
Christiansen G. B.: *Signalpistolen der Warschauer Pakt Staaten.* DWJ 1976 nr 5 i 6.
Cieplewicz M.: *Memoriał o stanie armii gen. Władysława Sikorskiego.* WPH 1981 nr 1.
Das Maschinengewehr 28 (p). Waffen Revue nr 3.
Die Vis (Radom) Pistolen. Waffensammeln-Waffentechnik 1986 nr 1.
Dokumentacja techniczna R. S. P. Metal „Ferrum" Szczecin. W zbiorach ZG.
von Dvorsky R. A., Unger H.: *Browning Wilniewczyc und der polnische Adler.* Waffen-Digest 1985.
Dziesięciolecie Odrodzenia Polskiej Siły Zbrojnej 1918-1928. Warszawa, 1928.
Encyklopedia II wojny światowej. Warszawa, 1975.
Encyklopedia Wojskowa pod red. O. Laskowskiego. T. 3, Warszawa, 1933; t. 5, Warszawa, 1936.
Felsztyn T.: *Uzbrojenie i organizacja piechoty.* Bellona 1923 z. 2.
Felsztyn T.: *Polski karabin przeciwpancerny.* Kultura (Paryż) 1953 nr 2 i 3.
Felsztyn T.: *Uzbrojenie piechoty w czasie dwudziestu lat niepodległości.* Bellona 1955 nr 2.
Gadomski F.: *Zarys ogólny produkcji ckm wz. 30.* Wiarus 1933 nr 46 i 47.
Glass A.: *Polskie konstrukcje lotnicze 1893-1939.* Warszawa, 1977.
Głowacki H., Niezgocki St., Torecki St.: *Budowa i eksploatacja broni lufowej i amunicji, cz. 2.* Warszawa 1972.
Grabowski T.: *Inwestycje zbrojeniowe w gospodarce Polski międzywojennej.* Warszawa, 1963.
Grzebień St.: *Osiągnięcia polskich konstruktorów w dziedzinie broni strzeleckiej.* Prz. Tech. Specjalnej 1957 nr 3.
Gwóźdź Z.: *Pistolet maszynowy Mors.* WPT 1976 nr 5.
Gwóźdź Z.: *Karabin samopowtarzalny kbsp M.* WPT 1979 nr 10.
Gwóźdź Z.: *Rewolwer Naganta.* WPT 1981 nr 4.
Gwóźdź Z.: *Pistolet maszynowy wz. 43/52.* WPT 1982 nr 7-8.
Gwóźdź Z.: *Polskie karabinki sportowe.* WPT 1982 nr 7-8.
Gwóźdź Z.: *Amunicja izbowa.* WPT 1983 nr 5-6.
Gwóźdź Z.: *Karabinek-granatnik wz. 1960.* WPT 1983 nr 5-6.
Gwóźdź Z.: *Pistolety Vis.* WPT 1983 nr 7.
Gwóźdź Z.: *Pistolety kieszonkowe.* WPT 1984 nr 8.
Gwóźdź Z.: *Broń pneumatyczna.* WPT 1985 nr 1.
Gwóźdź Z.: *Polskie powojenne pistolety wojskowe.* WPT 1987 nr 3.
Gwóźdź Z.: *Polskie podstawy do broni maszynowej.* WPT 1987 nr 4.

Gwóźdź Z.: *Inżynier Bolesław Jurek*. WPT 1988 nr 5.
Gwóźdź Z.: *Rewolwer służbowy Ng wz. 30*. WPT 1988 nr 11.
Gwóźdź Z.: *Polska amunicja pistoletowa*. WPT 1988 nr 11.
Gwóźdź Z.: *Polska Broń Gazowa*. Colt Nr 1-2/92.
Gwóźdź Z.: *Znaki i cechy występujące na polskiej broni strzeleckiej w latach 1818-1965*. Muzealnictwo Wojskowe T 5 Warszawa 1992.
Ilustrowane słownictwo materiału uzbrojenia. Warszawa, 1930.
Instrukcje o broni Policji Państwowej, cz. 1 i 2. Warszawa, 1934.
Jurga T.: *Regularne jednostki Wojska Polskiego w 1939 r*. Warszawa, 1975.
Karabinek sportowy. Instrukcja użycia w wyszkoleniu strzeleckim (tymczasowa). Warszawa, 1931.
Karczewski A.W.: *Broń małokalibrowa — zarys teorii strzału — konstrukcje i wykonanie*. Warszawa, 1934.
Katalog amunicji. Grupa I, amunicja karabinowa, sportowa, pistoletowa i rewolwerowa. Warszawa, 1935.
Kędzierski J.: *Polska lotnicza broń pokładowa*. Skrzydlata Polska 1976 nr 38.
Kiek A.: *Pistolety samoczynne*. Prz. Piechoty 1928 nr 7.
Kochański M.: *Broń strzelecka wojsk lądowych*. Warszawa, 1968.
Kochański S.: *Broń strzelecka lat osiemdziesiątych*. Warszawa, 1985.
Kochański S.: *Pistolety Wilniewczyca*. WPT 1985 nr 8-9.
Kochański S.: *Broń strzelecka Ludowego Wojska Polskiego*. WPT 1988 nr 10.
Kochański S.: *Małokalibrowa broń samoczynna*. Warszawa, 1989.
Kolendo W.: *Nauka o broni*. Warszawa, 1935.
Komuda L.: *Polska artyleria przeciwlotnicza w 1939 r*. Skrzydlata Polska 1966 nr 42.
Komuda L.: *Pistolet maszynowy Mors*. Kierunki 1972 nr 41.
Komuda L.: *Polski pistolet maszynowy p.m.d.* WPT 1988 nr 9.
Konstankiewicz A.: *Najcięższy karabin maszynowy wz. 38FK. WPT 1978 nr 2.*
Konstankiewicz A.: O uzbrojeniu Wojska Polskiego w 1939 r. WPH 1978 nr 4.
Konstankiewicz A.: Konstrukcje broni strzeleckiej w Polsce w latach 1918-39. Kwart. Historii Nauki i Techniki 1981 nr 2.
Konstankiewicz A.: *Broń piechoty polskiej 1918-1939*. WPH 1982 nr 3.
Konstankiewicz A.: *Fińska broń samoczynna*. WPT 1982 nr 4.
Konstankiewicz A.: *Pistolet maszynowy Thompson*. WPT 1982 nr 11.
Konstankiewicz A.: *Karabiny samopowtarzalne z okresu międzywojennego*. WPT 1983 nr 12.
Konstankiewicz A.: *Broń strzelecka Wojska Polskiego 1918-1939*. Warszawa, 1986.
Konstankiewicz A., Kukawski L.: *Uzbrojenie kawalerii polskiej 1918-1939*. St. i Mat. do Historii Wojskowości 1983 t. XXVI.
Korzun M.: *1000 słów o materiałach wybuchowych i wybuchu*. Warszawa, 1986.
Kostuś L.: *Pistolet—legenda*. Wieści 1983 nr 42.
Kozaczuk W.: *Wehrmacht 1933-39*. Warszawa, 1985.
Kozłowski E.: Wojsko Polskie 1936-1939. Próby rozbudowy i modernizacji. Warszawa, 1964.
Kozłowski E., Wrzostek M.: *Dzieje oręża polskiego 1794-1938*. Warszawa, 1973.
Kruszewski S.: *Majątek Państwa Polskiego*. Warszawa, 1931.
Krzyżanowski K.: Wydatki wojskowe Polski w latach 1918-1939. Warszawa, 1976.
Kustanowicz S.: *Badanie broni palnej*. Biblioteka Kryminalistyczna. Warszawa, 1959.
Letošniková L., Merčik J.: *Zbraně, střelci, puškaři*. Praga, 1975.
Łukaszewski T.: *Amunicja karabinowa*. Warszawa, 1933.
Magnuski J.: *Wozy bojowe*. Warszawa, 1960.
Malinowski W.: *O organizacji oddziałów spadochronowych w Wojsku Polskim przed 1939 r*. WPH 1961 nr 2.

Maliszewski J., Szpietowski K., Spłowiński R., Kula M.: *Żołnierze września*. Warszawa, 1971.
Mala Encyklopedia Wojskowa, t. 2. Warszawa, 1970.
Manczarski St.: *Uszkodzenia postrzałowe — broń palna — amunicja — identyfikacja broni palnej — ocena sądowo-lekarska*. Warszawa, 1938.
Matusak P.: *Ruch oporu w przemyśle wojennym okupanta*. Warszawa 1983.
Mazur K.: *Broń dla strzelców wyborowych*. Prz. Piechoty 1932 nr 7.
Mazurkiewicz W.: *Odmówiono sprzedarzy Morsa Rumunom*. Kurier Polski 1983 nr 156.
Merth J.: *Vývojové tendence ve vyzbrojováni kapitalistických armád*. W: *Lehké pěchotni zbraně*, t. 3. Praga.
Mokrzycka M.: *Legendarny polski pistolet maszynowy Mors w zbiorach Muzeum WP*. Express Wieczorny-Kulisy 1983 nr 157.
Możdżeński L.: *Obecne i przyszłe uzbrojenie piechoty*. Prz. Artyleryjski 1924 nr 7, 8 i 9.
Niewiadomski P.: *Pistolet maszynowy*. Prz. Piechoty 1930 nr 6.
Nowak Z.: *40 lat rozwoju technicznego WP*. WPT 1983 nr 10.
Ostrowski W.: *Karabiny maszynowe*. Warszawa, 1930.
Pankowski W.: *Granaty i szminki*. W: *Polska technika w walce z okupantem (katalog wystawy)*. Warszawa, 1965.
Pataj S.: *Artyleria lądowa 1871-1970*. Warszawa, 1975.
Pluciński K., Szpak W.: *Układ sprężający broni pneumatycznej*. WPT 1980 nr 11 i 12.
Podświetlane przyrządy celownicze do 7,62 mm karabinków AK (AKM, AKMS), 1983.
Pogonowski F.: *Podziemna zbrojownia*. Warszawa, 1975.
Popiel A.: *Amunicja do broni strzeleckiej Wojska Polskiego w latach 1918-1939*. Maszynopis w zbiorach ZG.
Prospekty fabryczne PWU. W zbiorach ZG.
Pyzel J., Wojciechowski I.: 9 mm pistolet maszynowy wz. 1939 Mors. WPT 1984 nr 5.
Regenstreif P.: *Les cartouches polonaises calibre 7,92 × 57 1920-1940*. AMI 1980 nr 72.
Romer J.: *Przyszła wojna*. Bellona 1927 z. 3.
Rowecki S.: *Piechota w walkach ulicznych*. Prz. Piechoty 1933 nr 4.
Rozwój taktyki Armii Razieckiej w Wielkiej Wojnie Narodowej 1941-1945. Warszawa, 1960.
Sadowski L.: *O eksploatacji 9 mm pistoletu maszynowego*. PWL 1985 nr 2.
Sandomierski K.: *Polska Misja Wojskowa Zakupów w Paryżu w latach 1919-1920*. WPH 1978 nr 4.
Satora K.: *Kto zna dzieje karabinu Maroszka* Przekrój z 12.01.1975.
Satora K.: *Kryptonim Urugwaj*. Express Wieczorny-Kulisy 1984 nr 20.
Satora K.: *Produkcja uzbrojenia w polskim ruchu oporu 1939-1944*. Warszawa, 1985.
Sawczyc M.: *Zardzewiała śmierć*. Warszawa, 1973.
Schinmeyer K.: *Mutation „Sportowy" die Tokarev kleinkaliber*. DWJ 1987 nr 12.
Seweryński W.: *Wkład krajowej myśli technicznej w rozwój sprzętu uzbrojenia*. Ref. Sekcji Uzbrojenia Oddziału Warszawskiego SIMP, WPT 1973 nr 1.
7,62 mm karabinek-granatnik wz. 1960/72. Opis i użytkowanie, 1974.
Sieradzki R.: *Polski karabin Mauser*. Mówią wieki 1979 nr 4.
Signálni pistole a střělivo. Strelecka Revue 1980 nr 5 i 6.
Sprawocznik po patronam, rucznym i specialnym granatam inostrannych armij. Moskwa, 1946.
Stankiewicz W.: *Pisma*, t. 1. Paryż, 1977.
Stawecki P.: *Polski potencjał wojenny*. W.: *Wojna obronna Polski 1939*. Warszawa, 1979.
Stawecki P.: *Z dziejów przemysłu wojennego II Rzeczypospolitej*. Cz. 1, WPH 1971 nr 1; Cz. 2, WPH 1971 nr 3.
Stępień T.: *Długie łowy na Morsa*. Gazeta Robotnicza 1984 nr 6.
Szubański R.: *Polska broń pancerna w 1939 r*. Warszawa, 1982.
Tarczyński J.: *Sylwetka miesiąca — prof. inż. Jan Werner*. Młody Technik 1983 nr 1.
Technika Wojskowa LWP. XXX lat rozwoju 1943-1973. Warszawa, 1973.

The World's submachine guns, t. 1 Kolonia, 1963.
Torecki S.: *Broń i amunicja strzelecka LWP*. Warszawa, 1985.
Vobořil P.: *Zapálková střelba*. Maszynopis w zbiorach ZG.
Wecki S.: *Nowości w sporcie strzeleckim*. Sport Strzelecki 1937 nr 2.
Wilniewczyc P.: *Broń strzelecka*. Łódź–Warszawa, 1955.
Wilniewczyc P.: *Broń samoczynna*. Warszawa, 1958.
Wilniewczyc P.: *Vis i Mors. Muzealnictwo Wojskowe*, t. 1. Warszawa, 1959.
Windisch E.: *Die Pistoleten patrone 08 (9 mm Para)*. DWJ 1976 nr 10.
Wojciechowski I.: *Pistolet maszynowy wz. 1939 Mors*. Warszawa, 1985.
Wojskowe Wytwórnie Amunicji Karabinowej 1925. Księga pamiątkowa.
Woodin W.H. — prywatna kolekcja amunicji.
Woźniak R., Fedyna K.: *Pistolet wz. 1983 (P-83)*. WPT 1987 nr 6.
Zahlensalat bei der Radom pistole DWJ 1984 nr 11.
Zarzycki P.: *Karabin samopowtarzalny wz. 38M i karabin samopowtarzalny Sztekego*. Młody Technik 1984 nr 3.
Zarzycki P.: *Pistolet maszynowy Mors*. Młody Technik 1984 nr 6.
Zarzycki P.: *Najcięższy karabin maszynowy model A*. Młody Technik 1984 nr 9.
Zarzycki P.: *Karabin maszynowy chłodzony powietrzem typ C*. Młody Technik 1984 nr 12.
Zarzycki P.: *Najcięższy karabin maszynowy — modele B, C, D*. Młody Technik 1985 nr 1.
Żebrowski M.: *Zarys historii polskiej broni pancernej*. Londyn, 1971.

Źródła informacji

Centralne Archiwum Wojskowe — akta:

Biura Badań Technicznych Broni Pancernych t. 44;
Centralnej Szkoły Strzelniczej t. 42, 46, 48, 49;
Departamentu Artylerii t. 262;
Departamentu Kawalerii t. 5;
Departamentu Piechoty t. 109, 110, 112, 118, 120, 121, 122;
Dowództwa Broni Pancernych t. 5, 36;
Generalnego Inspektoratu Sił Zbrojnych t. 1841, 1843, 1845;
Instytutu Technicznego Uzbrojenia t. 2, 3, 56;
Kancelarii Sztabu Głównego t. 47, 91, 131, 136, 137, 139, 143;
Kierownictwa Zaopatrzenia Uzbrojenia t. 261, 262;
Korpusu Kontrolerów t. 842;
Oddziału I Sztabu Głównego — zbiór w opracowaniu;
Państwowych Wytwórni Uzbrojenia t. 51, 139, 193, 219, 221, 223, 231, 232, 235, 248, 254, 262, 412, 689, 692, 700, 701, 702, 743, 750;

Karty inwentarzowe Muzeum Wojska Polskiego;

Patenty z Biblioteki Urzędu Patentowego.

Spis ilustracji